朝日新書
Asahi Shinsho 943

オホーツク核要塞

歴史と衛星画像で読み解くロシアの極東軍事戦略

小泉　悠

朝日新聞出版

カムチャッカ半島
ルィバチー
オホーツク海要塞
千島列島
択捉島
ロシア
サハリン(旧樺太)
国後島
ソヴィエツカヤ・ガワニ
色丹島
ユジノサハリンスク
歯舞群島
ウラジーミル湾
ストレロク湾
ウラジオストク
パヴロフスク湾
日本海
モンゴル
太平洋
中国
南シナ海

バレンツ海要塞
ノルウェー
スウェーデン
フィンランド
エストニア
ラトビア
リトアニア
モスクワ
ベラルーシ
ウクライナ
カザフスタン
黒海
ジョージア
カスピ海
トルコ
アゼルバイジャン

本書で紹介する原子力潜水艦の一部

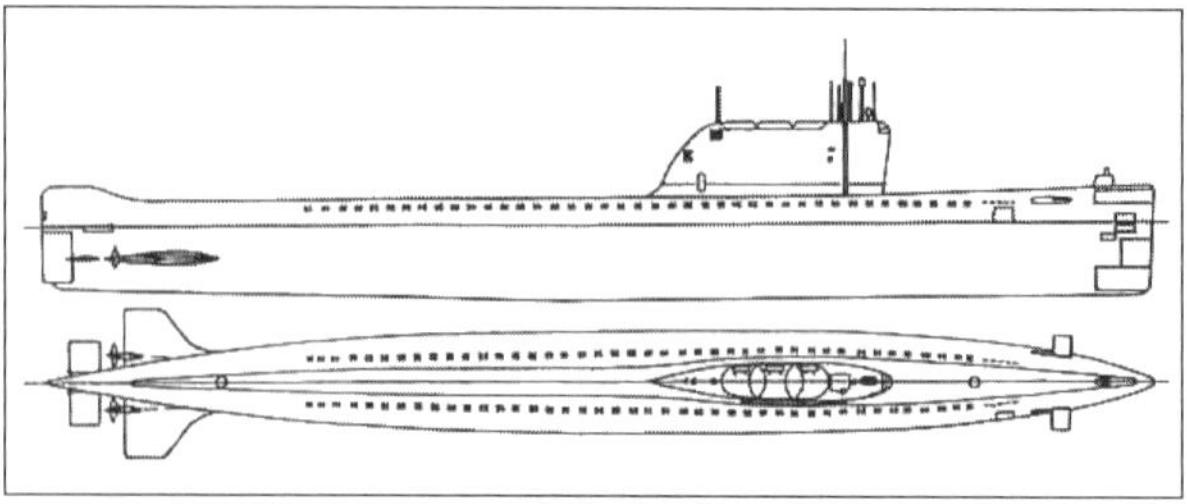

ソ連初のSSBNとなった658型（ホテル級）の側平面図

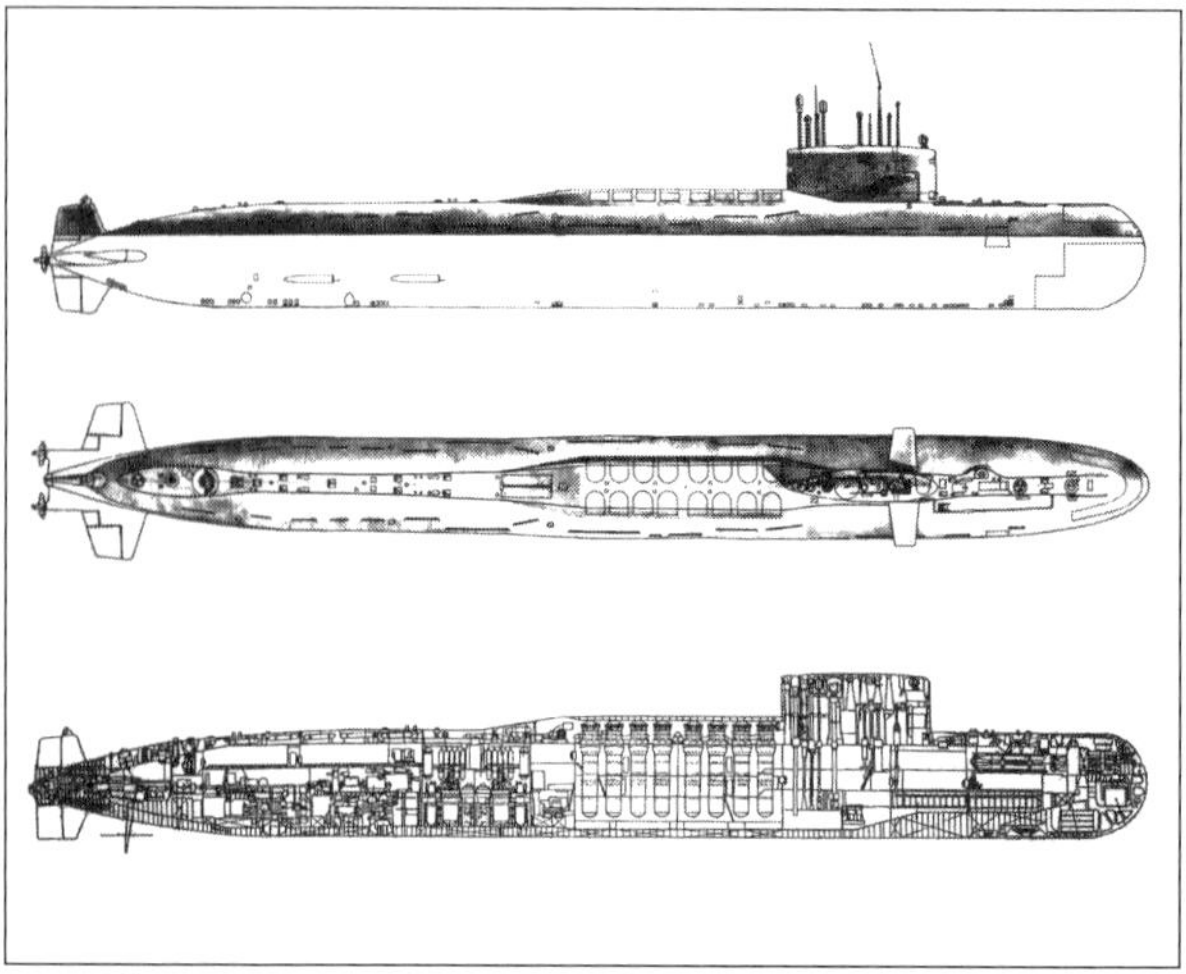

667A型（ヤンキー級）の側平面および艦内配置図。本級の登場によってソ連のSSBNはついに米海軍に追いついた

P-700型グラニト（SS-N-19）ミサイルの整備を行う949A型巡航ミサイル原潜クルスクの乗員

667BDR型（デルタⅢ型）SSBN。R-29R型（SS-N-18）弾道ミサイルを16基搭載し、ソ連近海からでも米本土を攻撃できるようになった

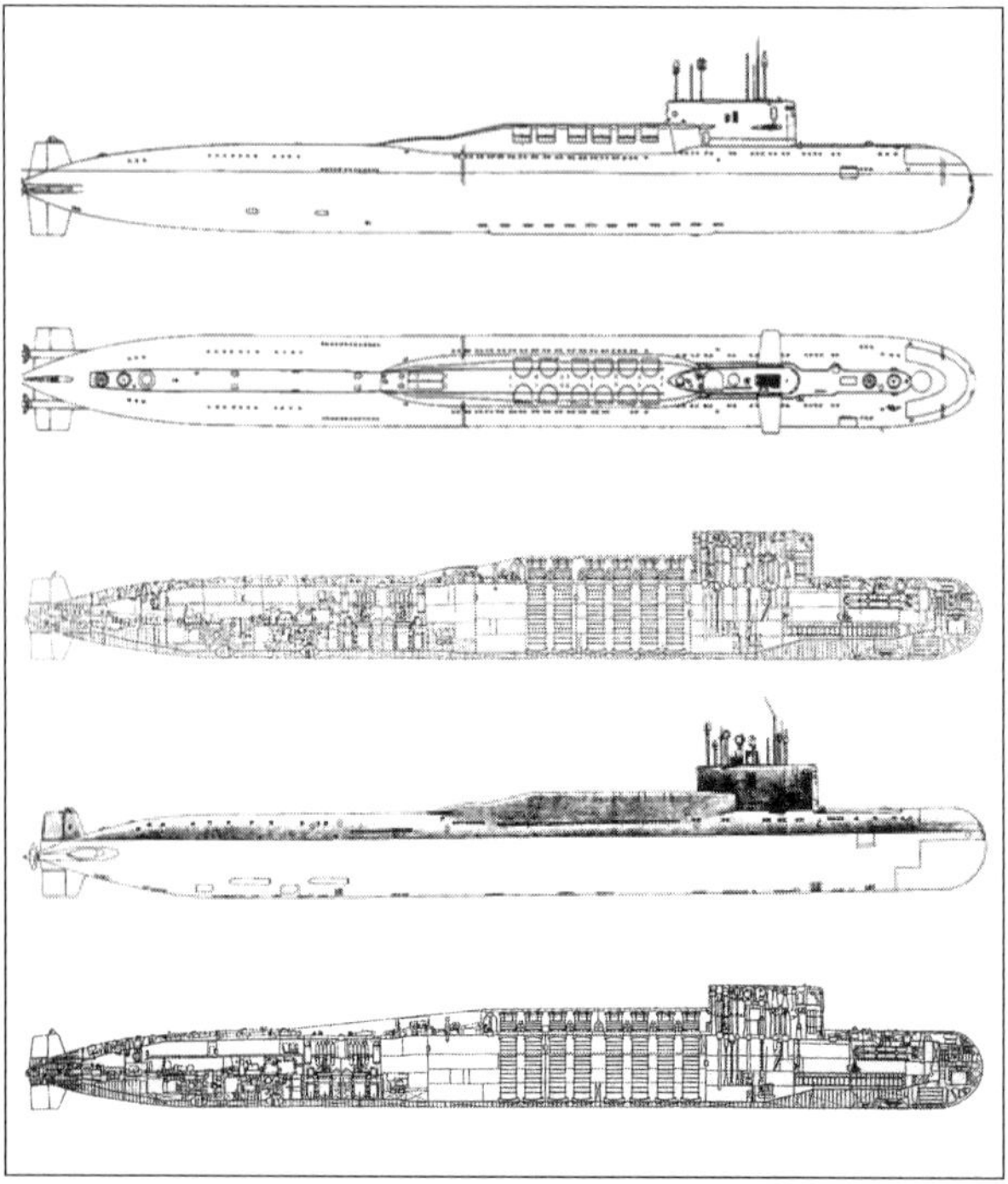

（上）667B型（デルタⅠ型）の側平面および艦内配置図（下）667BD型（デルタⅡ型）の側面および艦内配置図

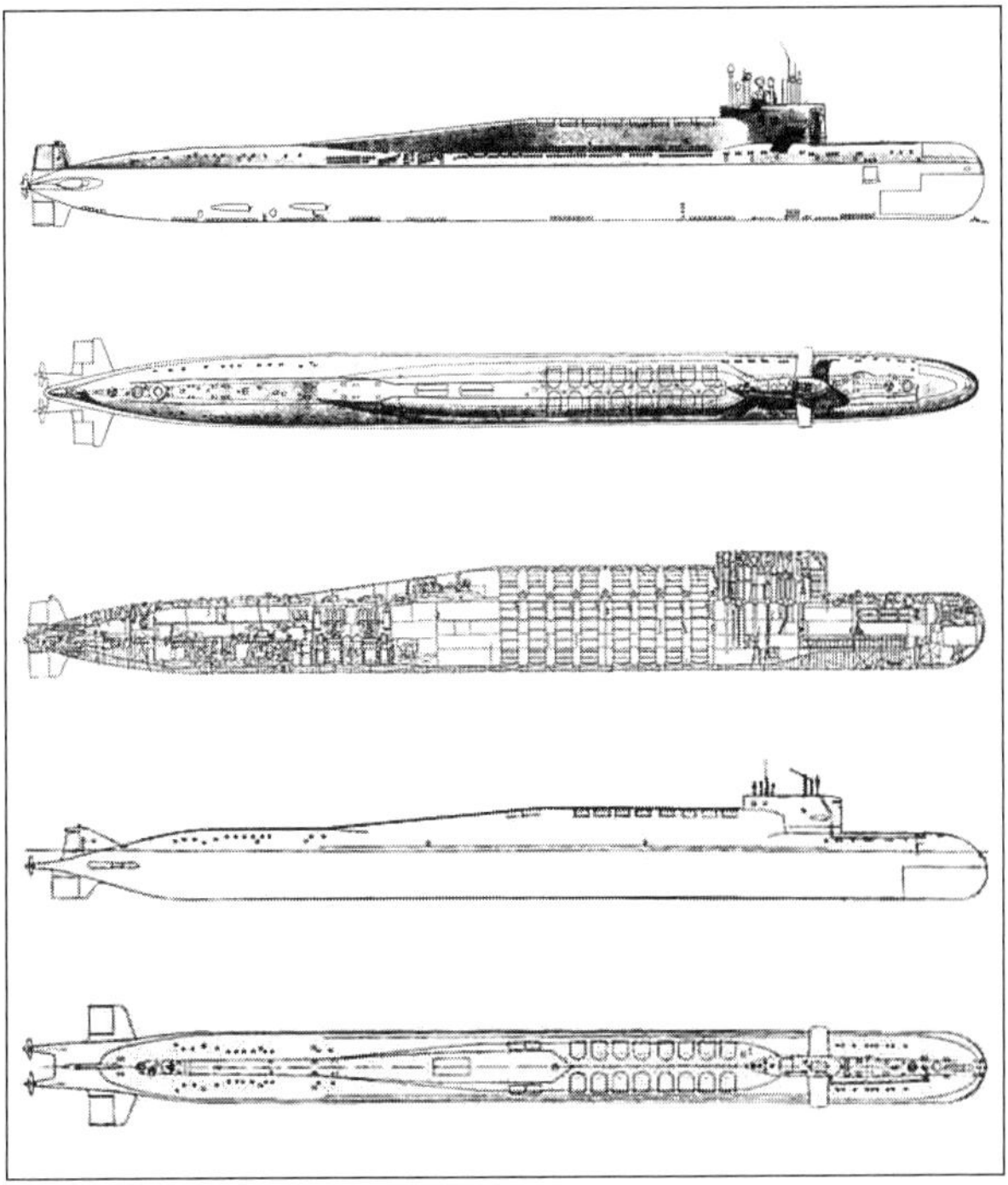

（上）667BDR型（デルタⅢ型）の側平面および艦内配置図（下）667BDRM型の側平面図

出典：アンドレイ・V・ポルトフ『ソ連／ロシア原潜建造史』（海人社、2005年）

オホーツク核要塞　歴史と衛星画像で読み解くロシアの極東軍事戦略　目次

第2章 要塞の城壁

第3章　崩壊の瀬戸際で　183

第4章 要塞の眺望

図版作成／谷口正孝
地図作成／加賀美康彦

凡例
掲載写真で出典表記のないものはパブリック・ドメインである

はじめに
——地政学の時代におけるオホーツク海

「太陽系圏外に衛星を飛ばし、金融市場やサイバー空間には国境すらない
この時代にあっても、ヒンドゥークシュ山脈は手ごわい障壁なのだ。[*1]」

ロバート・D・カプラン

要塞の城壁にて——P‐3Cのいる空

筆者の生まれ育った千葉県松戸市のはずれでは、上空をいつも飛行機が飛んでいた。成田空港に離着陸する旅客機もあるが、もっと低く飛ぶのは、自衛隊機である。通っていた小学校の上空を、翼に描いた日の丸がはっきり見て取れるくらい低く飛んでいく。運動の苦手だった筆者は、体育の時間などで校庭に出されると、そうして頭上を行き過ぎる自衛隊機を眺めているのが常であった。常連はプロペラの4つ付いた飛行機で、当時は「ジェット機でないので古い飛行機なのだろう」と思っていた。

それが1990年代において最新鋭の対潜哨戒機《しょうかいき》であることを知ったのは、もう少し後のことだ。「いつも見ているこの飛行機の、おしりのあたりにいくつも穴が空いているのはなぜだろう」「そのもっと後ろのあたりからとんがったものが飛び出しているのはなぜだろう」と疑問を持って、近所のプラモデル屋で訊いてみたのがきっかけである。今はもうないそのプラモデル屋のカウンターには、問題の飛行機が発進してくる海上自衛隊下《しも》総《ふさ》基地の自衛官が何人かたむろしており、筆者の疑問に（若干面倒くさそうにしつつ）答えてくれた。

あの飛行機はP－3Cといって潜水艦を探すものであること。おしりに空いている穴にはソノブイという水中の音を聴くブイが詰まっていて、これを海に落として潜水艦の音を探知するのだということ。突き出ている尖ったものは磁気探知機であり、音を捉えた潜水艦の居場所をさらに精密に突き止める装置であること──などだ。

自分が物心つくほんの少し前まで、アメリカとロシアが大量の核兵器を抱えて睨《にら》み合い、一歩間違えば世界が破滅するところであった、ということはおぼろげながら知っていた。世界の海には核ミサイルを積んだ潜水艦が航行しているらしいことも同様である。ただ、そうした超大国の睨み合いに、このパッとしない街が一枚噛《か》んでいたことを知ったのはそれが初めてであった。

正確に言えば、海上自衛隊下総航空基地には実戦部隊はいない。同基地は海上自衛隊の航空要員訓練を担う教育航空集団司令部が置かれ、その隷下にある第203教育航空隊が未来の哨戒機乗組員たちの訓練にあたる。筆者が子供の頃に校庭で見上げていたのはその訓練の様子であったわけだ。

軍事オタクと一口に言っても、ハマっている「沼」はそれぞれ違うものだが、筆者が「潜水艦沼」あるいは「対潜水艦作戦沼」にハマったきっかけは以上のようなものである。

前述のようにあまり運動の得意な子供ではなかったから、空中で激しく戦う戦闘機よりも、長い時間をかけてじっくりと潜水艦を追い詰めていく対潜水艦作戦（ＡＳＷ）になんとなく近しいものを感じたのかもしれない。トム・クランシーの傑作『レッド・オクトーバーを追え！』の上巻だけを古本屋で手に入れて読んだことも、潜水艦へのミステリアスな興味を掻《か》き立てた。

本書は、こうした幼い頃からの憧憬のようなものの延長に位置している。ただ、筆者の専門はロシア軍事研究であって、冷戦期における自衛隊のＡＳＷがどのようなものであったのかを語るには適任ではない。ＡＳＷは自衛隊の作戦の中でも秘中の秘であるからなおさら取り上げにくいし、話せることについては自衛隊ＯＢたちの手によってある程度まで語られてもいる[*2]。

したがって、本書のテーマは「鉄のカーテン」の向こう側、すなわちソ連側の事情に当てることにした。Ｐ－３Ｃのパイロットたちが血眼になって探し回ったソ連の原子力潜水艦隊はいかにして生まれてきたのか。首都モスクワから遠く離れた極東の海に原子力潜水艦を遊弋《ゆうよく》させていたソ連側の思惑とは如何《いか》なるものか。そして、その末裔《まつえい》である現在のロシアにおいては、原子力潜水艦隊はどのように位置付けられているのか。本書ではこれらの疑問に挑んでみようと思う。

逆さ地図の今昔

海中への旅のはじめに、一枚の地図を紐解《ひもと》いてみたい。

「逆さ地図」と通称されるもので、一度は目にしたことがあるという読者も多いだろう。日本を中心とする東アジアの地図を逆さにしてみると、新しい視点が拓《ひら》ける、といった触れ込みで、冷戦後に流行するようになったものだ。なるほどこのようにしてみると、北海道から沖縄に至る日本列島はユーラシア大陸の海への出口をそっくり塞ぐような形で広がっていることが理解しやすく、実用的な意義は別として、なんとなく「新しい視点」が得られるように感じないではない。

この地図はもともと、1994年に富山県によって作成された。正式名称は「環日本海諸国図」といい、のちに「環日本海・東アジア諸国図」と改称されている。富山県の公式サイトによる説明は次のとおりだ。

「逆さ地図」は、中国、ロシア等の対岸諸国に対し日本の重心が富山県沖の日本海に

図1　逆さ地図

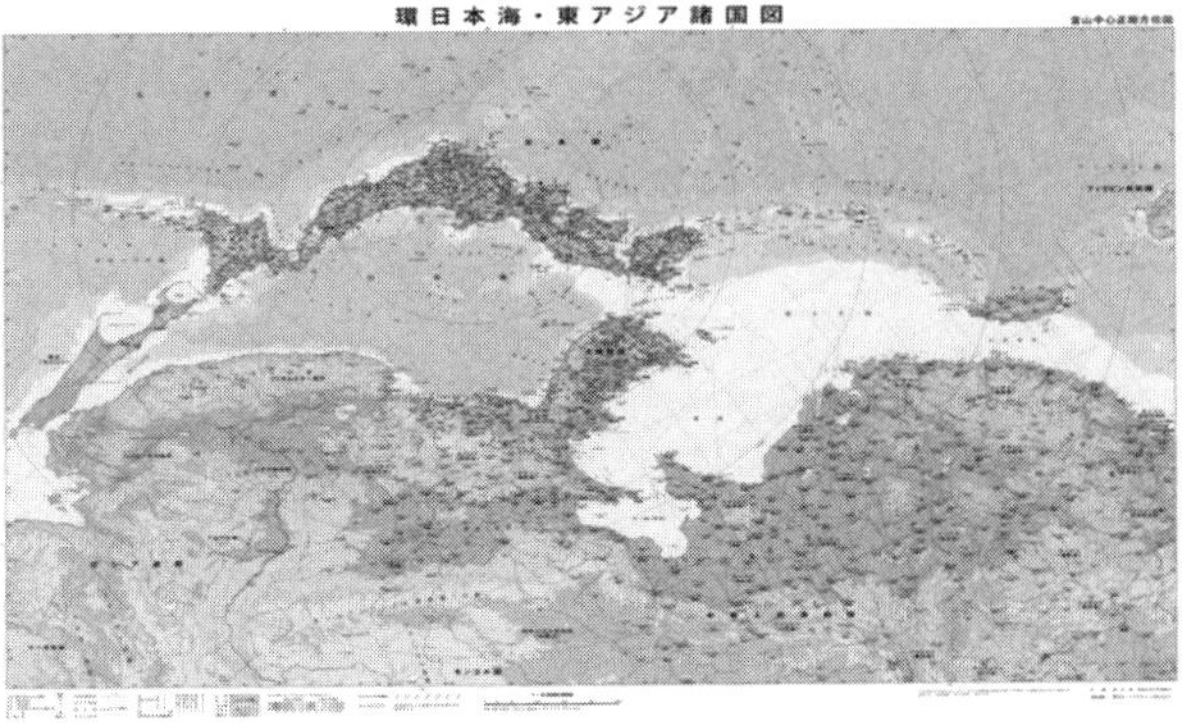

出典：富山県

あることを強調するため、従来の視点を変えて北と南を逆さにし、大陸から日本を見た地図としています[*3]」

ここから明らかなように、逆さ地図は元来、ユーラシア大陸と日本列島の接続性を示す意図で作られた。

その意図自体が、当時の空気を濃厚に反映したものと言えよう。なにしろソ連が崩壊してからまだ3年という時期である。世界を分断していた「鉄のカーテン」が取り払われたことでユーラシア大陸は心理的にグッと身近になり、中国・ロシア・朝鮮半島と新たな関係性を築いていけるとの期待が盛り上がった。逆さ地図が作られた前年には、新潟県に環日本海経済研究所

（ERINA）が設立されてもいる。[*4]勢力圏の囲い込みを競った冷戦期とは全く異なる原理の地政学、のちに「接続性の地政学」と呼ばれる原理[*5]を示すために作られたのが逆さ地図であった。

しかし、近年、逆さ地図は新たな読み方をされるようになった。中国の軍事強国化とその強引な海洋進出が安全保障問題となったことにより、この地図が中国の行動原理を説明するものとして用いられ始めたのである。日本列島は中国を太平洋から隔てる位置にあり、そうであるが故に沖縄を中心とする南西諸島が重要であるとの地政学的発想が、その背景にはある。防衛大臣の執務室にもこの地図が掛けられているのは、日本の安全保障にとって中国が喫緊の課題となっていることを反映したものだろう。とすると、これは新しい意義というよりも、古臭い意義と表現した方が適切であるのかもしれない。

だが、オリジナルの逆さ地図からは、南シナ海がほぼすっぽりと抜け落ちている。南シナ海は中国の弾道ミサイル搭載原子力潜水艦（SSBN）がパトロールする重要海域であり、その対岸には日米の友好国であるフィリピンや、西沙諸島の領有を争うヴェトナムが位置しているのだから、中国の戦略的意図を説明するためには逆さ地図はもっと右側に広くなければならないはずだ。

同じことが、この地図の左側、つまりロシア側についても当てはまる。本書の中でおいおい述べていくように、千島《ちしま》列島（ロシア語ではクリル列島）*6によって太平洋から隔てられたオホーツク海は、冷戦時代以来、ロシア海軍太平洋艦隊のＳＳＢＮが遊弋するパトロール海域とされてきた。つまり、逆さ日本地図を地政学的に用いようとするなら、この地図はもっと左側にも広いものでなければならないだろう。

現代のＳＳＢＮが搭載する潜水艦発射弾道ミサイル（ＳＬＢＭ）は原則的に全て核弾頭搭載型であり、しかも多くは複数個別再突入体（ＭＩＲＶ）化されている。つまり、１発のＳＬＢＭには複数の核弾頭が搭載されているわけであるから、たった1隻でもＳＳＢＮが生き残れば、１００カ所内外のターゲットに対して広島・長崎型原爆の10倍にも及ぶ威力の核弾頭で報復を行うことが可能だ。いうなれば、日本の北側はロシアの核抑止力を支える拠点であるわけで、隣国ロシアとの関係を考える上でも北方領土問題を理解する上でも、こうした軍事的視点は欠くべからざるものと言える。

「聖域」としてのオホーツク海

以上のような話は、国際関係や安全保障に関心を持つ読者にとって、半ば常識であろう。

オホーツク海がロシア原潜の「聖域」であるとはよく言われるところであるし、ロシア側も北方領土問題に関して、この点をしょっちゅう引き合いに出してくる。実際、冷戦期のオホーツク海は北極のバレンツ海と並ぶSSBNのパトロール海域であり、その周辺には何重もの防衛網が張り巡らされて「要塞」化されていた。この点は現在も同様である。

では、その実態を、我々はどれだけ知っているだろうか。バレンツ海の要塞は冷戦の主戦場である欧州と近かったこともあり、英語圏ではかなり多くの情報や分析が出回ってきた。[*7] ところが、極東に広がるもう一つの要塞、すなわちオホーツク海に関しては驚くほどに資料が少ない。冷戦期に刊行されたものとしては英語で幾らかの文献があるが、[*8] 日本語となると当時から極めて限られていた。

その中の傑出した例外と言えるのは、小川和久の『原潜回廊』[*9] である。米国の公刊資料や当時の日米当局者に対する取材、果ては夜のバーで漁師から聞いた話までを駆使して日本周辺におけるソ連原潜の活動を浮かび上がらせた労作だ。信頼のおける一次資料が出てこない限りものが言いにくいアカデミックな世界の制約を、ジャーナリスティックな手法で打破したものとして、現在においても見るべきところの多い一冊と言える。[*10] ただ、同書の焦点はオホーツク海南部から日本海にかけての三海峡（宗谷《そうや》、津軽《つがる》、対馬《つしま》）に当てられており、要塞としてのオホーツク海という側面に関しての記述は（当時の資料的な制約を反映して）やはり手薄い。

一方、陸上自衛隊の西村繁樹は、オホーツク海がSSBNを守るための要塞であることを1980年代に指摘し、そうであるが故に東北地方から北海道に掛けての日本北方防衛が持つグローバルな軍事的意義を主張したことで知られる。*11 オホーツク海＝要塞、と現在の我々がすぐに連想できるのは西村の貢献によるところが大きいが、冷戦期のことであったため、要塞の成り立ちやその実態まで詳しく明らかにできていたわけではない。そしてソ連崩壊によってロシア太平洋艦隊の活動が著しく低下し、本丸たるSSBNやその周辺を囲う要塞の城壁も崩壊状態に陥ると、オホーツク海の戦略的意義についてはほとんど言及されないという状況が長く続いた。*12

地政学の逆襲

冷戦が終結し、大国が核兵器を突きつけ合う状況が遠い過去のものであり続けたなら、それでも構わなかっただろう。だが、ロバート・D・カプランが『地政学の逆襲』で描いたように、地理は所与の現実としてそこにあるだけであって、その上で繰り広げられる関係性が「接続性の地政学」となるのか「囲い込みの地政学」となるのかは、まさに人間自身の社会のありように大きく依存する。[13]

2014年から2015年にかけてロシアが行った最初のウクライナ侵略（本書では第一次ロシア・ウクライナ戦争と呼ぶ）に続き、2022年にはより大規模な形でロシアの侵略が再燃した（第二次ロシア・ウクライナ戦争）。同年、北大西洋条約機構（NATO）が12年ぶりに改訂した『戦略概念』では「欧州大西洋地域は平和の中にない」という厳しい情勢認識が示されるとともに、ロシアが「最も深刻かつ直接の脅威」として名指しされた。[14]やはり2022年に改訂された我が国の新しい『国家安全保障戦略』でも、それ以前の2013年版と比較してロシアへの警戒的な姿勢が強まった。[15]

ロシアと西側が全面核戦争に至る可能性は依然低いと見做《みな》されているものの、核兵器というファクターが国際政治の中で存在感を大きく増したことは間違いない。ロシアのウクライナ侵略を可能としたのは核兵器であるとも言えるからだ。

この戦争の勃発前後、ロシアは核の脅しを繰り返した。戦略核部隊の大演習や「核部隊の警戒体制上昇」をプーチンが命じる姿などがこれみよがしにメディアに公開されたことは未だ記憶に新しい。隣国に対するロシアの侵略を西側が実力で阻止しようとするなら第三次世界大戦が起こりかねないというのがロシアのメッセージであり[*16]、言い換えるならば、日本のすぐ北側に広がるロシア原潜の要塞が暗黙のうちにウクライナでの戦争を下支えしていることになる。

それにしては、我々は極東におけるロシアの軍事戦略や軍事態勢について未だに随分と無知ではないか。一応、ロシア軍事研究を生業としてきた筆者自身、本書の執筆を通じていかに曖昧な知識しか持っていなかったかを痛感させられたし、普段はロシアとも軍事とも無関係な一般市民なら尚更《なおさら》であろう。中国の軍事力拡張や北朝鮮の核・ミサイル脅威を軽視してよいことにはならないとしても、もう一つの隣国について軍事面から知るための手軽な一冊があったほうがいい。また、中国がSSBN戦力を増強し、南シナ海が新たな要塞となりつつあるとするなら、その先行事例であるソ連・ロシアの要塞について詳しく知ることで安全保障に関する議論の糧となるのではないか。本書の目論見《もくろみ》は概《おおむ》ねこのようなものである。

本書の構成とアプローチ

本書は次のように展開される。

まず、第1章では、オホーツク海がいかにして聖域となったのかに焦点を当てた。第二次世界大戦の終結まで、サハリンの南部と千島列島は大日本帝国領であり、そこはソ連にとっての聖域ではもちろんなかった。さらに言えば、当時は核兵器も原子力潜水艦も存在していなかったのだから、これを守る要塞も成立のしようがなかった。

では、聖域と要塞は一体どのようにして生まれたのか。この点を明らかにするため、第1章では、大日本帝国の崩壊と冷戦の始まりという歴史的な大状況から話を始めて、核兵器の登場、弾道ミサイルと原子力潜水艦の技術的進化、これらを踏まえた核戦略論の展開を辿《たど》ることにした。この一連の流れの中で、オホーツク海がSSBNの聖域（パトロール海域）となったのは、大陸間射程のSLBMを搭載したSSBNが配備される1974年以降のことである、というのがここでの結論である。

続く第2章は、これを取り巻く要塞の成り立ちを主要テーマとした。オホーツク海のSSBNパトロール海域を日米の対潜部隊から守るために、ソ連軍は重層的な防衛網を構築した。ここでのキーワードは「外堀」と「内堀」で、前者には遠距離から米軍の接近を阻止するための対艦ミサイル搭載艦艇や航空機が、後者には聖域周辺に配備された地対艦ミサイル網が該当する。また、これらの城壁に加えて、要塞の眼・耳・神経に相当するレーダー網・水中聴音システム網・超長波通信システムがこの時期のオホーツク海周辺には構築されていったことにもここでは触れた。

ただ、SSBNを比較的狭い海域に囲い込んで守るという戦略は、西側の海軍軍人たちにはなかなか理解されなかった。そこで出てきたのが、要塞なるものは本当に存在するのか?という疑問である。第2章の終わりでは、こうした要塞戦略をめぐる米海軍内の議論を取り上げた。

第3章では、冷戦後の状況を扱う。よく知られているように、ソ連崩壊後のロシア海軍では新型艦艇の就役はおろか既存の艦艇に対する修理や保守さえままならない状況が続き、太平洋艦隊ではこれが特に顕著であった。実際問題として、1990〜2010年代前半までのロシア太平洋艦隊ではほぼ四半世紀にわたって新型SSBNが1隻も配備されず、その間に要塞の外堀と内堀も崩壊状態に陥った。それどころか当時のロシア海軍は退役した原潜の解体さえままならない状況に追い込まれており、将校たちは苦しい生活に甘んじるか、汚職に手を染めるほかなくなっていた。

と同時に、ロシアはオホーツク海の要塞を決して放棄しようとはしなかった。そのような議論が繰り返し提起されたにもかかわらず、ロシアは経済的に最も苦しい時期でさえ要塞を守りきったのである。その経緯についてははっきりしない部分は残るものの、第3章ではこれを政治と軍事の両面から描こうと試みた。

まとめるならば、本書前半の3つの章は、SSBNを中心とした筆者なりの極東冷戦史（とポスト冷戦史）に当てられている。しかし、すでに述べたように、オホーツク海を中心とする極東の要塞について書かれた資料は極めて少ない。そこで本書では、冷戦後に刊行された元ソ連海軍軍人たちの回想録や研究書を参照したほか、2000年代以降についてはロシア海軍の部内誌である『海軍論集（Морской сборник）』などを入手して、あまり知られていないソ連・ロシア側の視点から要塞の実態に迫ろうと努めた。

ただ、ことが核兵器や潜水艦という極めて機密性の高い分野に関するものであるだけに、これらの資料にも曖昧な記述、不確実な推定、のちの目で見て誤った情報などが数多く含まれている。加えて、ロシア側の資料はごく少数部が関係者向けに出版されているだけという場合が多く、ロシア語書籍専門取次会社を通じて入手できたのは一部に留まった。この点を補うため、冷戦の対手であった西側海軍の関係者たちによる冷戦後の証言や機密解除資料[*17]も本書では用いている。

一方、本書の後半は、オホーツク海をめぐる現在の状況と、予見されうる近い将来を対象としている。このうちの第4章では、カムチャッカ半島に配備される原子力潜水艦の近代化とこれを守る防衛網の状況を、最新の報道やロシア側の公式発表から明らかにしたほか、その活動実態を明らかにするために衛星画像による分析も用いた。近年、急速に商用化が進んだ衛星画像をフル活用して要塞を「偵察」し、公刊資料では追いきれないロシア原潜の動きやオホーツク海周辺における軍事態勢をなるべく実証的に明らかにしようという試みである。

最後の第5章では、日本に引き付けた分析を行った。オホーツク海がSSBNの要塞であるという事実は、第二次ロシア・ウクライナ戦争といかなる関係にあるのか。仮にこの戦争がエスカレートした場合、何が起きうるのか。そして日本の安全保障政策において、ロシアをどのように扱っていくべきなのか。これらが第5章の主要なテーマである。

本書を読む上での基礎知識――「通常の潜水艦」と原子力潜水艦

序章を閉じるにあたり、本書を読む上で知っておくべき基礎知識をまとめておきたい。

その第一が、通常の潜水艦と原子力潜水艦の違いである。

「通常の潜水艦」は、専門用語ではディーゼル・エレクトリック潜水艦（ロシア語の略称はＤＥＰＬ）という。その名の通り、軽油で動くディーゼル機関と、バッテリーで動くモーターを搭載した潜水艦であり、第二次世界大戦までは潜水艦といえば全てこれだった。普段は通常の軍艦と同じように外部の大気を吸い込みながら水上をディーゼル機関で航行し、水中に潜るときは大気を必要としないモーターを使うのである。これによってレーダーの届かない水中から敵艦に接近し、主武装である魚雷を発射して水線下に破口を穿《うが》てば一気に撃沈できる、というのが潜水艦の恐ろしいところであった。

ただ、バッテリーはそう長く保たないので、しばらくしたらまた浮上し、ディーゼル機関を回してバッテリーを充電しないといけなくなる。したがって、かつてのディーゼル・エレクトリック潜水艦は、限られた時にだけ水に潜れる「可潜艦」に過ぎなかったのだが、第二次世界大戦中にはドイツがシュノーケルを発明した。簡単にいえば、潜ったままの状態で吸気筒だけを水面に出し、水面に出ずともディーゼル機関を動かせるようにするという仕組みである。これにより、潜水艦の全体を水面に晒《さら》さずともバッテリーを充電することが可能になった。もっとも、それなりの大きさの吸気筒を水面上に出す以上、探知を受ける可能性はどうしても高まる。近年では、スターリング機関（外燃機関の一種）や燃料電池などの非大気依存（ＡＩＰ）機関も登場してきたが、原子力機関に比べるとやはり潜航機関や水中速力は遥《はる》かに劣る。したがって、ディーゼル・エレクトリック潜水艦は海峡などでの待ち伏せに使われることが多く、戦術潜水艦（ＳＳＫ）とも呼ばれる。

原子力潜水艦（ロシア語ではＡＰＬ）にはこのような制約はない。何しろ原子炉が搭載されているので電力は無尽蔵であり、艦を動かすエネルギーも、乗組員が必要とする空気や水もほぼ無制限に生成することができる。このため、原子力潜水艦は何カ月でも潜航したまま航行を続けることができ、これを制限するのは食料の搭載量と乗員のストレスだけであると言われるほどだ。

また、エネルギーに制限がないということは、原子力潜水艦は水中での機動性が大変に高いということを意味してもいる。ＳＳＫが水中を数ノットで航行するのを基本とするのに対し、原子力潜水艦は25ノットとか30ノットで疾走することが可能であるのだから、事実上、別の兵器とさえ言ってよいだろう。さらにＳＳＫはひとたび攻撃を行った後に敵から反撃を受けても高速で脱出することができず、海底近くで息をひそめてやりすごすしかない。これに対して原子力潜水艦は敵の魚雷と大差ない高速力で一気に離脱でき、その間に敵魚雷がバッテリー切れになることさえ期待できる。ちなみに世界最速の潜水艦はソ連が開発した７０５型（ＮＡＴＯ名：アルファ級）で、水中速力は実に42ノットに達したとされる。

SSBN、SSGN、SSN

さて、本書の中でもたびたび触れるように、原子力潜水艦にはいくつかの種類があり、西側式の軍事用語では「SS」+アルファベット一〜二文字で表現される。SSというのは潜水艦（submarineのS）の意味で、これにBがつくと弾道ミサイルと搭載（ballistic missileのB）、さらにNがつくと原子力推進（nuclear-poweredのN）であることがわかる。したがって、SSBNというのは弾道ミサイル搭載型で原子力推進の潜水艦の意味になるというわけだ。ロシア式の軍事用語では戦略任務水中ロケット巡洋艦（RPKSN）なのだが、やや長いのと、日本の読者には全く馴染みがないと思われるので、本書では全て西側式にSSBNと表記することにした。

一方、Gは、弾道ミサイル以外のミサイル（guided missileのG）を意味する記号である。つまりは対艦攻撃用や対地攻撃用の巡航ミサイルのことで、これらを搭載した原子力潜水艦はSSGNと呼ばれる（ロシア式にはPLARK）。

最後に、SSNという艦種がある。つまりは潜水艦（SS）+原子力推進（N）なので、

表1　本書に登場する潜水艦関係の略語一覧

略語	意味
SS	潜水艦一般
SSBN(SSB)	弾道ミサイル搭載原子力潜水艦 (原子力推進でないものはSSB)
SSGN(SSG)	巡航ミサイル搭載原子力潜水艦 (原子力推進でないものはSSG)
SSK	戦術潜水艦 (ディーゼル・エレクトリック潜水艦)
SLBM	潜水艦発射弾道ミサイル
SLCM	潜水艦発射巡航ミサイル

出典：筆者作成

ディーゼル機関とバッテリーの代わりに原子力機関を搭載し、主武装としては魚雷を使用する。こう書くとディーゼル・エレクトリック潜水艦とあまり違いはないようにも思われるが、前述のように、原子力潜水艦の潜航期間は長く、水中機動性も大変に高い。この点を活かしてSSNは長期間にわたって敵国の水域で偵察任務を果たすこともできるし、あるいは高速で突っ走るSSBNを追尾することも可能だ。

ただ、1960年代以降はSSNも何らかのミサイルを搭載するのが普通になったため、SSGNとSSNの区別は次第に薄れつつある。ロシア海軍でもかつてはPLARK（巡航ミサイル搭載原子力潜水艦）とPLAT（魚雷搭載原子力潜水艦）という分け方をしていたが、最新型の885型（ヤーセン級）潜水艦などは両方の任務をこなせるということで「多用途原子力潜水艦」と呼ぶことが多い。これらの用語は本書の中で頻発するので、このページは耳の辺りを折っておいて時々見返せるようにしていただきたい。

核戦力の背骨としてのSSBN

話をSSBNに戻す。前述のように、地上配備型の大陸間弾道ミサイル（ICBM）や戦略爆撃機が敵国の先制攻撃（第一撃）で全滅した後でも確実に報復（第二撃）を行えるのがSSBNであるから、その軍事的重要性は非常に高い。それゆえに冷戦期の米ソは大量のSSBNを建造し、英仏中もこれに続いた。また、近年ではインドがSSBNの配備にこぎつけた他、北朝鮮も2023年9月にSSB（原子力ではないのでNがつかない）の保有を公表した。海中に核兵器を隠しておけることのメリットは明らかであろう。

しかも、世界の核保有国の中で、ロシアのSSBN戦力は群を抜いて大きい。表2に示すように、ロシア海軍は12隻のSSBNを運用しているが（2023年時点）、これより多数のSSBNを保有しているのは米海軍だけであり（14隻）、あとは中国が6隻、英仏がそれぞれ4隻ずつ、インドが1隻というところである。ロシアの核戦力が依然として侮り難いものがあることが読み取れようし、西側諸国がロシアとの全面核戦争を何としても避け

表2　ロシア海軍を構成する各艦隊の戦力

	北方艦隊	太平洋艦隊	バルト艦隊	黒海艦隊	カスピ小艦隊
空母	1	0	0	0	0
巡洋艦（原子力）	2（1）	1	0	0	0
駆逐艦	5	5	1	0	0
フリゲート	2	4	5	5	0
コルベット	6	8	11	14	3
大型揚陸艦	6	4	4	6	0
通常動力型潜水艦	5	9	1	6	0
弾道ミサイル原潜	8	4	0	0	0
攻撃型原潜	8	2	0	0	0
巡航ミサイル原潜	5	5	0	0	0

出典：Institute for International Strategic Studies (IISS), *The Military Balance 2023* (Routledge, 2023). を基礎としたが、本書の脱稿までに幾らかのズレが生じているので、この点は適宜修正した

ようとする理由もここにある。

ロシア自身の核戦力構成の中におけるSSBNの位置付けについても確認しておきたい。「憂慮する科学者連盟」の推定によると、現在のロシアが保有する戦略核弾頭（米本土を直接攻撃しうる射程の兵器に搭載される核弾頭）は2673発。このうち、最も多くの核弾頭を搭載しているのはICBM用の1197発だが、SSBN搭載の核弾頭は896発でこれに次ぐ。[*19] 戦略核弾頭全体で見ると、ちょうど3分の1程度がSSBNに搭載されている計算だ。

別の言い方をすると、万が一ロシアが米国の先制核攻撃を受けた場合、確実に撃ち返せる核弾頭の上限が896発であること

図2　搭載プラットフォーム別に見たロシアの戦略核弾頭の内訳

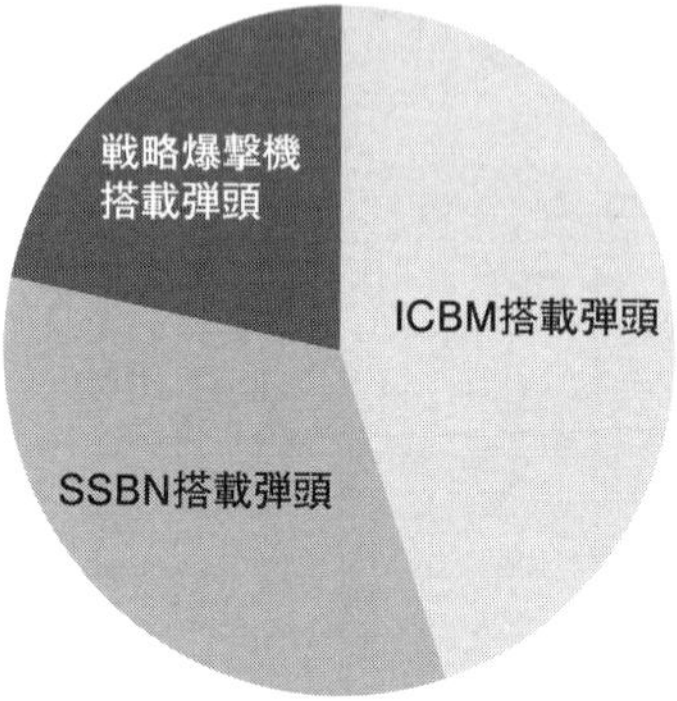

出典：Hans M. Kristensen, Matt Korda and Eliana Reynolds,"Russian Nuclear Forces, 2023," *Bulletin of the Atomic scientists," Vol.79, No.3,* (2023)より筆者作成

を以上は示している。SSBNの一部は常に整備のためにドック入りしているので、実際に行える報復攻撃の規模はもっと小さくなるはずだが、それでも米国民の死者は100万のオーダーに収まらないだろう。SSBNはロシアの核抑止力を担うバックボーン（背骨）なのであり、その一部を太平洋艦隊が担っている、ということになる。

ロシア軍の構成と兵力

冷戦期には500万人以上という世界最大の兵力を誇ったソ連軍であるが、ソ連崩壊後にロシア軍に受け継がれたのは280万人内外とされ、2000年代末

表3　ロシア軍の構成と兵力

軍種	陸軍（SV）	55万人
	海軍（VMF）	14万5000人
	航空宇宙軍（VKS）	16万5000人
独立兵科	戦略ロケット部隊（RVSN）	5万人
	空挺部隊（VDV）	4万人
参謀本部直轄兵力	特殊作戦部隊（SSO）	1000人
国防省直轄兵力	鉄道部隊	2万9000人
	指揮・支援部隊	18万人
その他	第1・第2軍団（旧親露派武装勢力）	3万人

出典：IISS, *op. cit.*, 2023より筆者作成

には１００万人まで減少した。これは中国、米国、インド、北朝鮮に次ぐ世界第５位の兵力であるから、ロシアの軍事力は依然として有力であるものの、もはや圧倒的なものとは言えなくなっていることが読み取れよう。第二次ロシア・ウクライナ戦争開戦後の２０２２年には１１５万６２８人、２０２３年には１３２万人へと増員されたものの、それでも世界第４位である。

現在のロシア軍は、陸軍（ＳＶ）、海軍（ＶＭＦ）、航空宇宙軍（ＶＫＳ）の３軍種と、戦略ロケット部隊（ＲＶＳＮ）及び空挺部隊（ＶＤＶ）の２独立兵科を中心として構成されている（表３）。２０００年代まで、これらの軍種・独立兵科はそれぞれの司令部から直接指揮を受けることになっていたが、２０１０年代に入ると、このような指揮統制のあり方には

表4　ロシア海軍の定義による活動ゾーンと該当する艦艇

活動ゾーン	沿岸からの距離	艦艇のランク	該当する艦艇
沿岸ゾーン	～200km	4等	沿岸戦闘艇、小型揚陸艇、哨戒艇
近海ゾーン	600-1000km	3等	コルベット、ロケット艦、掃海艇
遠海ゾーン	1000-2000km	2等	ディーゼル・エレクトリック潜水艦、フリゲート、大型コルベット、中型揚陸艇
大洋ゾーン	2000km以遠	1等	原子力潜水艦、航空母艦、巡洋艦、駆逐艦、大型揚陸艦、大型フリゲート

出典：Michael Kofman, "Evolution of Russian Naval Strategy," in Andrew Monaghan and Richard Connolly,eds., *The sea in Russian strategy* ,(Manchester University Press, 2023)

変化が生じた。軍事行政単位である軍管区（VO）を基礎として統合戦略司令部（OSK）が設立され、各OSKが域内の陸海空軍部隊を統一指揮するという統合運用体制が導入されたのである。VO／OSKの構成は時代によってやや異なるが、現在では西部・南部・中央・北方・東部の5個VO／OSK体制がとられている。[*20] ただし、戦略核兵器の運用部隊（RSVN、戦略爆撃機部隊、SSBN部隊）と空挺部隊だけは別格扱いで、その戦略的重要性の高さから参謀本部が直轄する。[*21]

このうちの海軍は、北方艦隊、太平洋艦隊、バルト艦隊、黒海艦隊の4個艦隊とカスピ独立小艦隊から構成される。中でも北方艦隊と太平洋艦隊は世界の大洋で活動できる1等艦（表

4）を主力とする特別な位置付けにあるとされてきたが、ソ連崩壊から30年以上を経た現在、ロシア海軍は空母と原子力巡洋艦をそれぞれ1隻しか保有できていない。しかも、その全てが北方艦隊配備とされているため、太平洋艦隊水上艦艇部隊の陣容は他の艦隊とあまり変わらなくなってきた。

ただし、原子力潜水艦だけは話が別で、太平洋艦隊は北方艦隊と並び、SSBN、SSGN、SSNを運用する特別な存在であり続けている。この原子力潜水艦隊こそが、本書の「主人公」と呼ぶべき存在である。

第1章

オホーツク海はいかにして核の聖域となったか

「わが国の現代的艦隊という形でソビエト軍事力は海洋方面に強力な防衛手段を獲得し、常時懲罰的報復打撃を加え、帝国主義者の計画を挫折させる用意のある恐るべき、侵略抑止の兵力を獲得した。（中略）わが艦隊の艦艇は誰をも威嚇はしないが、祖国の安全をあえて犯すいかなる侵略者に対しても当然の反撃を加え得る用意が常にある。[*1]」

セルゲイ・ゴルシコフ（ソ連海軍総司令官）

スターリン兵学をめぐって――日ソ陸上国境の消滅

２０１９年、初めて訪れたユジノサハリンスクの第一印象は、どうも「日本ぽい」というものであった。ロシア極東の島、サハリンの州都にこのような感慨を抱くのは、どうにも不思議なことである。

１９４５年まで、サハリン南部はたしかに大日本帝国の一部であり、その中心であったユジノサハリンスクは、豊原《とよはら》と呼ばれるれっきとした日本の街ではあった。なにしろ明治43年には大国魂神《おおくにたまのかみ》、大己貴神《おおなむちのかみ》、少彦名命《すくなひこなのみこと》の「開拓三神」を祀《まつ》る樺太《からふと》神社まで創建されていたほどである。戦前の人口は３万７０００人あまりで、その中には筆者の中学時代の担任も含まれていた。ほんの少し前まで、ここが日本であったことは間違いない。

だが、街の表面を覆うインフラの多くはソ連・ロシアによってすっかり作り替えられ、人口も現在では18万人以上に膨れ上がっている。筆者が訪れた当時は、鉄道の線路が日本の敷いた狭軌《きょうき》からロシア本土と同じ広軌《こうき》への切り替えを完了したばかりであったから、大日本帝国の残した最後の痕跡もほぼ消え去りつつあった。ソ連がサハリン南部の併合を宣言したのが１９４６年のことであることを考えれば、当たり前と言えば当たり前であるかもしれない。

それでも、この街にどことなく親しみを感じるのは何故だろう。そのように考えてしばらく街の中をうろつきまわった結果、一つ一つの街区が小さいのだと気づいた。ソ連の都市計画はとにかく壮大にして巨大、というものが多く、結果的にどこか威圧感がある。ところがユジノサハリンスクの街区はかつて日本人が作った街並みのそれを多くの場所で継承しているから、「日本サイズ」なのだ。新しく開発された郊外はともかく、日本人が街区を切った街の中心部はやはりこぢんまりした場所が多い。

逆に言えば、この街がかつて日本であったことを示す痕跡はもはや街区のサイズだけである。かつて樺太神社が置かれていた場所も今は荒れ果てており、「奉献《ほうけん》」と書かれたコンクリートの台座などがいくつか残っているだけだ。

日本でなくなったのは、サハリンだけではない。1951年のサンフランシスコ講和条約第二条では、日本が朝鮮半島の独立を承認するとともに、台湾、千島列島、樺太（サハリン）南部、太平洋の信託統治領等を放棄することが定められた。これは日本が「帝国」であることをやめた瞬間であったとも言えよう。ハウによれば、帝国のおおまかな定義とは「もともとの境界外部の領域に対して支配を及ぼす広範な政体」であり、「核」と「周辺」の間の支配関係を特徴とする。[*2] 日本の敗戦はまさにこうした支配関係の崩壊であった。

地政学的にみると、これは日本が大規模・直接侵略を受ける可能性の大幅な低下を意味していた。19世紀以降に獲得した領土の大部分を喪失したことにより、日本からは陸上国境が消滅し、全ての国境線が海上に引かれることになったためである。

ジョン・ミアシャイマーが述べるように、海は国家の戦力投射能力を著しく制約する。[*3] 有力な敵が待ち構える海の向こうに大規模な兵力を送り込み、継続的に兵站《へいたん》を行うのは至難の業であり、ソ連といえども千島列島上陸作戦くらいまでが限度であった。当時のソ連最高指導者であったヨシフ・スターリンは北海道北部までを占領地域に含めることを目論んでいたとも言われるが、[*4] もちろんこれは実現していない。したがって、日ソ間に陸上国境が存在しなくなったことで、ソ連の地上戦力に対する脅威度は近代史上で最も低下したということになる。[*5]

これはソ連から見ても同じであるはずだった。ソ連にとっての最重要戦略正面は欧州であり続けてきたが、極東にも日本という有力な軍事大国が存在したことで、軍事力を東西に分散せざるを得ないという宿命を抱えてもいた。しかも、東西間を結ぶ戦略輸送ルートはシベリア鉄道とその支線にほぼ限られていたから、部隊の戦域間機動力と兵站能力も予《あらかじ》め大まかに決まっており、兵力を融通しあうのも決して容易ではない。こうした制約の中にあって、日本との陸上国境を抱えずに済むようになったということは、ソ連の安全保障にとってかなりのメリットであっただろう。

終わり、そして続き

だが、当時の指導者であったヨシフ・スターリンは、戦後も日本に対する警戒を解こうとはしていなかった。

河西陽平がソ連側文書に基づく中ソ友好同盟条約の締結過程に関する研究の中で明らかにしているとおり、日本の軍事的復活は時間の問題であるという見通しの下、極東の防衛強化を図らねばならないというのがスターリンの考えであった。具体的には、帝政時代から極東の主要港であったウラジオストクに加えて、サハリンの対岸にあるソヴィエツカヤ・ガワニとカムチャッカ半島南部のペトロパヴロフスク・カムチャツキーの軍港機能を強化し、それぞれの港を鉄道路線で結んで兵站を確保するというものである。スターリンが中国国民党政府の宋子文《そうしぶん》外交部長に対して語ったところによれば、これは実現までに40年を要するという壮大な構想であった。[*6]

1950年に朝鮮戦争が勃発すると、極東は米ソ対決の最前線となった。戦争は1953年まで続き、この間にソ連は「軍事顧問団」の名目で7万人を超える兵力と大量の武器を北朝鮮側に送り込んでいる。その後も米ソ関係は悪化の一途を辿り、1962年のキューバ危機では第三次世界大戦の寸前、核兵器による人類破滅という悪夢を垣間見ることになった。

また、1960年代というのは、同じ社会主義国であるはずの中国とソ連の関係が悪化しつつあった時期でもある。ソ連は、国共内戦の末に勝利した中国共産党の国家、中華人民共和国との間で中ソ友好同盟相互援助条約（国民党との間で結ばれた中ソ友好同盟条約に代わるもの）を1950年に締結し、正式に同盟関係となった。しかし、1956年、スターリンの後を継いだニキータ・フルシチョフが前政権下での恐怖政治を批判する秘密報告を第20回共産党大会で行うと、毛沢東政権下の中国はこれに激しく反発し、中ソ間でも冷戦が始まる。中ソは長大な陸上国境に膨大な兵力を展開するようになり、1969年にはウスリー河のダマンスキー島を巡って両軍が衝突するという事件（ダマンスキー島事件）まで引き起こされた。

さらにこの間、フランス植民地であったヴェトナムの独立闘争がインドシナ全域を巻き込む大戦争へと発展しており、米国、ソ連、中国がそれぞれに現地勢力を支援して激しい戦いが繰り広げられた。いわゆるヴェトナム戦争とこれに付随して発生した一連のインドシナ紛争であるが、こうして見ると、第二次世界大戦後も大国間の軍事的な角逐は決して終わっていなかったことが分かる。

ただ、20世紀に生み出された二つの革命的な軍事技術——核兵器と弾道ミサイルは、次なる世界大戦が人類の破滅を意味するという相互了解を米ソの双方にもたらしもした。米国務省きってのソ連専門家であったジョージ・ケナンが、国立戦争大学で行った1946年の講義において、ソ連との国家間闘争では「戦争に至らない手段（measures short of war）」が重要になると説いたのはこのためである。[*7] 亡命ロシア人軍事思想家エフゲニー・メッスネルが、将来の国家間闘争は非軍事的手段と非公然の低烈度暴力の組み合わせになると予見したことも同じ背景の下に理解することができよう。[*8]

この結果、第二次世界大戦後の世界における米ソの対立は奇妙な様相を帯びることになる。途方もない資源を投じた軍拡競争が展開される一方、その力をいかにして行使せずに済ませるかが軍事理論上の課題となった。つまり「抑止」という考え方の浮上である。

消耗戦略論と破壊戦略論

オホーツク海がSSBNの聖域となった大きな背景は以上のようなものである。だが、そこに至る道筋は、決して一筋縄ではなかった。

1950年代初頭までのソ連軍事思想を支配していたのは、スターリンの唱えたそれ、いわゆるスターリン兵学であった。「銃後の安定性」「軍の士気」「師団の質と量」「軍の装備」及び「軍司令官の組織能力」の5つを、軍事力を決定づける恒常的作戦要因と規定するものである。

軍事戦略の用語に当てはめると、スターリン兵学は消耗戦略(strategy of attrition)論の系譜に位置する。近代国家は消耗に耐えうる力を持つ、という考えがその核心であり、その耐久力の中心に位置するのがスターリンのいう恒常的作戦要因であった。これに対置されるのが破壊戦略(strategy of destruction)論で、奇襲的な攻撃方法(例えば新しいテクノロジーや戦略を用いた思いもよらない第一撃)によって戦争の最初期段階(IPW)で決定的な効果を挙げられる可能性を重視するのが特徴である。*9

消耗戦略論者と破壊戦略論者の論争はロシアの軍事思想史において度々見られるものだ

が、スターリンの存命中は同人の恐怖政治がソ連軍全体を支配していたため、消耗戦略に異議を唱えることはまず許されなかった。特に厳しく排撃されたのが、奇襲による電撃的な勝利の可能性である。もしも奇襲がそれほど決定的な効果を持つなら、独ソ戦初期においてドイツの奇襲を許したスターリンの責任は極めて重大であったことになるからだ。それゆえに、スターリンは「それ以外の原則（奇襲を含む）について議論したり、研究することを禁じていた」[*10]。

また、スターリンによれば、恒常的作戦要因を具備できるのは社会主義国だけであり、したがって、資本主義国と社会主義国が戦争になった場合は必ず社会主義国が勝利する。この点は核兵器が登場した後も同様であって、「原子爆弾なるものは神経の細かい者に対するオドカシであって、戦争に結着をつけるものではない」とされた[*11]。

このことはまた、当時のソ連が米本土を攻撃できる核運搬手段を持っていなかったことの裏返しでもあっただろう。ソ連が初の原爆（核分裂弾）実験を成功させたのは1949年のことであるが、航空機に搭載できる実用的な原子爆弾RDS－1の量産開始は1951年になってからであった[*12]。しかも、この当時のソ連空軍が保有していた爆撃機は欧州を攻撃できる程度の航続距離しか持たない中距離機ばかりであった上、米国周辺にはこれらを配備できる友好国が存在しなかった。同時期の米空軍が1200機の爆撃機によってソ連国内の2000目標を核攻撃する能力を有していたこととは全く対照的である。[*13]

要するに、この当時の核戦力バランスは一方的に米国優位であり、それゆえに核兵器が決定的な効果を持つ兵器であると認めるわけにはいかなかった、ということになろう。

「軍事革命」とフルシチョフ政権期の核戦略論

しかし、スターリン死後の1950年代も半ばに入ると、スターリン兵学の影はかなり薄れてきた。1954年にはマレンコフ首相が「核戦争となれば人類（資本主義国だけではない）の破滅を意味する」という主旨の声明を『プラウダ』紙上に発表したのに続き、1955年には新たに成立したフルシチョフ政権下でスターリン兵学見直しの機運が高まった。

これは、ソ連の核戦力がこの時期になってそれなりの陣容を整えつつあったことと無関係ではなかった。マレンコフが核兵器による人類共倒れの可能性に言及した翌年、ソ連は航空機から投下可能な初の実用型水素爆弾RDS－6の実験に成功していた。さらにこの頃になると、ソ連軍には東欧からNATO諸国を攻撃可能なR－5準中距離弾道ミサイル

（ＭＲＢＭ）が配備されるようになり、１９５７年には初のＩＣＢＭ発射実験にも成功している。

こうした中で、従来型の軍事力の介在しない戦争が発生しうるとの考え方がソ連軍には生まれてきた。いわゆる「軍事革命」論である。当時の最新テクノロジーである核兵器と弾道ミサイルを組み合わせることで、戦争がごく短期間で、つまり破壊戦略的に遂行されうる可能性は無視できない、という考えがその背景には存在していた。と同時に、これはスターリン兵学からの決別という、政治レベルにおける「革命」的な性質をも孕《はら》んだものであった。

当時のソ連指導者であったフルシチョフも、「軍事革命」の訪れをつとに強調した。核兵器と弾道ミサイルの時代にあっては「戦闘機や飛行機はいまや博物館行きだ」とフルシチョフが述べたことや、１９５９年には弾道ミサイルを運用する戦略ロケット軍（ＲＶＳＮ）を陸海空軍及び防空軍と並ぶ5番目の軍種に格上げしたことはよく知られている。さらに１９６０年1月のソ連最高会議において、フルシチョフは核ミサイルの重要性を改めて強調し、これを根拠に、陸軍を中心とした１２０万人もの兵力と国防費の大幅な削減を主張した。フルシチョフにとって、「軍事革命」は軍事戦略の大転換であると同時に、第二次世界大戦で傷ついた経済にリソースを優先配分し、労働人口を国防から解放するためのロジックでもあったのである。[*14]

もちろん、フルシチョフの極端な核ミサイル重視主義を、ソ連軍が簡単に受け入れたわけではない。核兵器の重要性を否定するわけではなかったものの、フルシチョフがいうように核戦力の存在を理由として兵力の大幅削減を正当化する言説は到底受け入れられるものではなかった。フルシチョフ自身が任命し、その核戦略理論をソ連の軍事ドクトリンとして定式化したマリノフスキー国防相さえ、核ミサイルだけが今後の軍事戦略の鍵を握るという極端な主張には反対であった。[*15]

なんとなれば、米国が当時の核戦力の全力を用いて奇襲攻撃を行った場合でさえ広大なソ連全土を壊滅させることは到底不可能だから、というのが当時の軍部の反論である。したがって、予期される第三次世界大戦は最終的に数百万人の兵力を動員した独ソ戦のような様相を（つまり消耗戦の様相を）呈するであろうというのがソ連軍部の考えであって、この点はソコロフスキー元参謀総長らが中心となって執筆した1962年の『軍事戦略』も同様であった。[*16]

また、実際問題としても、当時のソ連は、米本土を直接攻撃できるだけのＩＣＢＭをほとんど実戦配備できていなかった。フルシチョフはＩＣＢＭが「ソーセージのように量産されている」と発言したことで有名だが、実際には、１９６０年になってもほんの数発のＲ－７ＩＣＢＭが配備されていたに過ぎなかったのである。しかも、Ｒ－７は酸化剤に極低温の液体酸素を用いていたために大掛かりな設備と発射時間が必要で、実戦的なミサイルとは到底言い難い代物であった。結局、本当の意味で実用性を備えたＩＣＢＭの大量配備が始まったのは、常温保存の可能な硝酸を酸化剤として用いることで即応性を高めたＲ－16シリーズの登場（１９６３年）以降のことである。フルシチョフの核ミサイル重視路線は、スターリンの核兵器軽視と同様、多分に政治的言説という側面の強いものであった。

冷戦下のソ連海軍――進まない海軍力の強化

冷戦の前半20年間における核戦力と核戦略理論の展開は以上のようなものである。そこで今度は、この間における海軍力整備の動きに視点を移してみたい。

ロシアは伝統的に大陸国家（ランド・パワー）であり続けてきた、とはよく言われるところである。たしかにロシアは世界で最も長い海岸線を持つ国であり、その歴史には海運や海軍力が深く関わってきたが[*17]、基礎はあくまでも大陸にあった。軍事的に言えば、過去にロシア国家が海からの攻撃で滅びたことはなく、米ソ冷戦が始まるまで、ロシアの敵はロシアと同じく大陸を基礎とする勢力であり続けた。それゆえに、「ロシアの海軍は一度としてロシアの優先的な戦略システムであったことはなく、経済の失敗、内乱、敗北が起こると真っ先に犠牲になってきた」と海軍史家のアンドリュー・ランバートは述べる。[*18] ロシアは海軍力を持つ国（naval power）ではあるが、海を基礎として成り立つ海洋国家（sea power）ではなかったということである。[*19]

この点は、第二次世界大戦前後のソ連海軍にも当てはまる。１９５６〜85年の長きにわたってソ連海軍総司令官を務めたセルゲイ・ゴルシコフ海軍元帥が述べるように、20世紀の内戦期に生まれたソ連の海軍戦略は「小戦争」理論を基本としていた。すなわち敵に対して圧倒的に劣勢な艦艇戦力を活用するために沿岸火砲や航空機の援護を得られる沿岸で活動するという防勢的な考え方であり、あくまでも陸上作戦を補助するための小規模な沿岸海軍としての性格が強かった。[*20]

具体的な数字を挙げると、第二次世界大戦の終結時点においてソ連海軍の保有船腹は57万5０００トンであり、合計７０６万5０００トンもの艦船を保有していた米海軍の12分の1であったに過ぎない。太平洋正面に限って言えば米ソ海軍の船腹量差は実に20倍以上にもなり、それぞれの艦艇の性能まで加味すれば両者の差はまさに圧倒的であった。[*21] 特に大型水上戦闘艦艇の不足や航空母艦の欠如は、ソ連海軍の劣位を顕著に特徴づける点であった。

このような状況にあったソ連は、第二次世界大戦後間も無く、海軍力の増強計画に着手する。１９４５年11月にソ連閣僚会議で承認された１９４６〜56年の艦艇建造プログラムがそれで、重巡洋艦４隻、軽巡洋艦30隻、駆逐艦１８８隻、潜水艦３６７隻を建造するという、空前の計画であった。ただ、当時のソ連が有していた経済力と造船能力ではこれだけの大建艦計画を実現するのが難しいことは当初から指摘されており、実際に建造できたのは軽巡洋艦20隻、駆逐艦85隻、潜水艦２２５隻であったに過ぎない。このうち、極東に配備されたのは軽巡洋艦６隻、駆逐艦21隻、潜水艦57隻であった。戦前から配備されていた旧式艦を勘定に入れても米海軍に対抗できないことは明らかであり、その基本的な任務は極東の沿岸防衛に限定されていた。

これに加えて考慮されるべき要因がさらに二つある。その第一は、前節で見たフルシチョフ政権期の極端な核ミサイル重視路線だ。フルシチョフは陸軍だけでなく海軍に対しても冷淡な姿勢を取り、巡洋艦のような大型水上戦闘艦艇はもちろん、ゴルシコフらソ連海軍指導部が熱望していた空母保有も必要ないとみなしていた。

第二に、これもすでに述べたことだが、ロシアが大陸国家であるという基本的な事実がある。それゆえにソ連の国防相や参謀総長は代々陸軍から出るのが伝統であり、ソ連軍内部でも海軍の地位は決して高くなかった。のちにゴルシコフが著した『平時と戦時の海軍』では、海軍の重要性が（当然のことながら）強調されているものの、ここでは陸上作戦の成否は歴史的に海軍との連携にかかっているとの論法が全編にわたって採用されており、外様《とざま》の苦悩のようなものも偲《しの》ばれる。と同時に、これはランバートがいう大陸国家の海軍力観、すなわち陸軍力の従属要素としての海軍力という考え方[*22]がゴルシコフにさえかなりの程度まで内面化されていたことを示すものとも言えよう。

SSBNの登場

したがって、ゴルシコフが率いることになった1950年代のソ連海軍は、まずもって戦略核戦力の担い手たることに活路を求めるほかなかった。

当時のソ連では「宇宙開発の父」ことセルゲイ・コロリョフを中心としてロケット技術の兵器化が急ピッチで進んでおり、これはやがて弾道ミサイルを潜水艦から発射するというアイデアに発展していった。

　最初に実用化にこぎつけたのは、地上発射型のＲ－11短距離弾道ミサイルをＳＬＢＭ化したＲ－11ＦＭである。[*23] Ｒ－11ＦＭはまず、６１１型ＳＳＫを改造したＡＶ６１１型（ＮＡＴＯ名：ズールーⅤ型）ＳＳＢに搭載され、１９５８年には最初からＳＬＢＭ搭載を前提として開発された６２９型（同：ゴルフ級）が登場した。これも搭載ミサイルはＲ－11ＦＭであるが、同ミサイルの射程は１５０キロメートルにすぎず、まずは潜水艦に核ミサイルを搭載できることを実証するという意義の方が強かったように思われる。６２９型は計24隻が建造され、主に北方艦隊と太平洋艦隊に配備された（一部はバルト艦隊にも配備されたほか、1隻は中国海軍に供与されている）。

　１９６０年代に入ると、ソ連海軍はついにＳＬＢＭ搭載型原子力潜水艦、つまりＳＳＢＮを就役させた。１９６０年代に1番艦が就役した６５８型（ＮＡＴＯ名：ホテル級）がそれで、計８隻が建造された。配備先はすべて北方艦隊と太平洋艦隊であり、これ以降もＳＳＢＮは両艦隊にしか配備されていない。

　その６５８型にはいくつかの重要な技術的特徴があった。その第一はなんといっても原子力推進を採用したことで、これによってＳＳＢよりもはるかに高速で米本土付近へと展

1972年２月、火災事故により緊急浮上した658型戦略原潜K-19。出典：アンドレイ・V・ポルトフ『ソ連／ロシア原潜建造史』(海人社、2005年)

開し、しかも長く留まることが可能になったのである。たとえば658型の1番艦であるK－19は、1960年に行われた就役前の国家試験において、潜航状態のまま最大出力で5日間の連続航行を行ってこれに成功している。これを含めて試験中のK－19の航行期間は丸3カ月、航行距離は1万800カイリ近くになった。

第二に、搭載SLBMの性能が向上した。当初は射程600キロメートルのR－13が採用され、これでも既存のR－11FMと比較して4倍の射程増であったが、のちにR－21というさらなる長射程SLBMが採用されている

（R－21搭載型は658M型と呼ばれ、オリジナルの658型ものちにこの仕様に改修された）。R－21の射程距離は1200キロメートルにも及ぶ上、潜航状態での発射を初めて可能にしたという点でもソ連海軍にとって画期的なSLBMであった。それまでのR－11FMやR－13は発射時に搭載母艦が浮上する必要があり、その状態で発射準備に15～20分を要していたから、発射前に敵に捕捉されてしまう可能性が高かったのである。[*24] なお、658／658M型は計8隻が建造され、そのすべてが北方艦隊と太平洋艦隊に配備された。

これらの新兵器によって、ソ連海軍は、それまでのような沿岸防衛部隊から、敵本土への核攻撃能力を持った戦略兵力へと大きく性格を変えることになった。前述したフルシチョフの核ミサイル重視路線が、海軍においてはこのような形で具現化されたことになる。

ただ、当時のミサイル搭載潜水艦の性能は、現在の目で見ると全く原始的なものであった。最新鋭兵器であった658／658M型SSBNでさえ、主武装であるR－13／21SLBMの搭載数はわずか3発に過ぎず、その射程を考えると、核攻撃任務を果たすには目標（太平洋で言えば米本土西岸やハワイ）にかなり接近する必要があった。もちろん、ソ連近海を聖域として米本土を直接攻撃する、といった使い方は到底できず、したがってバレンツ海やオホーツク海が聖域になるのはまだ少し先のことである。

米本土を狙え

それでも一応、太平洋艦隊が新しい時代に入りつつあったことは間違いない。潜水艦の数は増え、しかもそこには原子力艦やミサイル搭載艦も含まれるようになってきたのがこの時期であった。

そこで1961年、太平洋艦隊では大規模な組織改編が行われた。第6潜水艦戦隊と第15潜水艦戦隊という二つの上級部隊を作り、それまでバラバラに編成されていた各種潜水艦部隊をそれぞれの隷下に置くというものである。前者は極東の主要港であるウラジオストクに、後者はカムチャッカ半島南部のルィバチーに司令部を置き、隷下の潜水艦隊は周辺の各基地に分散して配置された。

このうち、弾道ミサイルを搭載したSSB及びSSBNは、全てカムチャッカの第15潜水艦戦隊に集中配備された。当初、その一部（通常動力型のAV611型及び629型SSB）はウラジオストクの第123潜水艦旅団に配備されていたが、第15潜水艦戦隊の設置に合わせて第29潜水艦師団へと格上げされ、1967年には母港をカムチャッカへと移したという経緯である。一方、太平洋艦隊初のSSBNである658型は、最初からカムチャッカの第45潜水艦師団配備であった。

以上の動きは、1960年代初頭のソ連海軍における戦略の変化を示している。1950年代当時に配備されていたSSBの航続距離や搭載SLBMの射程の短さ、その配備地点（ウラジオストク）を考慮するに、標的は主に在日・在韓米軍基地や米軍占領下の沖縄であっただろう。これに対して、1960年代に入ってから進められたカムチャッカへのSSB／SSBNの集中配備は、明らかに米本土への核攻撃を念頭に置いたものであった。カムチャッカはウラジオストクよりもずっと米本土に近い上、海への出口を塞ぐ海峡が存在しないという地理的利点を有していたためである。原子力機関によって理論上は無限の航続距離を持つ658型SSBNの配備とSLBMの長射程化（R－13からR－21への換装）という軍事技術上の発展もこの利点を後押しする要素であった。以上のようにして、1960年代以降のカムチャッカ半島は、対米核抑止力の基盤という性格を持つに至った。

一方、ウラジオストクに司令部を置く第6潜水艦戦隊の方は、当初、隷下部隊の全てが通常動力型潜水艦（SSK）とされた。日本海北部から中央部における米海軍・海上自衛隊の接近阻止や海峡封鎖、通商破壊等がその任務であったと思われる。のちに同戦隊隷下には659T型（エコーI型）SSNと675型（エコーII型）SSGNを運用する第26独立潜水艦師団（母港はウラジオストクに程近いパヴロフスク湾とされた）が設置され、行動範囲は対馬海峡以西にも広がった。

以上をまとめたのが図3（68〜69ページ）であるが、こうして地図で眺めてみると、1960年代末にはオホーツク海から日本海へと至る潜水艦部隊のネットワークがぐるりと張り巡らされていたことがわかる。この配置は、スターリンが想定していた戦後の極東防衛構想にほぼ合致するものであった。後述するように、これらを結ぶ鉄道網は最後まで建設されずじまいではあったが、基地建設だけはほぼスターリンの構想通りに実現を見たのである。

667A型の配備と飛躍的に伸びる核攻撃能力

以上の状況は、ゴルシコフにとって悩ましいものであった。

ゴルシコフがソ連海軍総司令官を務めたのは1956年から1985年の29年間であったから、スターリン兵学の脱却期にその任についたことになる。したがって、フルシチョフ政権期の戦略核重視路線が、ソ連海軍を「小戦争」理論に基づく沿岸海軍から脱却させる上で一つの追い風となったことは間違いないだろう。実際、SSB、SSBN、SSG

平洋艦隊の潜水艦部隊リスト（http://oosif.ru/tihookeanskiy-flot）を基本と
アーカイブ資料を豊富に使用した極東連邦大学のV.N.セミョーノフによ
発展段階」（В.Н.Семёнов, "Этапы развития подводных сил Российской
No.3（2020）, https://www.noo-journal.ru/nauka-obsestvo-oborona/2020-

フの著書に示された1968年時点における各タイプの配備数（Ю. В.
さらにWebサイト「Штрум глубины」（http://www.deepstorm.ru/）に掲載
を割り出した。

図３　1960年代におけるソ連太平洋艦隊潜水艦の構成と配置

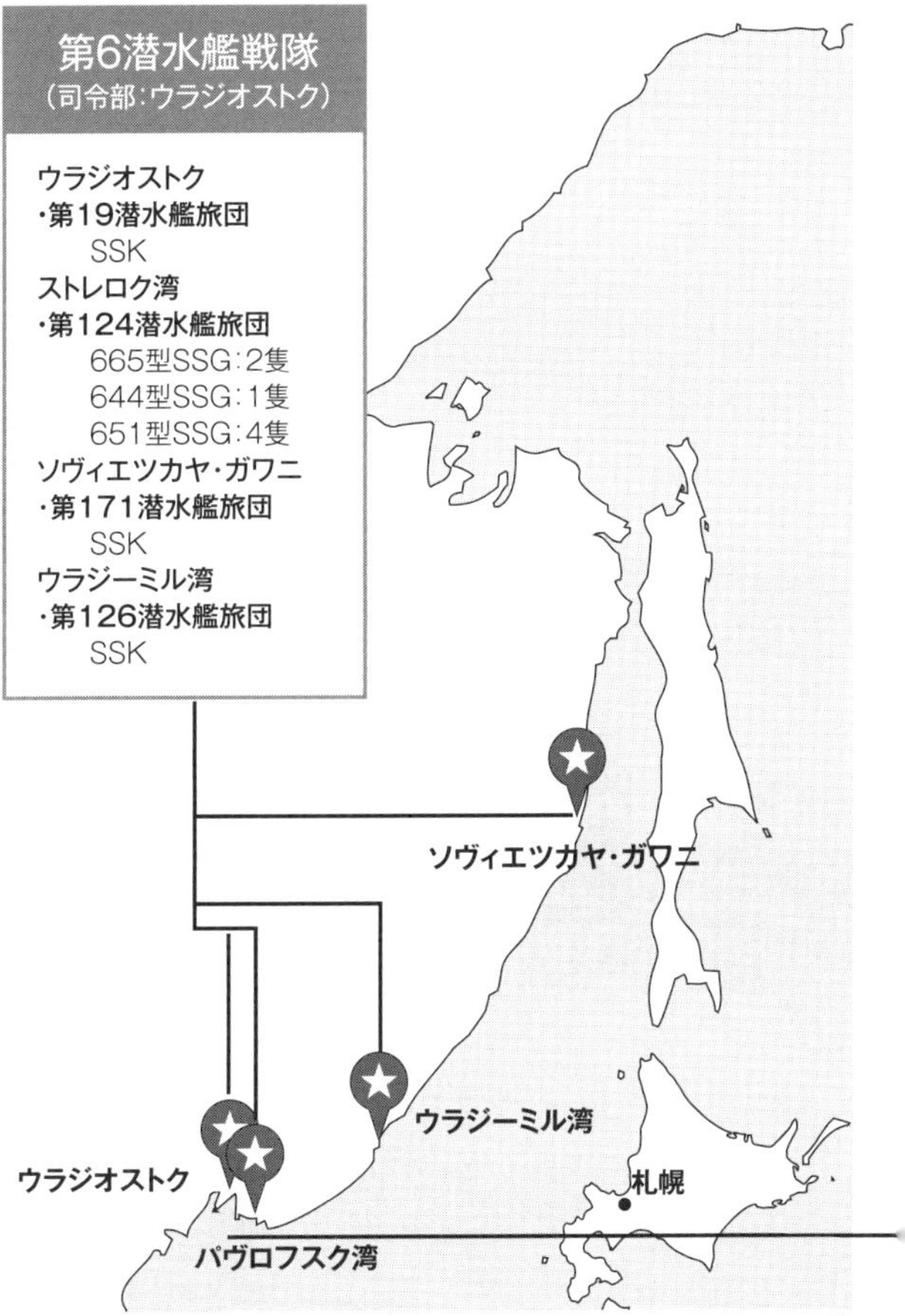

出典：Webサイト「Отечественная гидронавтика」に掲載された太し、さらにロシア国防省中央文書館太平洋艦隊分館（TsAMO AO TOF）のる論文「極東におけるロシア帝国からソ連時代にかけての潜水艦部隊の Империи – СССР на Дальнем Востоке," *Наука. Общество. Оборона.*, Vol. 8, 3-24/article-0250/.）から詳細を補って筆者が作成した。

潜水艦の配備数は時期によって若干の変動があるが、ここではキリロ Кириллов, *Тихоокеанский флот*（Дескрипта, 2021）p. 71.）を基本とし、されている各艦の個艦履歴に基づいて同時点における配備部隊と配備数

警備艦	原子力潜水艦（SSN、SSBN）	通常動力型潜水艦（SSK）	ミサイル搭載潜水艦（SSG・SSB）
16	3	110（70*）	16**
16	23	94*	35

Nの配備によって、ソ連潜水艦隊が戦略ロケット軍や戦略爆撃機部隊と肩を並べる戦略兵力としての地位を得たことはここまで見てきたとおりである。

同時に、フルシチョフの戦略核重視路線が非常に極端なものであり、ソ連軍内部におけるリソースの奪い合いでも海軍は劣位に立たされていたことはすでに述べた。したがって、ゴルシコフがソ連海軍総司令官に就任してからしばらくの間、潜水艦を除いて艦隊の近代化は遅々として進まず、特に重要政経中心から遠く離れた太平洋艦隊ではその傾向が顕著であった。表5に示すように、冷戦前半におけるソ連太平洋艦隊の近代化は、潜水艦隊のそれとして進んだのである。

こうした中の1969年、太平洋艦隊では、658型に続く第二世代のSSBNとして、667A型（NATO名：ヤンキー級）の配備が始まった。

表5　1962-1968年におけるソ連太平洋艦隊の保有艦艇の推移

	巡洋艦		その他のミサイル搭載水上艦	大型対潜艦	駆逐艦
	軽巡洋艦	ミサイル搭載巡洋艦			
1962年	4	0	2	0	38-42
1968年	4	2	3	5	36

出典：Кириллов, *op. cit.*, 2021, p. 81.より筆者作成
*第二次世界大戦後に就役したもの
**629型及び611AV型

ジョージ・ワシントン型に対抗してソ連が配備した667A型SSBN。初めて流線形の船隊が採用された。出典／アンドレイ・V・ポルトフ『ソ連／ロシア原潜建造史』（海人社、2005年）

667A型はそれまでにない新機軸を盛り込んだ当時の最新鋭艦であった。このことは、細かい技術論に踏み込まずとも、その外観から見て取れる。それまでの658型などが水上船のように鋭く尖った艦首を持ち、全体的に平べったい形状（船型船体）であったのに対して、667A型は葉巻のように丸く滑らかな船体形状を採用していた。現代の我々が潜水艦と言われてすぐに思い浮かぶような形状、といえばイメージがつきやすいだろう。

これ以前の潜水艦が船型船体を採用していたのは、潜っている時間よりも浮かんでいる時間の方が長かったためであった（「はじめに」を参照）。それがシュノーケルや原子力機関の登場によって「潜りっぱなし」の時代が訪れたことで、潜水艦の設計は根本的に変化する。浮上航行するのはもはや出入港の時くらいでしかなくなったため、水中でいかに抵抗を減らすかが最重要課題となったのである。

こうした考え方に基づいて生まれたのが涙滴《るいてき》型（ティア・ドロップ型）と呼ばれる流線型の船体形状で、米海軍ではこれを採用したスキップジャック型SSNを早くも1959年には登場させている。また、これと同じ1959年にはスキップジャック型の船体を延長してポラリスSLBMを搭載したジョージ・ワシントン型SSBNが就役していた。

ところがソ連海軍は、「潜りっぱなし」時代に入ってからもしばらくの間、船型船体と決別することができなかった。なにしろジョージ・ワシントン型就役の翌年にあたる1960年になって今さら船型船体の658型を登場させてきたのだから、完全に周回遅れであったと言えよう。ソ連と米国の基礎科学力や工業力の差、あるいは海軍力に対する投下リソースの差を如実に示すものであった。結局、ソ連が流線型の潜水艦を実用化できたのは、667A型SSBNの1番艦が北方艦隊に配備された1967年のことである（同じ年に就役した671型SSNもここに含めることができる）。

また、658型とジョージ・ワシントン型を比較すると、その他の性能も全く雲泥の差であったことがわかる。658型のSLBM搭載数は3発に過ぎず、その射程も1200キロメートルであったのに対して、ジョージ・ワシントン型は射程2600キロメートルのポラリスA－1を16発も搭載することができた（最終型のA－3型では4600キロメートル）。仮に米ソが互いの本土を全面核攻撃する事態が発生した場合、ソ連のSSBNによる報復可能範囲が米本土沿岸に限られたのに対して、米国のそれはソ連の奥深くまでを攻撃できたということである。しかも、米海軍は1967年までに実に41隻ものジョージ・ワシントン型を配備していたから、大量報復を前提とするにしても、ソ連側は依然として劣勢に立たされていた。

この意味では、667A型がR－27SLBMを主武装としていたことは特筆に値しよう。マケーエフ設計局が開発したこのミサイルは、出力1メガトンの大威力核弾頭1発を搭載して2500キロメートルを飛行できる性能を有しており、しかも667A型には16発を搭載することができた。667A型の登場によって、ソ連海軍はようやく米海軍のジョージ・ワシントン型に追いつくとともに、海中からの大規模な核報復能力を初めて備えることになったのである。

このように、667A型は、米国との核軍拡競争でソ連海軍が手にした切り札と呼ぶべき存在であった。それゆえにソ連海軍は667A型とその改良型である667AU型を合計で34隻も建造したが、これはソ連が建造したSSBNとしては最多であり、うち太平洋艦隊には12隻が配備されている。

ちなみに667AU型は、射程を3000キロメートルに延伸したR－27Uを搭載するタイプで、のちに多くの667A型もこの仕様へと改修された。また、R－27Uはソ連のSLBMとして初めて複数の核弾頭（200キロトン核弾頭3発）を搭載できたことでも知られる。これはのちの個別誘導再突入体（MIRV）のようにそれぞれの核弾頭が別個の目標を狙うものではなく、同一の目標に対して複数の核弾頭が包み込むように落下するという複数再突入体（ＭＲＶ）のアイデアに基づくものであった。この場合の射程は２５００キロメートルに低下するものの、射程圏内まで近づければ、より確実に目標を破壊できると考えられたのだ。[*25] ＳＳＢＮとこれに搭載されるＳＬＢＭの数、そして1発あたりのＳＬＢＭあたりの核弾頭投射数がまさに飛躍的な伸びを示したのが１９７０年代前半であった。

しかし、１９７０年代前半といえば、一般的には米ソの緊張緩和（デタント）が進んだ時期として知られている。特に１９７２年には米ソ間初の核軍備管理枠組みである第一次戦略兵器制限交渉（ＳＡＬＴ Ｉ）が妥結し、弾道ミサイル迎撃システムの配備制限を定めたＡＢＭ制限条約の締結とも相まって、冷戦には一段落がついたという雰囲気が漂い始めていた。ところが冷戦の最前線では、核軍拡競争は相変わらず続いていたのである。

宿敵・ＳＯＳＵＳ

ただ、Ｒ－27シリーズの射程を考えるなら、太平洋艦隊の６６７Ａ／ＡＵ型がソ連近海から攻撃できたのはアラスカまでであり、西海岸の主要都市やハワイの米第7艦隊基地を攻撃するためには、やはり太平洋を越えて米本土にある程度まで接近せねばならなかった。６６７Ａ型の場合は米本土から２０００キロメートル沖合で、６６７ＡＵ型では同じく２

500キロメートル以上でパトロールができたというが、[26] 大西洋や太平洋を遥々《はるばる》越えていかねばならなかったことには変わりはない。実際、667A/AU型は1968年から米国の大西洋岸でのパトロールを開始し、1971年には太平洋岸でもパトロールが始まったが、それは何重にも張り巡らされた米海軍の対潜警戒網を潜《くぐ》り抜けねばならないことを意味していた。

中でもソ連の潜水艦長たちを悩ませたのは、米海軍が世界中の海洋に敷設した海底設置型水中聴音機(ソナー)ネットワーク、SOSUSである。

海中にソナーを設置しておくというアイデアは古くから存在し、ソ連でも1920年代にはこの種の装置が重要な軍港の周辺に設置されていた。しかし、SOSUSはこれよりもずっと進歩したシステムである。第二次世界大戦中、音波が深い海の底に沿って数百キロメートルから場合によっては1000キロメートル以上も届くという現象(ディープ・サウンド・チャンネル)に気づいた米海軍は、このような音波を捉えて処理し、即座に潜水艦の潜在海域(SPA)を割り出せるシステムの構築に着手した。これがSOSUSで、陸上のオペレーション・センターが割り出したSPAは水上艦艇や対潜哨戒機の基地に伝達され、直《ただ》ちに対潜部隊を急行させられるようになった。[27] それまでは敵の潜水艦や水上艦部隊に遭遇しない限り探知の恐れがなかったものが、今やどこに米海軍の「耳」があるかわからない状態で水中パトロールを実施しなければならなくなったのだから、SOSUSは実に厄介な相手であったと言えよう。

実際、1970年代の米海軍は、667A／AU型が母港を出て米国の沖合に設定された待機海域（米海軍は「ヤンキー・ボックス」と呼んだ）に到着し、また帰投するまでの全航程をSSNとSOSUSでほぼ完全に捕捉できていた。したがって、「いざ戦争となれば、ソ連の戦略原潜はミサイルを発射しないうちに撃沈され（中略）双方が地上配備のICBMを射ちあったあと、海中深くに第二次攻撃の能力を温存しているのはアメリカだけとなる」との自信を米海軍は抱いていたほどである[*28]。

しかも、ソ連海軍は、自分たちの潜水艦がSOSUSによって長距離から探知されていることにしばらくの間、気づいていなかったという。その存在をソ連が知ったのは、1967年、ジョン・A・ウォーカーJr.という米海軍下士官が金に困り、潜水艦に関連する機密データをソ連に売り渡すようになってからだった。ウォーカーがもたらした情報はソ連海軍に大きな衝撃を与え、これ以降、潜水艦の静粛性には大きな注意が払われるようになる。

一方、米側は米側で、ＳＯＳＵＳに関する秘密情報が漏れていることに長らく気づけなかった。機密保持は絶対で、まず気づかれていないはずだと過信していたのである。しかもウォーカーは自分が海軍を退役した後も、海軍に勤務する同僚や、さらには兄や息子まで巻き込んでスパイ団を作り上げ、ソ連に情報を売り渡し続けていた。

事実が露見したのは１９８５年のことだった。ウォーカーが娘までスパイ団に引き込もうとするのに耐え難くなった妻が、連邦捜査局（ＦＢＩ）に駆け込んだのだった。ウォーカーは裁判で無期懲役を言い渡されたが、ソ連への情報漏洩は実に18年も続いたことになる。この間、ソ連がウォーカーに渡した金はわずか１００万ドルであった。[*29]

新冷戦の悪夢――ゲーム・チェンジャーとしての667B型

米国のＳＯＳＵＳとソ連の諜報網が目に見えない戦争を繰り広げていたその頃、オホーツク海では大きな変化が、しかし、静かに起きていた。６６７Ｂ型（ＮＡＴＯ名：デルタⅠ型）ＳＳＢＮの登場がそれである。その名の通り、６６７Ａ型の改良型として開発されたＳＳＢＮで、まず１９７２年から北方艦隊へ配備され、続く１９７４年には太平洋艦隊でも配備が始まった。６６７Ｂ型の建造数は実に18隻に及び、冷戦期の太平洋艦隊に配備されたのはこのうちの8隻であった（冷戦後にはもう1隻が北方艦隊から回航されている）。

その最大の特徴としては、搭載ミサイルが新系統のR－29SLBM12発へと変更され、射程が実に7800キロメートルにも及ぶようになったことがあげられよう。これによってソ連のSSBNは味方の水上艦艇や防空部隊に守られた自国近傍海域でパトロールすることが可能になった。つまり、本書のテーマであるオホーツク海の聖域は、667B型の登場と不可分の関係にあったことになる。

さらにIu・V・アパリコフが著書『ソ連の潜水艦1945－1991年』第3巻で述べるところによると、667B型の登場によって、ソ連海軍では新たな戦術が採用された。基地の埠頭《ふとう》や一時停泊場所からSLBMを発射するというもので、SSBNが出航していなくても（あるいは基地のごく近くにいても）米国本土を狙うことが可能になるというのがその目論見であった。アパリコフによれば、このコンセプトが初めて実証されたのは1976年の「マギストラーリ76」演習においてのことであり、北方艦隊のK－457（667B型）がバレンツ海のプロチニハ湾という狭い湾からR－29SLBMを発射することに成功した。また、1982年には、埠頭に停泊したままのSSBNからSLBMを発射する想定の仮想発射訓練（使用された艦や場所については明らかにされていない）が実施されたほか、1983年には北方艦隊のSSBNが実際に埠頭からのSLBM発射を行った。[*30]

つまり、SOSUSが張り巡らされた外洋までわざわざ出かけていく必要がなくなっただけでなく、港を離れることさえなく核抑止任務が実施可能となった、というのが667B型のもたらした核戦略上の大きな変化であった。実際、冷戦期の米海軍ではSSBNのうち半分程度が常に外洋を航行していたのに対し、ソ連海軍の場合、この割合が11%に過ぎないと見られていた。[*31]つまり、残りは埠頭に停泊しているか、自国近傍の聖域内を航行していたことになる。

また、実際に海に出てパトロールを行うにしても、その実施海域を自国近傍に設定できるようになったことで、高速航行を行う必要性は大きく低下した。それまでのSSBNは米本土まで長駆展開するために15ノット程度の速度で航行することが求められたが、その必要性が薄れたことで、騒音レベルを低く抑えられる4~8ノットでの超低速航行を基本とできるようになったのである。[*32]

ただ、667B型の騒音レベルは667A型からそう大きく変わっていなかったとされるから、[*33]オホーツク海内部まで侵入してくるSSNに対してはやはり脆弱《ぜいじゃく》であったと思われる。やや逆説的な言い方をすると、依然として「うるさい」SSBNに頼らざるを得なかったが故に、自国近傍でパトロールできる667B型の登場には意味があったということになろう。

氷の鎧の悪夢

667B型の登場は、ソ連のSSBNが「氷の鎧《よろい》」の下で活動することをも可能とした。敵の対潜艦艇が侵入してくることができず、対潜哨戒機がソノブイを投下することもできない氷の下に潜んでいれば、SSNによる攻撃以外は概ね心配する必要がないということである。[*34] 前述のように、667B型に搭載されたR－29の射程は7800キロメートルとされていたから、北極点からでも米本土全体が十分に射程に入る。

「氷の鎧」は、季節や気候変動の影響を受ける上、SLBMを発射する潜水艦が自分で氷を割って浮上しなければならず、味方の艦艇や航空部隊の支援も受けられないという欠点を抱えてはいたが、聖域を強固にする要素ではあった。一部のSSBNは自国近傍海域をパトロールし、また一部は埠頭に停泊したまま戦闘即応状態を保ち、さらに別の一部は厚い氷の下に潜む、という具合にSSBNの展開方法を多様化しておくことで、先制攻撃によって一挙に壊滅させられる可能性はたしかに大きく低下しただろう。

米国はさらに悪い可能性も考慮していた。ソ連のＳＳＢＮが「氷の鎧」の下からもＳＬＢＭを発射できるのだとすれば、探知されることなく北極海を越え、米本土の付近まで接近して先制核攻撃を仕掛けることさえ可能なのではないか、ということだ。[35]

だが、問題は、氷の下から何を狙うのかである。６６７Ｂ型の登場以前、ソ連のＳＳＢＮが標的としていたのは、米本土両岸にある大都市や工業地帯、海軍基地などであった。人口密集地や政治・経済の中心を標的とする対価値打撃（カウンター・バリュー・ストライク）と呼ぶが、６６７Ａ／ＡＵ型の任務はまさにこれであったと言ってよい。搭載ＳＬＢＭの射程が短かったため、北米大陸内部に分散配置された米国のＩＣＢＭ基地[36]を叩く、というわけにはいかなかったのだ。米国のＩＣＢＭを叩けるのは、ソ連のＩＣＢＭだけであった。

ところが６６７Ｂ型の登場は、ＳＳＢＮによる対兵力打撃（カウンター・フォース・ストライク）の可能性をソ連側にもたらした。Ｒ－29シリーズはＲ－27に比べて円形半数必中界（ＣＥＰ）、すなわち命中精度が向上していたから、大威力弾頭を搭載すれば、分厚い装甲板で覆われた地下ミサイル発射装置（硬化ＩＣＢＭサイロ）を破壊することも不可能ではない。これまでとは違って居所の摑《つか》めなくなったソ連のＳＳＢＮが米本土付近から突如として対兵力打撃を行い、自らのICBM戦力を保持したまま米国のそれを壊滅させてしまう、というのが、米国安全保障コミュニティが抱いていた「悪夢のシナリオ」であった。当時の米国では、ソ連の新型中距離弾道ミサイルや超大型ICBMによって先制核攻撃の危険が高まるのではないかという議論（いわゆる「脆弱性の窓」論）が強まっており、SSBNの北極海配備はそうした文脈の中で理解されたのである。

なお、ソ連海軍が北極の氷の下でSSBNを運用するための研究作業を開始したのは1979年のことであり、米海軍はこの時点から懸念を募らせていたようだ。その後、ソ連海軍は北極海からのSLBM発射は可能であるという結論を得て、1982年には北方艦隊のK-92（667BD型）[*37]が氷を突き破って浮上し、SLBMを発射することに成功している。1986年には太平洋艦隊のK-477型（667B型）がこれに続いた。[*38]

RYaN作戦

悪夢のシナリオに怯えていたのはアメリカ側だけではない。東側世界を牛耳るクレムリンの主人たちも、米国が突如として先制攻撃を仕掛けてくるのではないかという疑念に取り憑《つ》かれていた。

オホーツク海を要塞へと変えた667B型SSBN。出典／アンドレイ・V・ポルトフ『ソ連／ロシア原潜建造史』（海人社、2005年）

1979年12月にソ連がアフガニスタンへの侵攻を開始したことで、デタントの希望は吹っ飛んでいた。「新冷戦」と呼ばれる時代の始まりである。さらに1981年には対ソ強硬路線を掲げるレーガン政権が登場し、1983年にはソ連の核攻撃を無効化するための宇宙配備迎撃システムの開発計画、いわゆる「スター・ウォーズ」計画や、カーター政権下で中止されたB－1爆撃機プログラムの復活、海軍の大増強構想（600隻艦隊構想）などを矢継ぎ早に打ち出していった。

レーガンの軍拡路線は、本当に抑止を目的としたものなのか。つまり、先制核攻撃を意図したものではないかというのが当時のアンドロポフ政権が抱いた懸念であり、1983

年3月にレーガンが全米福音派連盟の集会で行った演説は、そうした猜疑心《さいぎしん》をさらに強めた。「悪の帝国」演説として知られるレーガンの演説は、ソ連との冷戦を「善と悪」の戦いと位置付けるもので、これに接したアンドロポフらは、レーガンなら本当に核戦争でソ連を滅ぼそうとするかもしれないと見たのである。

恐怖に駆られたアンドロポフは、レーガン政権成立以来進められていた対米諜報作戦、RYaNの強化を命じた。ロシア語で「ロケット核攻撃」を意味するラケートナ・ヤーデルナエ・ナパジェーニエの頭文字を取ったその作戦名からも明らかなとおり、米国が突如として先制核攻撃に出る兆候がないかを探ることがその最大の目的であった。西側各国のKGB支部に配布されたチェック・リストには、緊急輸血用血液の調達量が増加していないか、政府施設の車の出入りに変化がないか、政府高官やエリート層の家族に疎開の兆候がないかなどの項目があったとされる。*39

こうしたソ連側の動きは、英国の情報機関と連絡をとっていたKGBの二重スパイ、オレグ・ゴルディエフスキーを通じて西側に対して逐一伝えられていた。だが、その情報は当初、あまり信用されなかったという。西側が何の理由もなく突然ソ連に先制核攻撃を行うという想定自体があまりにも荒唐無稽であったからだが、KGB議長出身のアンドロポフの猜疑心は非常に強かった。

特にアンドロポフが怖れていたのは、1984年にも配備が予想されていた米国のパーシングⅡ中距離弾道ミサイルであったようだ。このミサイルは西ドイツからモスクワまで到達する性能を持つ。それがもし実際に発射されたなら、ソ連指導部には報復の決定を下す時間的余裕はないかもしれない。それをいいことに西側が先制核攻撃を仕掛けてくるのではないか——というのがソ連版「悪夢のシナリオ」であった。

デッド・ハンド

悪いことに、冷戦の最前線では、アンドロポフの猜疑心を裏付けるような出来事が相次いでいた。1983年4月、米海軍太平洋艦隊が実に3個空母機動部隊を北太平洋に集結させる大規模演習「フリーテクス83-1」を実施したのが第一である。これはルィバチーのSSBN基地の目と鼻の先で行われたものであり、その過程ではF-14戦闘機が千島列島のソ連軍基地上空を飛行するという偶発事態まで起きていた。

第二の危機は同年9月に起きた。サハリン沖を飛行していた大韓航空007便が何らかの理由で航路を外れてソ連領に接近し、防空軍のSu-15迎撃機によって撃墜されたという事件である。これによって007便に登場していた乗員と乗客は全員死亡したが、ソ連側はこれを西側によるスパイ飛行であったとして逆に米国非難を展開した。さすがにアンドロポフはこれが軍のミスであることに早い段階から気づいていたようだが、公式な見解は以上の線から一切変えなかったため、西側との緊張はさらに高まった。

そして11月、緊張は頂点に達した。ソ連との核戦争を想定してNATOが実施した軍事演習「エイブル・アーチャー83」を、ソ連は、先制核攻撃の準備行動ではないかと疑ったのである。通常戦闘訓練から核戦争演習に移行する際の手順と定型メッセージが、それ以前とは大きく異なっていたこと、NATOの即応態勢が実際の戦争を意味するDEFCON－1にまで（あくまでも演習の一環としてだが）引き上げられたことなどがソ連側の警戒を特に強めた。結局、西側による先制核攻撃という事態が実施に起きることはなく、演習の終了を以《もっ》て危機は収束したが、ほんのちょっとしたボタンの掛け違えから第三次世界大戦が起きかねない事態であった。

15E601ペリメートル自動報復システム、西側でいうところの「死者の手（デッド・ハンド）」システムは、こうして生み出された。米国の先制核攻撃でソ連の政治・軍事指導部が全滅したと判定された場合、頑丈な花崗岩塊《かこうがんかい》をくりぬいた地下発射基地から通信装置を搭載したロケットが発射され、生き残った戦略核部隊に報復命令を伝達するというものであった。現在の目から見るとまさに猜疑心と恐怖の末に生み出された狂気のシステム、とも映るが、当時のソ連のロジックは異なっていた。自分たちが核攻撃で蒸発しても確実に報復を行えるのだから、先制核攻撃の危機が迫っても焦って報復命令を出す必要がなくなり、したがって危機下における安定性が確保されると考えられたのである。[*40] こう聞かされても、やはりパラノイアめいた印象は拭えないのだが。

絶頂期に達するSSBN艦隊――冷戦期最後のSSBN：667BDR型

このような状況下にあった1980年代初頭、オホーツク海の聖域はついに完成を迎えつつあった。667B型のさらなる改良型である667BDR型（デルタⅢ型）の太平洋艦隊配備が始まったのである。

その搭載SLBMであるR－29Rの射程は8000キロメートルとR－27と大きく変わらないため、一見するとあまり代わり映えしないようにも見える。しかし、667BDRではその搭載数が16発に増加しており、1隻で投射可能なSLBMの数は大幅に増えた。R－29Rが、MIRVを搭載できるソ連初のSLBMであったことも見逃せない。前述のとおり、R－27Uに搭載されていたMRVは誘導精度の低さを補う手段であったが、MIRVはそれぞれが別々の目標に対してかなりの精度で落下する。つまり、1発のSLBMで複数の目標を攻撃できるようになったわけで、これは1隻のSSBNが攻撃できる目標の数を著しく増加させることに繋《つな》がった。初期型のR－29Rが搭載できるMIRVは3発（出力200キロトンの核弾頭搭載）であったから、1隻の667B型が攻撃できる目標の数は48カ所にもなった。さらに1979年には、MIRV搭載数を7発に増加させたR－29RLが登場し、この結果、攻撃目標の数は最大で112カ所にも及んだ。

なお、R－29RやR－29RLの場合、MIRVを搭載した場合の射程が6500キロメートルに低下するという欠点があったが、1982年に採用された改良型のR－29RKでは、3～7発のMIRVを搭載した状態での射程が5～6％向上したほか（つまり射程は7000キロメートル近くになる）、命中精度が40％改善された。[*41] 1987年に登場したR－27RKUになると、核弾頭の小型技術の進展により、MIRV1発あたりに搭載可能な核弾頭の出力が向上した上、艦上・機上制御装置のデジタル化によって命中精度はさらに改善された。[*42]

667BDR型は冷戦終結までに計9隻が太平洋艦隊に配備されており、それらの搭載ミサイルは順次、以上の改良型へとアップデートされていったと考えるべきであろう。つまり、カムチャッカ半島のルィバチー基地には、（667BDR型だけで）1000カ所以上の目標を核攻撃しうる能力が備わったことになる。

他方、667BDR型の騒音レベルは、667B型と比べてややマシという程度に過ぎなかったようだ。SOSUSの存在が明らかになってから15年経っても、ソ連潜水艦の騒音対策がなかなか進まなかったというのは興味深い事実だが、これについては低周波音の発生源となる減速歯車の工作精度が米国に比べて低かったこと、ソ連伝統の二重船殻《せんこく》方式のためにシャフトと船体の接点を二カ所設ける必要が出ること、ソ連のSLBMが米国と比較して大型であったために船体規模が大きくならざるを得ず、船体自体が発生させる流体力学的ノイズもこれに比例したことなどが指摘されている。[*43] ソ連の基礎工業技術や造船エンジニアリングが米国に比べて立ち遅れていたことが大きな要因であると思われるが、ゴルシコフ海軍総司令官自身が潜水艦の水中雑音低減の意義をどうもあまりよく理解していなかった、という事情もあるようだ。[*44]

結局、水中騒音レベルの本格的な低減に成功したのは、667BDR型の改良型として開発された667BDRM型（NATO名：デルタⅣ型）や前述した941型以降のことであったようだ。これらはソ連が実戦配備した最後のSSBNであり、騒音源となる原子炉やタービン機器類を架台（ラフト）に載せて船体から隔離したり、騒音を打ち消すアクティブ消音システムを採用したほか、減速歯車の工作精度を高めるなどの徹底した騒音軽減措置を採用したことが知られている。ただ、両タイプはいずれも北方艦隊に集中配備されて太平洋艦隊には回ってこなかったため、同艦隊にとっては、9隻の667BDR型が冷戦期における「最後のSSBN」であった。

怪物の咆哮

仮にエイブル・アーチャー演習に関するソ連の誤解が解けず、第三次世界大戦が勃発していたと考えてみよう。この場合、海中に潜む667BDR型からは16発のミサイルが次々と米本土へ向けて発射されていったはずである——それはこの世の終わりの風景であるから、記憶する者は誰も残らなかったはずであるが。

ただ、16発のSLBMを連続発射するというのは、口でいうほど簡単なことではない。例えば667BDR型に搭載されていたR-29Rシリーズの重量は核弾頭と燃料込みで1発あたり約35トンに及ぶ。これを発射するということは、潜水艦の一部から35トン分の重さが突然失われるということを意味しており、即座に同じ重さの海水を注入しないと船体が急浮上して海面に飛び出してしまう恐れがあった。まして16発連続ということになると、560トン分の重量がごく短い時間で潜水艦から出て行くことになり、その制御は非常に困難なものになると予想されていた。

「予想されていた」というのは、実は誰もやったことがなかったからである。それまでの最高記録は1969年12月に667A型のK－140が実施した連続8発というものであったが、この際、発射されたR－27SLBMのうち1発はコースを外れて落下している。いざというとき、本当に全ての搭載SLBMを確実に発射できるのかどうかはどうにも疑問であった。ちなみにこの点は米海軍も同様で、SLBM同時発射数の最高記録は4発とされている。

この問題にソ連海軍が手をつけたのは、冷戦も最末期を迎えた1989年のことであった。北方艦隊の667BDRM型SSBN（K－84）を用いて、搭載する16発のSLBM全てを発射する実験が行われたのである。

この実験には「ベゲモート」という作戦名が与えられた。旧約聖書に登場する巨大な怪物、ベヒモスのことである。科学的社会主義を標榜《ひょうぼう》する国のミサイル実験に聖書に因《ちな》んだ名が付されるというのはなんとなく納得のいかない感じもするが、この頃のソ連では宗教に対する締め付けは随分と緩んでおり、その前年にはキエフ・ルーシのキリスト教受容千年を記念する「ルーシ洗礼千年祭」が開かれるまでになっていた。

正確に言えば、ロシア語のベゲモートには単に「カバ」という意味もあり、実際にどちらを意味していたのかは入手できたロシア側資料でも明らかでない。ただ、ソ連崩壊後には、海軍とロシア正教会の急速な接近が進んだことを考えるに（第3章）、海軍軍人たちの中には、やはりこの頃から宗教的なイメージへの憧憬のようなものが芽生えつつあったのではないか、という気がどうにもする。

しかし、ベゲモート作戦は失敗に終わった。ＳＬＢＭの射出がうまくいかずに燃料と酸化剤が艦内で反応を始めてしまい、大火災が発生したのである。さらに破損したミサイル発射管の蓋が船体にぶつかって損傷するなどの損害も発生したため、実験は中止された。

ただ、ＳＬＢＭの同時一斉発射能力を実証することをソ連海軍が諦めたわけではない。2年後の１９９１年８月には別の６６７ＢＤＲＭ型（Ｋ‐４０７）を用いて「ベゲモート‐2」作戦が実施され、こちらは計画通り、16発全てのＳＬＢＭが発射された。各ミサイルの発射間隔は20秒であったという。より正確に言えば、このうち14発は本物のミサイルと同じ重量を備えた模擬弾であったが、残る2発の本物のR－29RMは正常に飛行し、弾頭をカムチャッカ半島中部のクラ射爆場に落下させた。*45 長年にわたって積み残された宿題を、ソ連海軍はついに片付けたことになる。

しかし、それからわずか12日後の8月19日、モスクワではソ連軍と国家保安委員会（KGB）によるクーデターが発生した。この動きはソ連全体に広がることはなく、事態は短期間で沈静化したものの、もはやソ連という国家の命運が尽きつつあることは誰の目にも明らかであった。当時のミハイル・ゴルバチョフ大統領がソ連の解体を正式に宣言したのは、それから4カ月後の1991年12月のことである。

二つの聖域

やや先走って冷戦の終わりにまで話が及んでしまったので、ここで時計の針を1970年代に戻そう。いよいよ原子力潜水艦の配備が本格化しつつあった当時の太平洋艦隊では、新たな組織改編が行われていた。

まず1970年、カムチャッカの第15潜水艦戦隊隷下に新たに第8潜水艦師団が設置され、配備が始まったばかりの627A型SSNや667A／AU型SSBNといった新鋭原潜を集中運用することになった。ただ、これは過渡的な措置であり、1973年にはより大規模な体制の変化が起きた。第15潜水艦隊が第2潜水艦小艦隊と改称されるとともに、第8潜水艦師団隷下の原子力潜水艦のうち、667AU型SSBN6隻が新たに設置された第25潜水艦師団へと移管されたのである（同師団はのちに667B型や667BDR型も運用するようになった）。

1978年には、今度は第4潜水艦小艦隊という新たな小艦隊が設置された。沿海州の第26独立潜水艦師団を基礎として設置されたものである。

興味深いことに、その隷下に新編された第21潜水艦師団には、第25潜水艦師団から667AU／B型SSBNが一部移管されていた。それまで弾道ミサイル搭載潜水艦は全てカムチャッカ半島に集中配備されていたものが、日本海に臨む沿海州にもSSBNが出現したことになる。これだと主なパトロール海域は日本海ということになり、長射程のR－29を搭載した667B型でもアラスカ、カナダ、ハワイ、米本土西海岸、グリーンランドあたりが辛うじて射程に入るかどうかというところだが、おそらくは先制核攻撃に備えてSSBNの基地を分散化しておくという狙いがあったのではないだろうか。特に米第7艦隊の拠点があるハワイを日本海から叩けるようになったことの意義は少なくなかった。

一方、667AU型の場合、どこを叩くにしても対馬・津軽・宗谷の三海峡のうちいずれかを突破して太平洋に出ねばならず、著しく不利である。実際、冷戦期にはこれら三海峡を通過するソ連原潜の探知が自衛隊の一大任務となったのだが（第2章を参照）、こうなることはソ連側も容易に予想できたはずだ。1960年代と同様、SSBNは全てカムチャッカ配備にしておけば、米本土までの展開がずいぶん楽になったはずではないか。

ダマンスキー島事件（1969年）の余韻が冷めやらぬ中、ソ連を標的とする東風3中距離弾道ミサイル（IRBM）を1971年に配備した中国を念頭に置いていた、という可能性は排除できないだろう。ただ、667AU型は頻繁に三海峡を通航していたようであるから、やはり主なターゲットは米国だったのではないかと思われる。地上に目を向けると、1978年にはRSD－10ピオネール（NATO名：SS－20）中距離弾道ミサイルの極東配備が始まっていたから、質・量ともに限られていた中国の核戦力を抑止するにはこれで十分だったはずである。とすると、何故こんなことをしたのかがやはりよくわからなくなってくるのだが、この点はごく近い過去の核戦略に関わる部分なので、本書の執筆中に入手した資料からは答えが見つからなかった。

この期間におけるほかの動きとしては、以下のものがあった。

- 1972年：第182潜水艦旅団が独立旅団となり、カムチャッカ半島のベチェビンスカヤ湾に移動
- 1979年：ヴェトナムのカムラン湾に第38独立潜水艦師団を設置（後述）
- 1979年：サハリン小艦隊の新設に伴い、第90潜水艦旅団が同小艦隊隷下に移管（母港はソヴィエツカヤ・ガワニのまま。1982年に第28潜水艦師団に改編[*46]）
- 1982年：ソヴィエツカヤ・ガワニに第110潜水艦旅団の新設（サハリン小艦隊隷下、SSK）
- 1988年：ルィバチーに第42潜水艦師団の新設（第2小艦隊隷下、670型・675型SSGN配備）

以上の組織改編の結果、1970年代末以降のソ連太平洋艦隊原潜部隊の構成と配置は図4（次ページ）のようになった。この構成はソ連末期まで大きく変化しておらず、冷戦期におけるソ連の海洋配備核抑止力の骨格はほぼこの時期に固まったと言えるだろう。

このことは、また、太平洋艦隊にはSSBNの聖域が二つ生まれたことを意味してもい

プの潜水艦の配備数を割り出した。ただし、第38潜水艦師団の潜水艦
Тихоокеанского флота（Кучково поле, 2011）に掲載された1988

図４　1980年代末におけるソ連太平洋艦隊潜水艦部隊の構成と配置

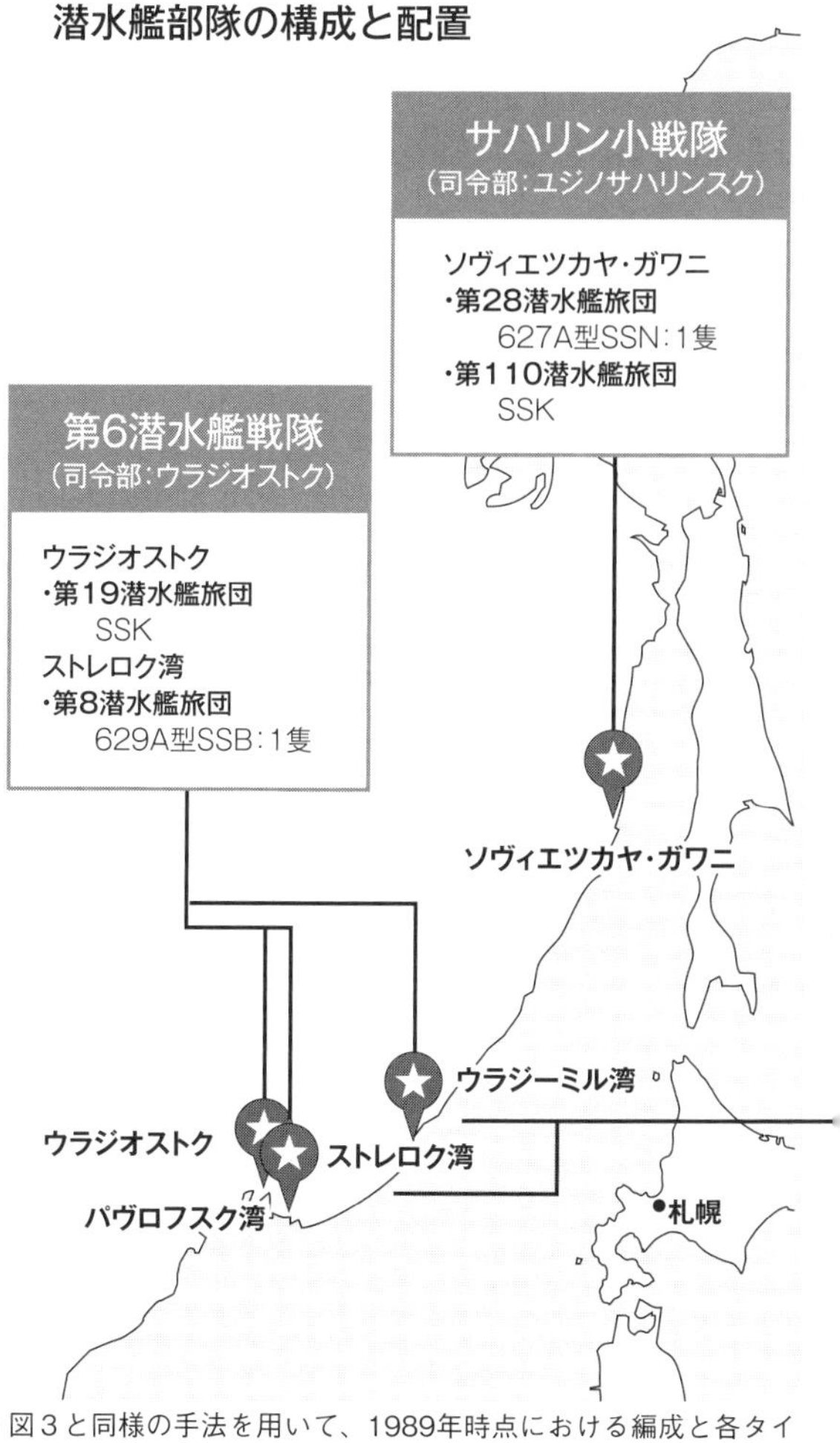

出典：図３と同様の手法を用いて、1989年時点における編成と各タイ
配備数のみ、Матюшин, *17-я оперативная эскадра кораблей*
年時点の配備数を挙げている。

た。オホーツク海と日本海がそれであり、これにバレンツ海を加えたソ連全体の聖域は計三つということになる。聖域がソ連の第二撃能力を担うものであるとするならば、その三分の二は日本周辺の極東に広がっていたのである。

水中のスパイたち

もちろん、米海軍は聖域を聖域のままにしておくつもりはなかった。ソンタグとドルーによれば、1960年代には米海軍の偵察潜水艦が最低1隻はバレンツ海に、2隻が太平洋に展開するようになっており、ソ連新型原潜の詳細な形状や行動パターン、速力、水中音響特性などを摑む作戦を開始していた。[*47] 米海軍がホーリーストーン作戦と呼んだ、水中スパイ作戦である。

中でも大金星を挙げたのは、スキップジャック型SSNの1隻、レイポンであった。1969年、同艦は、北方艦隊に所属する667A型SSBNを実に47日間にわたって追尾し続けたのである。北方艦隊への667A型の配備は1967年に始まったばかりであったから、最新鋭艦の詳細なデータを手にいれる貴重な機会であった。[*48]

しかも、この過程では、667A型のパトロール海域が米本土の沖合1500〜200

0カイリに設定されていることが明らかになった。それまでの米海軍は667A型に搭載されるR－27SLBMの射程をかなり低く見積もっており、したがってパトロール海域は米本土から700カイリ程度であろうと想定していた。ソ連の技術力をみくびっていたともいえよう。1990年代に第一次戦略兵器削減条約（START I）を締結するまで、米ソは核ミサイルの正確な性能を決して公表しなかったから、それを知るためにはこうして地道なスパイ活動を行うほかなかったのである。

また、米海軍の潜水艦が行った偵察任務には、よりあからさまなスパイ行為も含まれていた。中でも有名な事例としては、1970年代に始まったアイヴィー・ベル作戦がある。水中工作用に特殊改造を受けた原子力潜水艦をオホーツク海の内部まで侵入させ、ルィバチー基地と本土を結ぶ海底ケーブルに盗聴器を取り付けるというものだ。したがって、その通信内容はSSBNの作戦行動に関する非常に機微なものであったが、驚くべきことにソ連は通信を暗号化しないか、ごく簡単な暗号化しか施さずに行っていたため、米海軍はどの艦がいつ、どこへ向けて展開するのかを詳細に知ることができたという。この成果に気をよくした米海軍は1979年にバレンツ海でもソ連海軍の海底ケーブルを見つけ出し、盗聴器を取り付けるようになった。[*49]

この作戦は1981年に至るまで露見しなかった。オホーツク海の奥深くまで敵のスパイが侵入していたにもかかわらず、ソ連海軍はその事実に全く気付いていなかったのである。

この秘密作戦が露見した経緯は、SOSUSの場合とよく似ている。つまり、ソ連が自力で見つけ出したわけではなく、盗聴任務に関わっていた米国家安全保障局（NSA）の職員、ロナルド・W・ペルトンがその情報をソ連に売り渡して初めて発覚したのであった。ペルトンが逮捕されたのはウォーカーの逮捕と同じ1985年であったから、米海軍は、自分たちの秘密作戦がソ連に筒抜けであったことをほとんど同時に思い知らされたことになる。テクノロジーの優越を誇る米海軍と諜報で裏をかくソ連、という構図がここからは改めて見出せよう。ちなみにペルトンがソ連から受け取ったのはウォーカーよりもはるかに少ない3万5000ドルに過ぎなかった。[*50]

地理と音から見る聖域——聖域の広さと深さ

ところで、聖域は、ただ潜水艦が航行できればそれでよいというものではない。海底地形と、これに密接に関係する水中音響特性をしっかり把握できていなければ聖域は聖域たり得ないのである。まずは前者から見ていこう。

　オホーツク海の面積は153万平方キロメートルと日本の陸地面積の4倍ほどもあるが、その平均水深は859メートルと比較的浅い。これはロシア沿岸部に深さ200メートル以下の大陸棚が比較的広く張り出しているためである。大陸棚はオホーツク海中央部に向けて大陸棚斜面を形成して徐々に深くなり、カムチャッカ半島南部からサハリン東岸に至るエリア（中央海盆）は概ね1500メートル程度の水深を持つに至る。

　そのさらに南側、千島列島から北方領土の西岸にかけては水深が2500メートルから3000メートルと深くなるエリア（千島海盆）があり、最も深いところは3372メートルに及ぶ。千島列島から北方領土にかけての列島弧周辺の水深はまた比較的浅くなるが、ウルップ島からシムシル島の間には水深が2000メートル以上に及ぶ北ウルップ水道がある。

　一方、日本海の面積は97万8000平方キロメートルとオホーツク海よりもずっと狭いが、平均水深は1752メートルとずっと深い。特に第21潜水艦師団の母港があったパヴロフスク湾のすぐ外側では大陸棚が途切れており、中央部の日本海嶺に達するまでは3000メートル以上の深い海が続いている。その南側も対馬・能登半島・佐渡島のかなり近くまで水深500メートル以上の海が広がり、北側も利尻島やサハリンの西岸まで同じくらいの深さがある。SSBNの行動海域は相当広かったと想像されよう。特に日本海北部からであれば、モンタナ州からワイオミング州にかけての米ICBM基地をギリギリでR－29の射程に収められたと思われる。

このように、潜水艦が実際にどこを活動海域とできるのかは、海底地形にかなり依存している。以上はあくまでも大雑把な描写であるが、実際には詳細な海底地形図を持っていないと突然暗礁に乗り上げてしまうこともあるから、死活問題であった。

なにしろ潜水艦には窓がない。軍港に潜水艦を見に行くと、背中に突き出た司令塔（セイル）の上部に窓があるのが目に付くが（ソ連の潜水艦ではその縁が白く塗られているので特に目立つ）、これは浮上航行の際に使うものであって、潜航中の司令塔は無人である。実際に艦長が命令を下す発令所は水圧に耐える分厚い船殻内部にあって、外部の状況を視覚的に確認する手段は潜望鏡しかない。それもごく浅い深度から海上の状況を把握するために使うものであるから、深い海中で外の状況を目で見て確認する方法は潜水艦には存在していない（無理に窓を作ったとしても真っ暗で何も見えない）。つまり、潜水艦は外部を視覚的に確認することなく、海底地形図と音だけを頼りに走るという、世にも珍しい乗り物なのである。
それゆえに、世界の海軍大国はかなりの規模の海洋観測船隊を保有しているのが普通であるし、逆に、こうした観測船隊を持たない海軍の潜水艦作戦・対潜水艦作戦能力はあまり大したことがないと推測が付く。
ソ連の場合、海底地形の測量がピークを迎えたのは1960～80年代初頭のことであったとされるが、これはまさに原子力潜水艦の配備とほぼ軌を一にしていた。また、海底地形図に対する要求水準は、航路・海洋利用・海自体の性質の変化や、船舶の大型化などによって20～25年のスパンで変化すると『海軍論集』は述べており、そのためには毎年9万件もの海洋調査が求められるという。[*51]
それでも、海底の状況を知ることは簡単ではない。実際、1981年には、ソ連海軍バルト艦隊の613型SSKがスウェーデンの領海内で座礁するという事件が起き、[*52]国際問題化した。ソ連が中立国の領海を侵犯していたことが明らかになったばかりではなく、問題の潜水艦がスウェーデン沿岸警備隊に包囲されてなかなか解放されなかったためである。しかも、スウェーデン沿岸警備隊が実施した検査ではウラン238が潜水艦の周囲から検出されたことで、ソ連の潜水艦が常時、核魚雷を搭載しているらしいことまで明らかにされてしまった。

なお、613型にNATOが付したコードネームは「ウィスキー」であったため、この事件には早速「ウィスキー・オン・ザ・ロック」なるあだ名が奉られている。駄洒落《だじゃれ》としては秀逸だが、ソ連海軍にしてみれば赤っ恥もいいところであろう。

気象の重要性

加えて、水中音響の伝搬《でんぱん》パターンは、海水の温度、塩分濃度、海流などといった広い意味での気象から影響を受ける。特に温度は重要で、海面付近の温かい海水と深海の冷たい水の間では音が反射されてしまう。したがって、ある海域では温かい海水と冷たい海水の境界面がどのあたりの深度にあるのかを正確に把握して、その下にソナー（水中聴音機）を降ろさないと、すぐ近くにいる潜水艦であっても見逃して（正確には聴き逃して）しまう可能性が高まるのである。

また、海中状況は季節によっても変動するから、海洋観測は毎年、滞りなく行われなければならない。近年では温暖化によって海中環境がこれまでとは大きく異なる挙動を示す年も増えてきたからなおさらである。[*53]

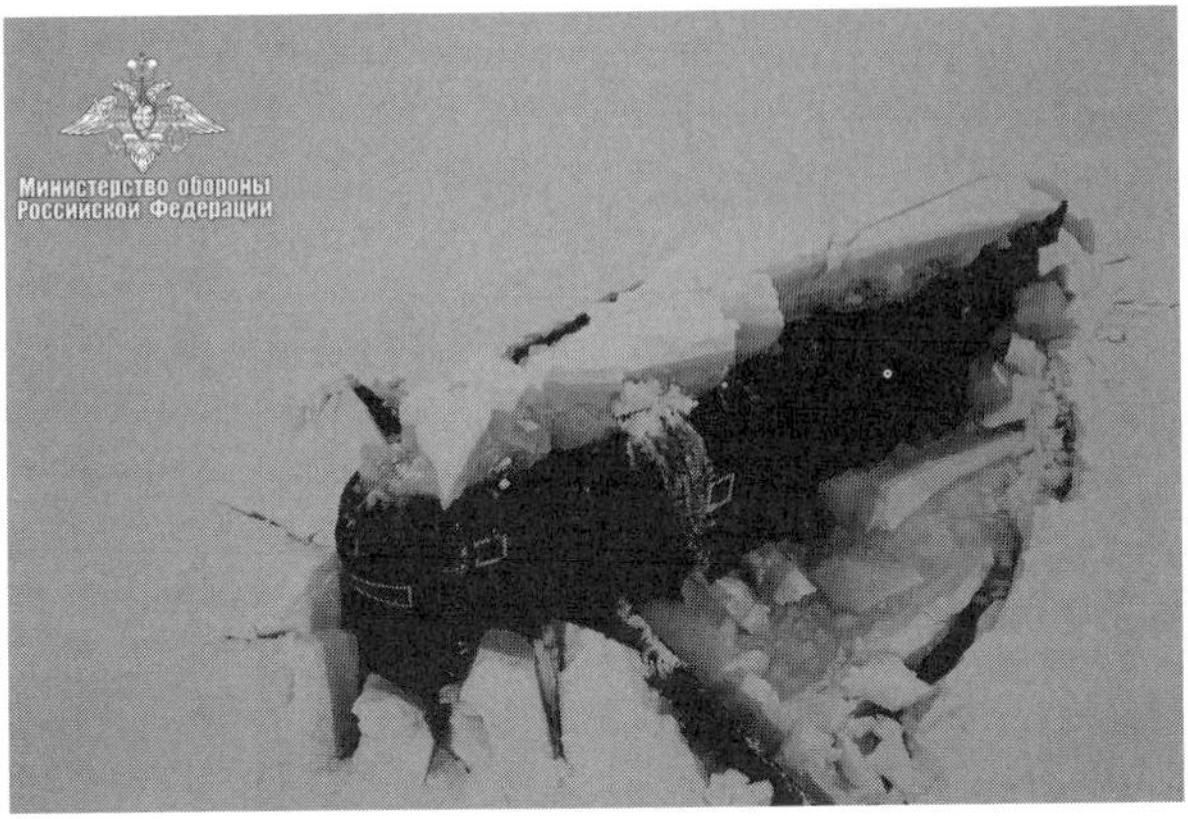

ウムカ2021。出典：ロシア国防省ウェブサイト
https://twitter.com/RusEmbassyJ/status/1376494493319356417

これに加えて重要なのが、氷である。すでに見たように、氷で覆われた海は潜水艦の生残性に大きく影響する。特に重要なのは夏でも解けない、厚くて堅い多年氷で、これが張り出した海域に通常の水上艦艇が侵入してくることはまず不可能だ。

このような観点からすると、バレンツ海の優位性はやはり大きい。バレンツ海自体は流れ込む北大西洋海流のおかげで冬の間も凍らないが、そのすぐ先には一年中氷の張った北極海が広がっているからである。実際、冷戦期のソ連海軍が「氷の鎧」を用いてSSBNの一部を北極圏でパトロールさせていたらしいことはすでに述べた。

ただ、近年ではやはり温暖化の影響で北極

の氷は減少傾向を示しており、ＳＳＢＮが氷を隠れ蓑《みの》にしようとすればかなりの高緯度海域まで展開する必要性が出てきた。これに関して興味深いのは、ロシア海軍北方艦隊が２０２１年に実施した「ウムカ２０２１」演習である。北極点付近で、ＳＳＢＮを含む３隻の原子力潜水艦が同時に氷を割って浮上するというもので、ロシア国防省がその模様を映像公開したこともあって比較的大きな注目を集めた。その軍事的意味合いは、ここまでの記述からして明らかであろう。ロシア海軍は現在も北極の任意の位置に潜水艦を浮上させ、ＳＬＢＭ攻撃を行う能力を維持しているということだ。

これに対してオホーツク海の場合、氷が張るのはもともと冬の間だけである。環境省によると、カラフト寒流が流れ込むオホーツク海は季節海氷が発生する地域としては世界で最も緯度の低い海であり、我が国が面する中で唯一の氷海域であるという。[*54] 逆に言えば、冬の間に限れば太平洋艦隊のＳＳＢＮは「氷の鎧」を使えるわけで、海上自衛隊が毎年のように対潜哨戒機を用いたオホーツク海の海氷観測を行っている理由もこの辺りとは無関係ではあるまい。[*55] 他方、日本海には海氷が出ない。

潜水艦長たちの苦闘

ところで、ソ連太平洋艦隊は冷戦の終わりまで667AU型SSBNを維持していた。したがって、オホーツク海が聖域となった後も、同艦隊からは常に一定数の667AU型が太平洋へと進出し、米本土やハワイの沖合に展開していたはずである。中でも沿海州の第21潜水艦師団に配備された667AU型の場合、対米パトロールに就くためには対馬・津軽・宗谷のいずれかの海峡を通らねばならなかった。インド洋や南シナ海を目指すSSNやSSGNも同様である（第2章を参照）。

したがって、米海軍と海上自衛隊はこの三海峡を徹底的にマークしていた。レーダーや望遠鏡によって通航する水上艦艇の動きを細大漏らさず摑んでいたのはもちろん、海底にも米海軍のSOSUSや、その海上自衛隊版であるLQO－3（のちに改良型のLQO－3A）が設置されたようだ。おそらく海底にはSSKも常時1隻程度は潜んでいただろう。

また、これらの海峡のうち二つ、すなわち大湊《おおみなと》（津軽海峡）と大村（対馬海峡）に海上自衛隊の対潜ヘリコプター部隊が配備されたことも偶然ではない。当時、これらの部隊が運用していたのはHSS－2Bシーキングと呼ばれるヘリコプターで、海中に投下するソノブイ、ワイヤーで海中深く差し入れるディッピング・ソナー、潜水艦の磁気に反応する磁気探知機（MAD）など充実したセンサー類を搭載するのが特徴であった。もしソ連原潜がLQO－3Aの網にかかった場合は、HSS－2Bが急行して追尾を継続するという体制だったのだと思われる。さらに可能であれば、八戸《はちのへ》、厚木《あつぎ》、鹿屋《かのや》、那覇《なは》などから発進するP－3C対潜哨戒機が追尾を引き継いだのだろうし、それより外洋に出ると今度はアリューシャンやハワイからもP－3Cが飛んでくる。ソ連原潜にしてみれば実に面倒な話であっただろう。海峡を突破する潜水艦長たちには「人間の持つあらゆる力を用いて、可能なことと不可能なことの全て」をやってのける精神力と技量が求められたとキリロフが述べる所以《ゆえん》である。*56

そこでソ連の艦長たちが編み出した対抗策は、海流を利用する無音航行戦術であった。LQO－3設置海域の少し前までは高速航行して勢いをつけ、これが近づいたら機関を停止して、あとは行き足と海流に任せるのである。特に対馬海峡を通って津軽海峡へと抜ける対馬海流に便乗するのがソ連原潜の定番ルートであり、米本土付近に展開する667AU型SSBNは必ずこの方法を取ったとされる。一方、インド洋方面に展開するSSNやSSGNは最短ルートを取ることを好んだため、海流に逆らって対馬海峡から東シナ海に出ていたようだ。また、津軽・対馬の両海峡には常に1隻のソ連艦が停泊しており、海峡を抜ける原潜のために誘導音波を出したり、自艦の推進音で原潜の水中騒音を打ち消す任務を果たしていたという。[57]

SOSUS対「ツェントル19」

仮にこのようにして日米の探知を逃れられたとしても、その先には米海軍のSOSUS網が広がっている。米海軍がSOSUS網の敷設に着手したのは1950年代のこととされ、太平洋ではハワイなど重要軍事拠点の周辺にまず配備されたようだ。さらに1960年代には、極東や中部太平洋にもSOSUSが広がっていったから、667A／AU型SSBNはそのほぼ全生涯をSOSUSとの戦いに費やしてきたといってもよいだろう。以下の図5は「考えられる一例」としてロシアの軍事文献に掲載された北大西洋におけるSOSUS網と対潜部隊の配置図であるが、ここを潜り抜けるのが至難の業だったであろうことは想像に難くない。

そこでソ連は、SOSUSに対抗する秘密部門として、「ツェントル19」と呼ばれる機関を設置した。海中に張り巡らされたSOSUS網の実態を解明し、SSBNが安全にパトロールを行えるルートを確立するための秘密部隊である。このほかにも潜水艦を狙う海底配備型魚雷（CAPTOR機雷）の捜索や、水中音響の伝搬パターンに大きく影響する

図５　ソ連側が推定した北大西洋における SOSUS の配置状況

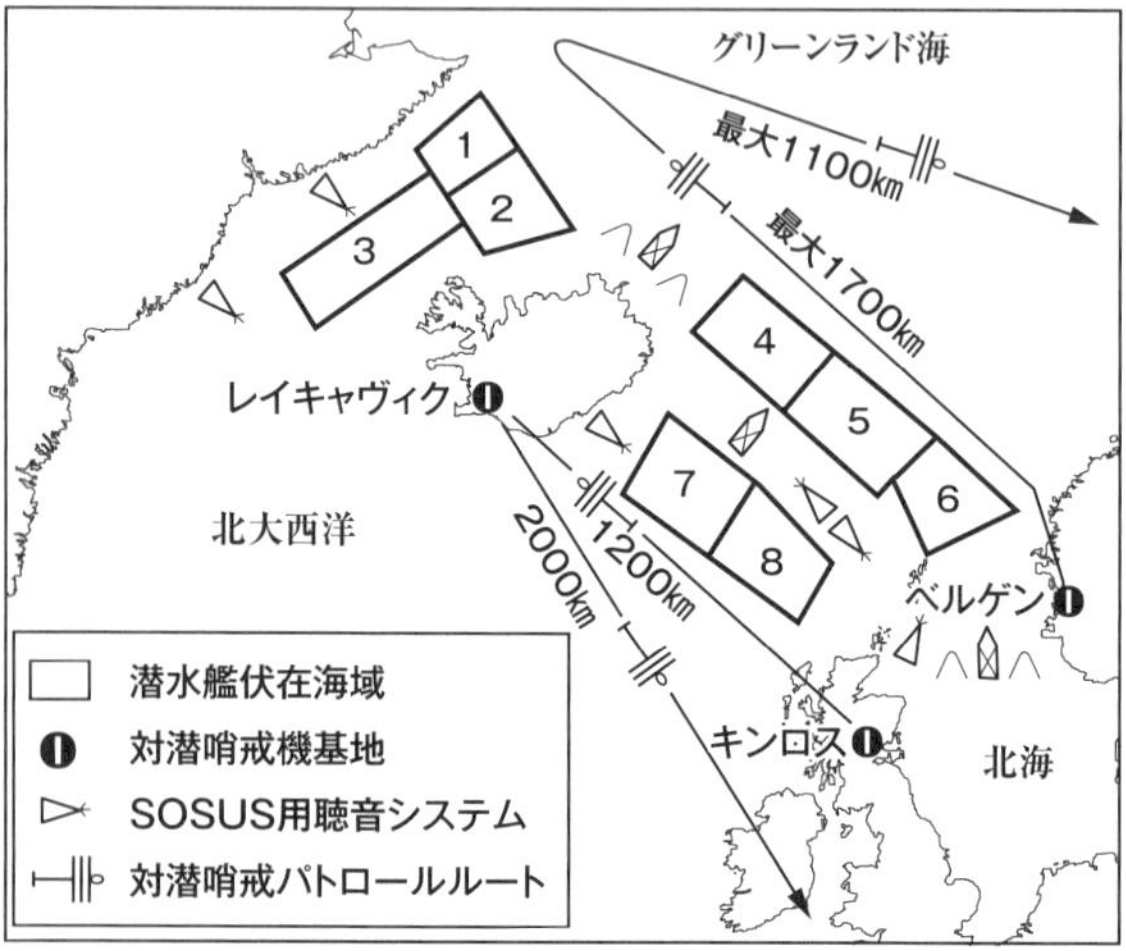

出典：Владимир Алексеевич Хвощ, Тактика подводных лодок (Военное издательство, 1989), 3．3.より

海流や水温といった海中環境の調査もツェントル19の任務に含まれていたようだ。[*58]

ツェントル19の実任務を担ったのは、北方艦隊に編成された第29潜水艦旅団の特殊任務原潜である。ＳＳＧＮやＳＳＢＮなど、比較的大型の原子力潜水艦から主武装であるミサイルを降ろし、代わりに水深数千メートルの海中で長期間行動可能な原子力深海調査艇を艦底から発進させせられるように改造したものだ。

その第一号は６７５型ＳＳＧ

Nを改造したKS－84（06754型）で、1978年に第29潜水艦旅団に配備された。5年後の1983年には667A型SSBN改造のKS－411（09787型）が配備されている。これらの特殊任務原潜が艦底に水中調査艇を抱えて目標海域付近まで秘密裏に進出し、西側の衛星や洋上哨戒機に発見されることなく発進させるというのが基本的な運用構想であった。ちなみにこの関係性は母と子を想起させたらしく、現場では特殊任務潜水艦が「ママ潜水艦」、水中調査艇の方が「子供」と呼ばれていたとの証言がある。[*59]

ただ、実際に深海で調査活動を行う水中調査艇の運用が始まったのは、1980年代になってからであると見られている。18510型（NATO名：エックスレイ級）及び1910型（同：ユニフォーム級）の型式名を与えられた数隻の水中調査艇がそれで、搭載した原子炉によってかなりの長期間にわたって行動可能な上、通常の潜水艦では圧壊してしまう深海（1851型で1000メートル、1910型で6000メートル）まで潜航して調査活動を行うことができたという。[*60]

狭い小型潜水艦の中で長期間過ごさなければならないという任務の過酷さを考慮して、これら水中調査艇の乗員には厳しい資格が設けられていた。すなわち、潜水艦での勤務期間が5年以上であること、共産党員であること、宇宙飛行士と同じ医療基準をパスしていることなどであり、「海底の宇宙飛行士」とでも呼ぶべき人々であった。[*61]

ツェントル19がどの程度の成果を挙げたのは、現在に至るも明らかではない。その任務自体が極めて機密性の高いものであることはもちろんだが、実際に活動が始まった当時には667B型シリーズが登場しており、SOSUSの潜在敷設海域をSSBNが航行する必要性はもはや薄れていたためである。また、前述のようにツェントル19の拠点は北方艦隊に置かれる一方、同種の部隊は太平洋艦隊には設置されなかったので、極東におけるSOSUS捜索活動の実態はさらによくわからない。

第2章
要塞の城壁

「太平洋艦隊は、太平洋全域を行動範囲としているほか、インド洋もその責任海域としている模様で、その勢力は米国本土を攻撃できる弾道ミサイルとう載潜水艦や強力な海上阻止能力を有する攻撃型潜水艦、水上艦艇などから構成され、その増強ぶりには、米国もアジア・太平洋地域における強大な軍事力として、大きな関心を示すところとなっている。」

昭和51年度版『防衛白書』

要塞の外堀――引き籠もり戦略

第1章では、SSBN戦力の進歩を中心として、オホーツク海と日本海が核抑止力を支える聖域となっていった過程を見てきた。その分水嶺となったのが、1974年に始まった667B型SSBNの配備である。

ところがこの時点で、ソ連太平洋艦隊の水上艦艇勢力はまだ非常に弱体であった。特に多数の固定翼機を搭載できる本格的な空母をソ連海軍は最後までついに保有しなかった。[*1]つまり、かつてのミッドウェー海戦のような空母機動部隊同士の決戦を米海軍に対して挑み、これを退けるという選択肢はソ連海軍には与えられていなかったことになる。

また、自国から遠く離れた海域で対潜水艦作戦を実施する能力（広域戦略ASW：TASW）においてもソ連海軍の能力は決して高いとは言えなかった。これに対する西側海軍のTASW能力の高さ（特にSOSUSによるそれ）を考えると、有事に世界中の海にSSBNを展開させたり、SSNで西側の海上交通線（SLOC）を遮断するといった戦い方もやはり現実的ではない。SSBNの近海展開は、こうした制約の中でソ連海軍が見出した一種の引き籠もり戦略（withholding strategy）、すなわち「要塞」であった。[*2]

ただ、要塞というのは（当たり前だが）あくまでも比喩である。何もない海の上に要塞の城壁を築くには、そこに敵の海上・航空戦力が侵入してこられないような防衛網を展開せねばならない。その手段としてソ連海軍が頼ったのは、西側で例を見ない巨大な高速対艦ミサイルであった。米艦隊をなるべく遠くで探知して、潜水艦、水上艦艇、航空機から短期間に多数の対艦ミサイルを浴びせかけるという構想である。

　聖域の防衛網を要塞に例えるなら、これは外堀に相当するものと言えるだろう。バレンツ海の場合、この外堀に相当したのはバレンツ海の外側に広がるノルウェー海である。特にグリーンランド・アイスランド・ブリテン島を結ぶ線（３つの島の頭文字を取ってＧＩＵＫギャップと呼ばれる）は、米海軍が大西洋からノルウェー海に入る上で必ず通らなければならないチョーク・ポイント（隘路《あいろ》）であったため、ソ連海軍にとっての第一防衛線であるとみなされていた。ソ連海軍はその内側にも地対艦ミサイルや防空システム、戦闘機、ディーゼル・エレクトリック潜水艦などで構成される防衛線（内堀）を構築したが、これはあくまでも外堀が破られた場合の次善の策であった。

　一方、これを米海軍の側から見ると、６６７ＡＵ型など比較的射程の短いＳＬＢＭを積んだＳＳＢＮが米本土近海に接近できないようにするためにも、米国から欧州への海上交通線（SLOC）を防衛するためにも、GIUKギャップはやはり第一防衛線と位置付けられる。GIUKギャップ周辺が冷戦の最前線としてソ連と西側双方のSSNやSSGNが入り乱れる静かな激戦地となったのはこのためであった。[*3]

この構図を太平洋艦隊に当てはめてみよう。

当時の聖域はオホーツク海と日本海であったが、両者の地理的特性は随分と違う。オホーツク海の周辺にはGIUKギャップのような天然のチョーク・ポイントが存在しないため、外堀の外縁はさほど明確ではなかったが、概ねカムチャッカ半島から1000カイリ（約1800キロメートル）の北太平洋が防衛ラインとされていたようである。[*4] 別の言い方をすれば、オホーツク要塞の外堀は地理によって規定されるものではなく、ソ連が外洋に展開させうる対艦攻撃能力の規模や航続距離に大きく依存するものであった。一方、内堀はオホーツク海を太平洋や日本海と隔てるサハリン及び千島列島、そして原潜基地のあるルィバチー基地周辺ということになる。

これに対して日本海では、外堀という考え方は最初から成立しない。その南側から東側には米国の同盟国である日本や韓国が存在しているためで、接近阻止を図ろうにも米軍（やその同盟国の軍事力）は既にそこに存在しているためである。また、日本海にはソ連軍

図６　バレンツ海要塞の概念図

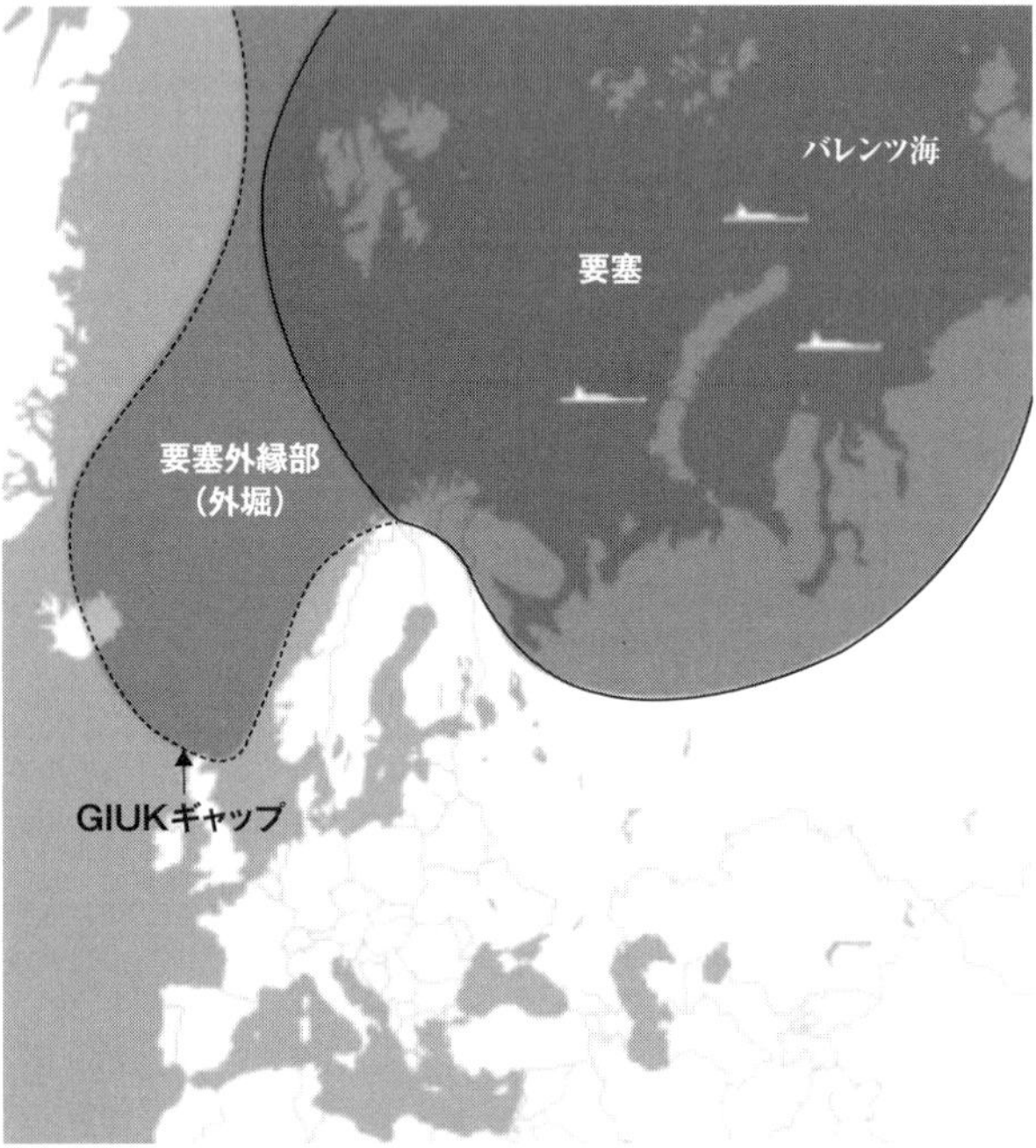

出典：https://thebarentsobserver.com/en/security/2019/04/russia-demonstrated-complex-bastion-defense-exercise-outside-norway

が自由に利用できる大きな島も存在しないため、内堀を築くこともできない。したがって、日本海の脆弱性はオホーツク海に比べて非常に高く、厳密な意味での聖域とは呼び難いものであった。

オケアン70演習

1970年春、ソ連海軍は、「オケアン（海洋）70」と呼ばれる全世界規模の巨大海上演習を実施した。「平時に行われた史上最大の海軍演習」とも言われるこの演習には[*5]、ゴルシコフ海軍総司令官の指揮の下、ソ連海軍の4個艦隊全てから抽出された水上艦艇84隻、潜水艦80数隻（うち原子力潜水艦15隻）、補助艦艇45隻、航空機数百機が参加したとされる。演習実施海域は北太平洋と北大西洋を中心として、これに隣接するバレンツ海、ノルウェー海、北海、オホーツク海、フィリピン海、地中海、黒海、バルト海などが含まれたが[*6]、これがSSBNの聖域とその外堀・内堀にほぼ該当することは偶然ではないだろう。

西側にとってショックだったのは、この演習の過程でソ連海軍が実証してみせた対艦ミサイル攻撃能力の凄《すさ》まじさであった。わずか90秒のうちに100発以上の対艦ミサイルが水上艦艇、潜水艦、航空機から集中的に発射されたのである。当時の米海軍が保有していた艦隊防空能力では対処しきれないことは明らかであり、その教訓は開発中であった次期艦隊防空システム（後のイージス・システム）に活かされることになった。

ただ、「オケアン70」演習が行われた当時、ソ連太平洋艦隊の戦力増強はまだ道なかばであり、170隻近い戦闘艦艇のうち、同艦隊からの参加は30隻程度であったというのが当時の防衛庁の評価である。特に潜水艦戦力については、まだ667A型SSBNの配備が始まったばかりということもあって、戦略攻撃能力の主力は629型SSBや658型SSBNといった短射程SLBM搭載艦で占められていた。この演習でソ連艦隊がグアム付近への展開を行ったとされるのも、おそらくそこまで行かないと核攻撃が不可能であったためであろう。これらのSLBM搭載艦を守るべきSSNとSSGNも、627A型（NATO名：ノヴェンバー級）や659／675型（同：エコーⅠ／Ⅱ型）といった第一世代の旧式艦で占められていた。

同じ次期、北方艦隊では第二世代の671型（NATO名：ヴィクター級）SSNや670型（同：チャーリー級）SSGN及びそれらの改良型が配備され始めていたことを考えると、オホーツク海を守る要塞の外堀はかなり弱体であったと言えよう。実際、「オケアン70」で実施された空母機動部隊攻撃訓練には、4隻の潜水艦しか参加しなかったようである。[*7]

1974年という画期

北方艦隊のそれに比べて太平洋艦隊の潜水艦戦力が随分と見劣りしたのは何故だろうか。著書『太平洋艦隊』の中でキリロフが述べるところによると、この当時、ハバロフスクのアムール造船所（極東で唯一、原子力潜水艦の建造が可能であった）は667A型SSBNの建造で手一杯であった。そこでSSN／SSGNはセヴマシュやクラスノエ・ソルモヴォといったソ連西部の造船所が一手に建造することになっていたのだが、その多くは北方艦隊に優先的に配備されたために、太平洋艦隊は後回しになりがちであった。これに加えて1972〜73年にはソ連西部と極東を結ぶ北極海で海氷が記録的に発達し、建造された671／670型の回航が困難な状況が続いていた。

痺《しび》れを切らせた太平洋艦隊は、インド洋回りの航路で潜水艦を回航することを決意した。最初の671型（正確には改良型の671M型）SSNであるK－314と670型SSGNのK－201が、実に2万4000カイリに及ぶ航海を経てカムチャッカ半島のルィバチー基地に到着したのは1974年のことである。[*8] 前章で見たように、オホーツク海を核の聖域化した667B型SSBNのカムチャッカ配備がこれと同じ1974年であるから、この年は、一つの画期と言えるだろう。

その効果が現れたのが、翌1975年の「オケアン75」である。「オケアン70」から5年ぶりに行われた巨大海上演習であり、参加兵力は艦艇220隻、航空機約400機などとされている。

その大きな特徴は「オケアン70」でいまいち影の薄かった太平洋艦隊がかなりの存在感を示したことで、50隻の艦艇が4つのグループに分かれて行動した。このうちの一群は北太平洋に展開してルィバチー基地の防衛作戦を実施したほか、別の一群が日本海では米空母機動部隊に対する攻撃訓練を、さらに別の一群がフィリピン海で対潜作戦訓練を実施している。極め付けは最後の一群で、駆逐艦と揚陸艦《ようりく》を中心とする水陸両用作戦グループを編成して爆撃機の援護の下で対馬に対する上陸作戦訓練が実施された。[*9] 第1章で見たように、日米が監視の目を光らせている海峡の一つを突破してSSNやSSGNを東シナ海に展開させることが念頭に置かれていたことは明らかであろう。

原子力潜水艦も活発に行動した。キリロフによると、この演習では前述のK－201が偵察のために接近してきた米海軍の原子力潜水艦を72時間にわたって追尾する成果を挙げたほか、K－314はグアム付近まで展開して米海軍のSSBNを探知することに成功したとされる。また、この年には太平洋艦隊として2隻目の671型SSNであるK－454がルィバチー基地に到着し、やはり配備されたばかりの667B型SSBNを護衛して初のパトロール任務についた。[*10]

ただ、キリロフは、ソ連海軍の太平洋艦隊軽視はこの時点においても続いていたと（かなり恨みがましい口調で）述べている。1970年代を通じて、北方艦隊には合計25隻もの第二世代SSN（671M型、671RT型、705M型）が配備されたのに対して、太平洋艦隊に回ってきたのは671M型3隻に過ぎなかった。

太平洋艦隊のSSN不足という問題は、結局、1980年代になるまで解消されなかった。つまり、667A型SSBNの建造から解放されたアムール造船所が、太平洋艦隊のためにSSNを大量建造するようになって以降、ということである。この際に建造されたのは671型シリーズの最終型、671RTM型（NATO名：ヴィクターⅢ型）であり、アムール造船所では計13隻が建造された（このほかに北方艦隊からも1隻が回航されている）。その一部はヴェトナムのカムラン湾にも派遣され、オホーツク海の聖域を守る北太平洋と並んで、日本海の外堀を構成した。さらに1980年代末になると、グラニート対艦ミサイルを24発も搭載する巨大な949A型（NATO名：オスカーⅡ型）SSGNが太平洋艦隊に配備され、オホーツク海の外堀はいよいよ分厚いものとなっていった。

日本メディアを賑わすソ連艦

これと並行して、水上戦闘艦艇も新世代艦への更新が進んでいた。ソ連海軍が1979年に太平洋艦隊に配備した1143型（キエフ級）重航空巡洋艦ミンスクを例に取ってみよう。

1143型はソ連海軍初の「フラット・トップ」、すなわち艦尾から艦首までを飛行甲板がまっすぐ貫く空母型の軍艦であった。西側の空母のようにカタパルトは装備されず、代わりに大型対艦ミサイルを搭載するという特異な設計であったため、西側では苦し紛れに「軽空母」という呼び方をしたが、実態はソ連自身による「重航空巡洋艦」という分類が最も適当であろう。垂直離着陸の可能なYak－38戦闘機（といっても速度・航続距離・武装搭載量など全てが極めて限定的であった）によって西側の哨戒機を追い払いつつ、対潜ヘリコプターや艦載ソナーを用いて対潜水艦作戦を展開し、必要とあらば対艦ミサイルによる対水上戦闘も行う——というものである。21世紀の日本人としては、ひゅうが型やい

1982年に米海軍が撮影したソ連空母ミンスク。飛行甲板にはYak-38戦闘機が並んでいる

ずも型といったヘリコプター搭載護衛艦（ＤＤＨ）を想起すれば割にわかりやすいかもしれない。

ミンスクはこの１１４３型の２番艦として１９７２年に黒海造船所で起工され、ソ連海軍には１９７８年に就役した。そして１９７９年、同艦は太平洋艦隊へと配備されるためにインド洋回りで極東に回航されることになったのだが、これが日本では一大センセーションを巻き起こした。なにしろソ連太平洋艦隊初の空母（と当時は解釈された）ということで、マスメディアがその動きを連日のように取り上げ、一部の新聞社はヘリコプターまで出してミンスクの姿を捉えようとしたほどである。日本のメディアにロシア語の軍艦名がこれほど頻繁に登場したのは、おそらく日露戦争以来であっただろう。

これに続いて１９８２年には１１４３型の３番艦ノヴォロシースクが、１９８５年には１１４４型（キーロフ級）重原子力ロケット巡洋艦アドミラル・ラザレフが太平洋艦隊に回航され、最新型の９５６型（ソヴレメンヌィ級）駆逐艦の太平洋艦隊配備も始まった。これらの艦艇は頻繁にインド洋や太平洋への展開を行ったので、対馬海峡を通航する度にやはり大きな注目を集めた。

また、１９７０～80年代は、太平洋艦隊航空隊が著しい増強を見た時期でもある。ソ連海軍航空隊には１９５０年代からＴｕ－16中距離爆撃機が配備され、遠距離から米艦隊を発見するための偵察任務と対艦ミサイルによる攻撃任務を担うようになっていた。１９８０年代に入ると、超音速飛行の可能なＴｕ－22Ｍの配備によって海軍航空隊の能力はさらに強化され、そのＮＡＴＯコードネームである「バックファイア」という名前や、日本周辺へのパトロール飛行を指す「東京急行」という言葉が人口に膾炙《かいしゃ》した。

この時期、ソ連海軍は「小戦争」理論の長い影からついに脱し、ゴルシコフの夢見た外洋艦隊構想へと脱皮しつつあった。

海峡をこじ開ける

しかし、オホーツク海と日本海の要塞には重大な地理的制約があった。すでに述べたように、要塞にとって最も重要な防衛線は水上戦闘艦艇・SSN／SSGN・長距離爆撃機で構成される外堀であるが、このうちの水上戦闘艦艇の外洋展開が有事には大変難しいと考えられていたのである。バレンツ海の聖域を守る北方艦隊がコラ半島のセヴェロモルスク周辺を拠点とし、GIUKギャップまではチョーク・ポイントを通らずに展開可能であったのに対し、太平洋艦隊の場合は水上戦闘艦艇の大部分がウラジオストクやその近傍のフォーキノを基地としていたためであった。これらの水上艦基地は日本海の中に閉塞されており、三海峡（対馬・津軽・宗谷）のいずれかを突破しない限り、北太平洋や東シナ海で外堀としての機能を発揮することができなかった、ということである。[*11]

こうした中で、1970年代末以降、日本のメディアではイワン・ロゴフというソ連艦の名が頻繁に取り上げられるようになった。1970年代末に就役したソ連初の強襲揚陸艦（1174型）であり、2番艦アレクサンドル・ニコラエフとともに太平洋艦隊に配備されると、ソ連軍による日本への大規模着上陸の懸念が俄《にわ》かに強まったためである。

もちろん、この2隻だけで北海道や本州を占領できるということではない。しかし、ソ連が一時的に海上・航空優勢を獲得できれば、その間に稚内《わっかない》や新潟の港湾を占拠できる可能性は排除できなくなった。こうなった場合、ソ連はより小型の戦車揚陸艦（LST）や、RoRo船（カーフェリーのように車両が自力で出入りできるランプを備えた船）、LASH船（荷下ろしのために港湾施設を必要としないはしけ搭載船）といった商船を総動員して短期的に大量の兵力を揚陸し、北海道や本州の内陸まで侵攻してくるかもしれない――これが当時、日本の防衛当局者たちが抱いた懸念であった。1980年の『防衛白書』に「イワン・ロゴフ級揚陸強襲艦及びロプチャ級揚陸艦などの配備による周辺海域に対する水陸両用戦能力の向上が図られているとともに，商船隊でもローロー船を含む海上輸送能力の強化がみられている」との記述が初めて登場したことからもこの点は見て取れよう。

また、1983年度版の『防衛白書』には、太平洋艦隊の海軍歩兵部隊がソ連海軍で唯一の師団であるとの指摘が登場した。海軍歩兵というのは西側式の軍事用語でいう海兵隊のことで、多くの艦隊では連隊編制なのだが、太平洋艦隊だけは師団だというのである。実際、太平洋艦隊の海軍歩兵部隊も1963年に設立された当時は連隊であったのだが、1968年には師団に格上げされて第55海軍歩兵師団となっていた。ウラジオストクに司令部を置く第55海軍歩兵師団は、隷下に海軍歩兵連隊3個と戦車連隊1個を擁《よう》するという強力な部隊であったから、迎え撃つ日本側の懸念はゆえなきものではなかったと言える。今でも軍事オタクの間で「聖典」とされている小林源文《もとふみ》の漫画『レイド・オン・トーキョー』や『バトルオーバー北海道』はこうした想定の名残に基づいて冷戦後に描かれたものである。

ただ、現実的に考えて、冷戦期のソ連に日本の国土を広範に占拠する動機があったとは思われないし、そのような思惑を示す史料も見つかっていない。実際により可能性が高かったのは、三海峡のいずれかをソ連が占拠して水上艦艇部隊の太平洋への進出路を確保するというシナリオであったと思われる。例えば、米ソ間で軍事的緊張が高まったタイミングで、サハリンから出撃した着上陸部隊が稚内を電撃的に占拠し、イワン・ロゴフやアレクサンドル・ニコラエフがそこに重装備を揚陸することで、容易に排除できない海岸陣地を作ってしまう、ということは十分にあり得ただろう。

この場合、宗谷海峡を監視している陸上自衛隊の沿岸監視隊や航空自衛隊の警戒群、そして海底のLQO－3を運用する海上自衛隊分遣隊も排除されるわけだから、SSNやSSGNは自由に太平洋に進出して外堀としての役目を果たすことが可能になったはずである。あるいは、1174型の配備によって揚陸能力にできた余裕を活かし、宗谷と津軽とか、津軽と対馬といった形で2海峡を同時に攻撃するというシナリオも考えうるようになった。つまり、外堀に通じる出入り口を無理やりこじ開ける能力が高まったということである。

広がるソ連海軍の活動範囲──「オキナーワ、ナガサーキ!」

バスを降りるなり、見知らぬ老人が「オキナーワ、ナガサーキ!」と叫びながらこちらに近寄ってきた。2018年、モスクワ郊外のモニノ空軍博物館を訪れた際のことである。何事かと思って話を聞いてみると、老人は若い頃、太平洋艦隊航空隊の爆撃機パイロットとしてヴェトナムに駐在していたことがあるのだという。乗っていたのはTu-16。1950年代に登場した中型ジェット爆撃機だ。

「カムランを出発したらオキナワを右手に見ながら飛行して、ナガサキの沖合で帰ってくるんだよ」と老人は懐かしそうに語った。

オキナワとナガサキという地名から、第二次世界大戦の話で絡まれるのではないかと身構えた身体が、少し緩んだ。彼が語りたかったのは、また別の、戦火を交えない戦いの歴史であった。

沖縄や長崎には行ったことがあるんですか、という問いに、彼は「ない」と答えた。「いつか日本に来てください」と言って連絡先も交換せずに別れたので、それから再会したということもないのだが、この出会いは筆者の記憶に妙に鮮やかに残っている。ヴェトナムにソ連海軍の基地が存在したことは歴史的知識として知ってはいたのだが、この陽気でやたらと声のでかい老人のおかげで具体的なイメージが湧いたのだろう。

ちなみに老人の口から出たカムランとは、ヴェトナム南部にある地方の名である。インドシナ半島が南シナ海に大きく突き出た場所あたりにあり、ヴェトナム戦争当時の米国は同地に広がるカムラン湾に軍港と飛行場を築いて作戦の拠点とした。ところが、1973年のパリ協定によって米軍がヴェトナムから撤退し、1975年のサイゴン陥落で南ヴェトナム政府が消滅すると、カムラン湾は共産主義政権によって接収されることになった。

こうして、カムラン湾の主人は、冷戦期におけるもう一方の超大国へ——すなわちソ連へと移った。1978年のソ越友好条約に基づいて、ソ連がカムラン湾の基地施設を25年間無料で租借できるとの合意が成立し、第922物資装備補給基地（922PMTO）と呼ばれる補給拠点が翌1979年に設置されたのが最初である。

なお、2011年に発行された『カムラン：1978－2002』によると、基地に配備してよい兵力の上限はソ連とヴェトナムの政府間協定に基づき、水上艦艇10隻、潜水艦8隻、補助船舶6隻まで、航空機は爆撃機14～16機、偵察機6～9機、輸送機2機までと定められていた。[*12]

第17作戦戦隊

ソ連海軍の艦艇が実際にカムラン湾への展開を始めたのは、1979年の秋以降であるとされる。12月にはゴルシコフ海軍総司令官も視察にやってきたが、しばらく使用されていなかった米海軍の基地インフラを復旧するのに手間取っていたため、922PMTO司令官であったアノヒン大佐はゴルシコフから「作業のテンポが遅すぎる」との叱責を受けたようだ。

それでも1980年には、922PMTOは本格的な活動を開始した。後述するように、1960年代以降のソ連海軍はインド洋にかなりの規模の水上艦艇と潜水艦を常時展開させるようになっていたから、長距離展開する艦艇のために補給拠点が必要だったのである。922PMTOには燃料・食料等の補給施設や艦船修理施設だけでなく、病床数50の病院、席数250の食堂、席数50のカフェ、ベーカリー、浴場、クラブなども置かれ、インド洋からウラジオストクを往復する艦艇乗組員たちにとってはいっときの息抜きが得られる場所でもあったのだろう。

さらに1982年には、やはりカムラン湾を司令部として第17作戦戦隊が編成された。922PMTOだけでなく、第38潜水艦師団、第119水上艦旅団、第169独立混成航空連隊などの戦闘部隊を隷下に置く作戦集団である。

このうちの第38潜水艦師団についてもう少し詳しく見てみよう。1983年から1989年にかけて第38潜水艦師団の師団長を務めたIu・F・スピリンによれば、最初の5年間に同師団へと派遣された潜水艦は、原子力潜水艦26隻（いずれもSSNとSSGNでSSBNは含まれない）と通常動力型潜水艦25隻、潜水母艦4隻にのぼったという。[*13] ちなみに第38潜水艦師団が実際にカムラン湾での活動を開始したのが1982年、解散は1990年である。スピリンの証言を踏まえると、冷戦期を通じてヴェトナムに常時展開していた潜水艦は延べ60隻前後だったのではないだろうか。

カムラン湾に展開したのは潜水艦だけではない。前述の第119水上艦旅団には太平洋艦隊から大型水上戦闘艦艇数隻が常時派遣され、その中には日本のメディアを賑わしたミンスクも含まれたし、航空機に関してはＴｕ－95爆撃機４機、Ｔｕ－１４２洋上哨戒機４機、Ｔｕ－16各種（爆撃型および偵察型）20機、ＭｉＧ－25迎撃戦闘機15機、Ａｎ－24輸送機２機が常時展開していたとされる。[*14] 件《くだん》の老人は、このＴｕ－16の爆撃型か偵察型のどちらかに乗っていたのだろう。

　これは当時のソ連海軍として最大の海外基地であった。前々節の内容を踏まえるなら、その戦略的意義は明らかだ。ソ連海軍太平洋艦隊は、三海峡を突破せずして外堀を展開させうる拠点を得たのである。[*15]

　ちなみに、これだけの一大軍事拠点がヴェトナムに築かれたということは、そこに勤務したソ連軍人も相当数にのぼったということを意味してもいた。１９７８年にソ越友好条約が結ばれた時点でヴェトナムに派遣された軍事顧問と専門家だけで約４０００人を数え、１９７９年にはこれが５０００～８０００人にまで膨れ上がったというから、[*16] 第17作戦戦隊の展開が始まった１９８２年以降は常時１万人以上が展開していたと思われる。

　そこで避けられないのが男女のロマンスだ。前述の『カムラン：１９７８－２００２』には「国境を越えた愛」という章がわざわざ設けられ、ヴェトナム人女性と結婚したソ連軍人の回想録が掲載されている。[*17]

パンツを何枚持って行くか

また、この頃には、ソ連海軍太平洋艦隊の活動範囲は遥か遠く、インド洋にも及ぶようになっていた。1968年にはインド洋に派遣される水上艦艇を指揮するために第10作戦戦隊と呼ばれる常設司令部が設置されており、1973年にはその潜水艦バージョンである第8作戦戦隊も設置された。いずれも固有の艦艇は持たず、太平洋艦隊からローテーションで派遣されてくる艦艇を指揮下に置くというものである。

では、ソ連海軍はなぜ、遠いインド洋にまで艦隊を展開させようとしたのだろうか。政治的には、ソ連のグローバルなプレゼンスを拡大するため、という説明が可能であろう。これはゴルシコフ海軍総司令官が著書で強調した海軍の政治的役割、すなわち、「政治の道具の一つ」としての役割を地で行くものであった（ちなみに上記の三戦隊はゴルシコフ直々の命令で編成されたものである）。この点を理解するために、少し長いが、ゴルシコフの著作を以下に引用してみよう。

「ソビエト水兵の友好的な訪問によって、多くの国の人民は、共産主義思想の勝利をまのあたりに確信し、ソビエト国家における全民族の真の平等を確信することができる。そして包括しにくいわが祖国の実に多様な地域の代表者達の文化水準、発展水準を知ることができる。彼らはソビエトの科学、技術、産業の成果と結実である艦艇を見、わが国住民の多様な層の代表者である人々と友好的に接触する。ソビエトの海軍軍人は、提督から水兵に至るまで、他国の人民に世界最初の社会主義国の真実を、共産主義のイデオロギーと文化を、ソビエト式の生き方を、伝える。彼らは解りやすく、確信をもって、世界中の国々に共産党とソビエト政府のレーニン的平和政策の理念を拡める。この思想的影響の意義はいかに評価してもしきれるものではない。[*18]」

今様に述べるならば、これは、グローバル・サウスの国々を取り込む上での強力な武器が海軍なのだ、という主張として理解できよう。発展途上国の人々に対して、ソビエト式社会主義は豊かさと科学技術の進歩をもたらす発展モデルなのだと理解してもらうためのショーケースが最新鋭の軍艦なのだということである。冷戦が「生活様式をめぐる戦い」[*19]であったとするなら、太平洋艦隊はそうした政治・文化的戦いの最前線を「戦って」いたとも言える。

なお、興味深いことに、ソ連太平洋艦隊のインド洋展開は、1968年1月に英国がスエズ以東からの撤退を表明するのとほぼ同じタイミングで始まった。これと間髪を入れずにゴルシコフは自ら太平艦隊を率いてインドを訪問し、翌1969年にも複数回の訪印を行っている。英国のアジア撤退を奇貨として、インド洋におけるソ連のプレゼンスを高めようとしたことが見て取れよう。

1971年8月には、ソ印平和友好協力条約が結ばれた。その背景には前月に行われたキッシンジャー極秘訪中によって米中が電撃的な接近を果たすのではないかとの警戒感があったと思われるが（この予感は1972年のニクソン大統領訪中と1979年の米中国交正常化という形で実現する）、軍事面ではソ連太平洋艦隊のインド洋展開をさらに後押しする結果をもたらした。派遣艦艇の数と滞在日数を掛け合わせた指標で見た場合、1960年には太平洋で400隻・日、インド洋で200隻・日に過ぎなかったものが、1975年にはそれぞれ6800隻・日と7100隻・日へ、1980年には両洋でそれぞれ1万1800隻・日と激増していることからしても、その力の入れようが見て取れる。[*20]

ちなみにこの当時のソ連海軍については、興味深い逸話が残っている。太平洋艦隊で長く勤務した海軍軍人ミハイル・フラムツォフが同艦隊にまつわる逸話を集めた著書『カムチャッカからアフリカまで』に掲載されているもので、大要次のような話だ。[*21]

ある年、太平洋艦隊にゴルシコフ海軍総司令官が検閲に訪れた。922PMTOの指揮官が叱責を受けたエピソードからも明らかなように、海軍軍人たちはゴルシコフの検閲をひどく恐れていたから、緊張感は相当のものであっただろう。だが、総司令官の訓示の後、「質問はあるか？」と問われたある駆逐艦の艦長が、思い切って次のように発言した。

「艦隊が熱帯に派遣される時、パンツが足りません。すぐにボロボロになってしまうのです。追加のパンツを支給するように要求します」

おそらくよく汗をかくので洗濯の頻度が増え、品質の悪いソ連製の下着はすぐにダメになってしまったのだと思われる。これに対して「なんとバカなことを言い出すんだ!?」との声も上がったが、ゴルシコフは唇を噛んでしばらく考えた後、次のように答えた。

「熱帯地域での戦闘任務に派遣される艦艇の乗組員には、基準より1枚多くパンツを支給せよ」

それからゴルシコフは問題の艦長に「配慮のある指揮官だ」と声をかけたというから、恐ろしいと同時に話のわかる総司令官でもあったのだろう。同時に、このエピソードは、ソ連海軍の活動範囲が本来想定されていた北の海に留まらなくなった時代の象徴でもあった。

ソ連海軍のインド洋展開をめぐる謎

しかし、海軍は「政治の道具」であるだけはもちろんない。少なからぬ数の艦艇を本土から遠い海域に展開させるからには何らかの軍事的意図も存在したと思われるが、インド洋展開についてははっきりしたことがわかっていないというのが実情である。

1950年代末にポラリスSLBMを搭載したSSBNを米海軍が就役させると、西側では、これらの潜水艦がインド洋からアラビア海に展開して南方からソ連を狙うのではないかとの観測が出てきた。インド洋の英領ディエゴガルシア島に米国が通信基地を設置したこともこのような観測を裏付けるものと見られたが、結局、これは潜水艦通信用ではないことが明らかになり、遠いインド洋に米国がSSBNを常時展開させているわけではないだろうとの見方が優勢を占めるようになる。米国は（ロシアと同様に）ＳＳＢＮのパトロール海域を明らかにしない政策を貫いているため、西側の内部においてさえインド洋が米国版核の聖域であるかどうかは論争を呼んだのであった。[*22]

このことは、また、ソ連がなぜインド洋に艦艇を常時派遣するようになったのかという論争をも引き起こした。米海軍がＳＳＢＮをインド洋に展開させていないならば、ソ連海軍がそこにいなければならない理由は何なのか。将来的に米海軍ＳＳＢＮのインド洋展開がありうるという「最悪ケース」を想定しているのか。それにしては対潜作戦（ＡＳＷ）能力が限られているのではないか、という具合である。ソ連のインド洋展開は長距離洋上作戦の経験を積むためであるとか、中ソ戦争でシベリア鉄道が寸断された場合の予備の海上交通線を確保するためであるとか、逆に西側の海上交通線を遮断するためではないかといった議論も出たが、どれもはっきりした結論には至らなかった。[*23]

この点は、ロシア側の資料がある程度利用できるようになった現在もあまり変わっていない。ソ連海軍の司令官たちは一応、インド洋展開の使命について何らかの説明を行ってはいるのだが、いずれも現場指揮官たちの個人的な見解であって、それを命じた海軍総司令部の意図はなんであったのか、またこれを承認したソ連指導部の思惑はどうであったのかというハイレベルの意思決定についてはまだきちんとした歴史的研究が見られないのが現状である。

内堀としての千島列島――内堀の三つの機能

外堀については前節で詳しく扱ったので、今度は、要塞の内堀に視点を移してみたい。外堀とは外洋で米海軍と戦う能力であり、地理的なものというよりは、展開させうる対艦攻撃能力によって構成されるかなり人為的なものである、ということは本章の最初の節ですでに述べた。これに対して、内堀はより地理に根差した戦略である。

冷戦末期に米海軍の『潜水艦レビュー』に掲載されたある記事に即して考えてみよう。記事の著者であるリー・ダンツラー・Jr.によれば、内堀の主たる機能は、①アクセス路の制限、②縦深防御による保護、③上記二つが破れた場合のSSBNの逃げ道、の三つに分けて考えることができる。[*24]

このうちの①が言わんとするのは、要塞への侵入経路はある程度限られているということだ。広い大洋とは異なり、大陸近傍の海域は水深が浅かったり、島があったりするので、潜水艦や水上艦艇がどこからでも侵入していけるというわけではない。したがって、敵の侵入経路を特定した上で待ち伏せを行うのが内堀の戦略であるということになる。

そして、このように考えたとき、オホーツク海の内堀はバレンツ海よりも有利な地理的特性を有するとリー・ダンツラー・Jr.は述べる。バレンツ海と比較してオホーツク海周辺に存在する島嶼《とうしょ》は密度が高く、しかも通航可能な海峡が限られるためだ。海氷が張り出す冬の間は、通航可能地域はさらに限られる。

この点、日本海は日本列島によってほぼ完全に閉塞されているが、何しろ日本は米国の同盟国である。したがって、日本列島がソ連にとっての内堀となり得ないのはもちろん、日米の対潜部隊の基地でさえあった。要塞としての堅固さはオホーツク海の方が断然上であったことは明らかであり、冷戦後のロシア太平洋艦隊がSSBNの聖域をオホーツク海一本に絞った理由の一つはこれであると思われる。

続く②は、以上で述べた地理的特性を踏まえた防衛戦力の展開を意味する。要はこれまで述べてきた地対艦ミサイルや防空システム、戦闘機、ディーゼル・エレクトリック潜水艦などのことだが、リー・ダンツラー・Jr.の議論ではこれに加えて機雷が非常に重視されているのが特徴だ。ソ連の機雷戦能力は非常に高く、これを①で述べたアクセス路の制限と組み合わせるならば、有事に米海軍の水上戦闘艦艇や潜水艦がオホーツク海に侵入するのが非常に困難になる可能性が高い、というのがその論拠であった。

このことはまた、日本海が内堀となり得ないとの結論を改めて導く。日本海の全域に機雷による防衛網（機雷堰《きらいせき》という）を構築するのはいかにソ連でも不可能であるからだ。したがって、1989年に米国防総省が発行した報告書『ソ連の軍事力1989』で完全な要塞と位置付けられたのはオホーツク海だけであり、日本海は主に北部でSSBNがパトロールしているだけであるとされた[*25]（図7、次ページ）。

最後の③は、SSBNがいざという時に逃げ込めるだけの水深を持った深い湾のことである。バレンツ海の場合は氷河によって刻まれたフィヨルドがこれに該当するが、オホーツク海の場合もカムチャッカ半島、マガダン周辺、サハリン北部をこのように利用できるだろうとリー・ダンツラー・Jr.は見た。実際、ソ連海軍がこのようにして湾からのSLBM発射訓練を行っていたことは第1章で紹介した通りである。

手薄だった内堀

ただ、1970年代半ばまでのオホーツク海には縦深防御と呼びうるような密度の防衛網は配備されていなかった。もちろんウラジオストクやルィバチーの周辺は厳重に防護さ

図７　米国防総省が推定した冷戦期におけるソ連 SSBN の聖域

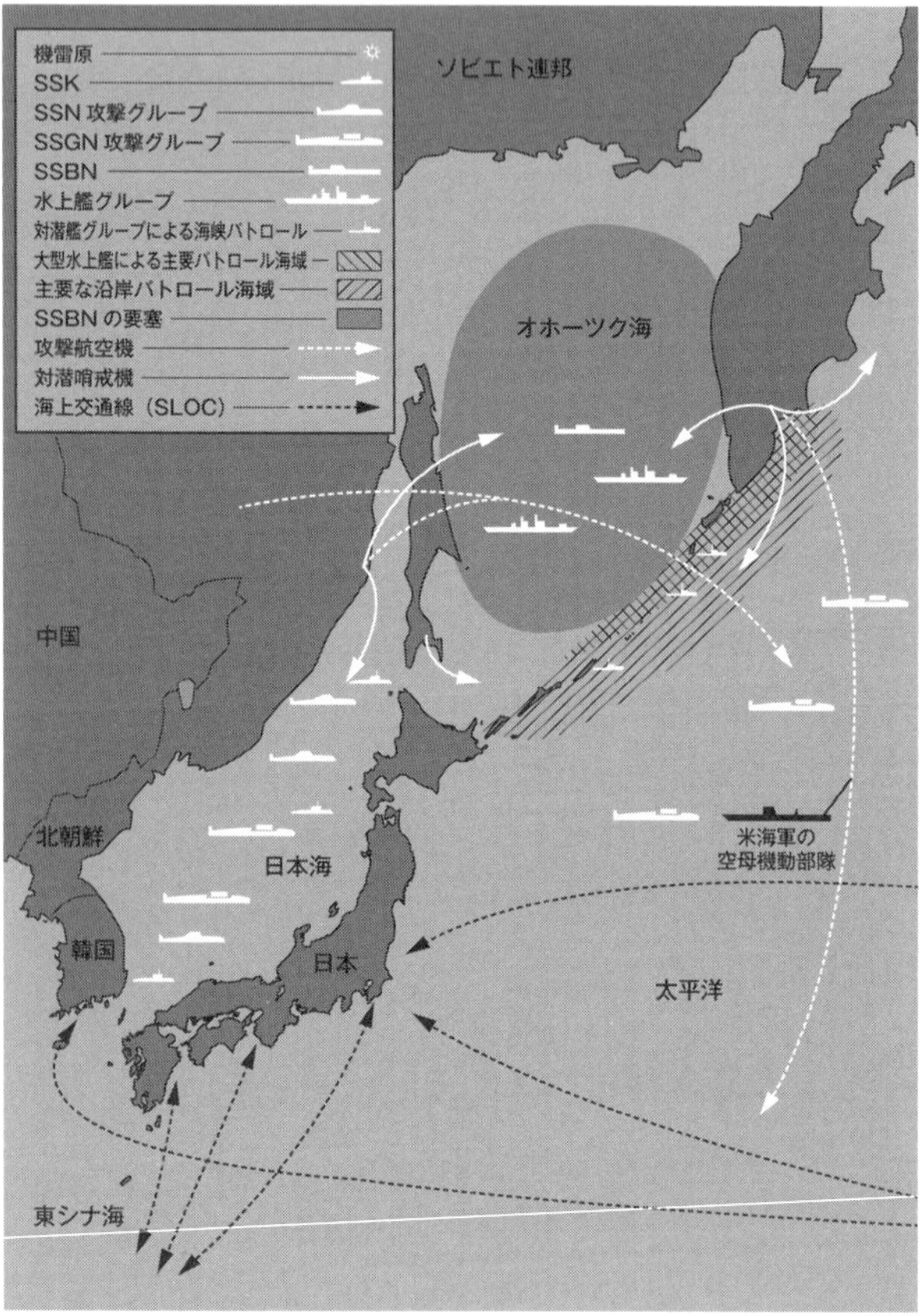

出典：Department of Defense, *Soviet Military Power: Prospects for Change 1989* (US Government Printing Office, 1989) p. 116.

れていたのだが、千島列島はほとんどガラ空きだったと言って良い。その理由としては、この地域に大規模な戦闘部隊を配備することの難しさが挙げられよう。

差し渡し約1150キロメートルにわたって連なる千島列島には20以上の島嶼が存在しているが、そのほとんどは無人島か、ごく少数の住民しかいない島で占められていた。つまり、軍事施設が必要とするエネルギーや水、食料などの供給基盤が整っていない場所ばかりであったわけで、これらを一から建設するのでない限り、大規模な軍隊が駐屯するのは物理的に不可能だった。しかも、これらの島嶼に平時から維持しうる地対艦ミサイル部隊の規模やこれを防衛するための防空戦力の規模が限られることを考えると、外堀を突破してきた米空母機動部隊と正面切って戦う余地はいずれにしても乏しい。地上兵力もほとんど配備されていなかったから、米海軍が上陸作戦を仕掛けてきた場合には、ディーゼル・エレクトリック潜水艦と機雷が防御手段のほぼ全てであったと思われる。

そうした中で唯一、大規模な部隊が駐屯していたのは、第二次世界大戦末期に占領された国後島《くなしりとう》や択捉島《えとろふとう》、つまり日本の北方領土である。戦前に日本が築いたインフラをある程度利用できた関係上、上記の制約が薄かったためであろう。実際、両島に進駐してきたソ連軍は、現地に築かれた日本の都市インフラをほぼそのまま接収しているほか、日本軍が残した飛行場などの軍事施設も利用することができた。さらに1950年、朝鮮戦争が勃発すると、択捉島とパラムシル島に日本海軍が建設した飛行場をソ連軍が再建し、ここにIℓ−28ジェット爆撃機を配備した。[*26]

しかし、ソ連軍はのちに、国後・択捉島をほとんど放棄してしまった。それ以前の北方領土駐留ソ連軍は、択捉島駐屯の1個歩兵師団と国後島駐屯の1個歩兵旅団を基幹とする軍団規模（司令部は択捉島）と見られていたが、1960年にはそのすべてが引き上げられたのである。残ったのは防空軍の戦闘機部隊（国後・択捉島に各20機）だけであったが、1966年にはこのうちの国後島配備分もサハリンに移転していった。

北方領土へのソ連軍再配備

このように、北方領土を含めた千島列島の防衛体制は、当初、拍子抜けするほど手薄であった。

しかし、1974年に667B型SSBNがカムチャッカ半島のルィバチー基地に配備され、オホーツク海がいよいよ聖域としての性格を帯び始めると、状況は変化する。外堀の強化と並行して、千島列島の内堀化が始まったのである。

その手始めは、１９７７年にサハリンで第51諸兵科連合軍が編成されたことだった。同軍は従来、陸軍第2軍団と呼ばれ、隷下には2個自動車化歩兵師団を置いていた。それが、千島列島南部の防衛をも担当するために軍に格上げされたのである。

さらに１９７８年、同軍隷下には新たに編成された第18機関銃砲兵師団（18PuℓAD）が配属され、北方領土の択捉島に司令部を置いた。隷下部隊の基幹は2個の自動車化歩兵連隊で、それぞれ択捉島と国後島に1個ずつ配備された。また、１９７９年には色丹島《しこたん》でも駐屯地の建設が始まり、１９８０年代には常時1個大隊が駐屯するようになったことで、師団の兵力は1万人以上になったとみられる。１９７０年代当時、千島列島全体のソ連住民は約1万５０００人であり、このうち北方領土では国後島の古釜布《ふるかまっぷ》（ソ連名ユジノクリリスク）に約３９００人、択捉島の紗那《しゃな》（同クリリスク）に１６００人が住んでいた程度であるというから、民間人よりも軍人が圧倒的に多数を占める島であったことになる。[*27]

その意図について、１９７９年の『防衛白書』は以下のような分析を示していた。ちなみに『防衛白書』が北方領土へのソ連軍配備を取り上げたのはこれが最初である。

「今般の再配備等の意図は、今のところ推定の域を出ないが、近年、ソ連は、極東地域における増強、近代化等に努力しているとみられることから、この一環として行っているとも考えられる。また、ソ連の軍事戦略上の観点からみれば、北方領土及び千島列島地域あるいはオホーツク海等の地域的重要性、現在の国際情勢などについての考慮からなされているとも判断される。」

実に役人的な、もってまわった表現ではあるし、実際にその意図を測りかねていたという事情もあるのだろう。だが、注目すべきは後段である。「北方領土及び千島列島地域あるいはオホーツク海等の地域的重要性」という箇所がそれで、つまりはオホーツク海が聖域化されたので、その南部に内堀を築きつつあるのではないかということだ。

その後も『防衛白書』は毎年、北方領土に配備されたソ連軍に一項目を割くことを慣行としており、１９８３年度版では「ソ連が北方領土に地上軍部隊を再配備したのは、軍事的には、ソ連のＳＳＢＮの活動海域としてのオホーツク海の戦略的価値の向上により、オホーツク海と太平洋とを画する北方領土の重要性が高まったなどのためとみられる」という、より明確な情勢判断が登場している。

また、続く１９８４年度版『防衛白書』によると、択捉島の天寧《てんねい》飛行場（ソ連側の名称はブレヴェストニク飛行場）に配備されていた第一世代戦闘機ＭｉＧ－17が１９８１年までに撤去され、１９８２年から第三世代のＭｉＧ－23に取って代わられた。その数は当初、20数機であったとされるが、１９８３年にはおよそ40機に増強されたというから、当時としては最新鋭の戦闘機が丸ごと2個連隊、短期間のうちに配備されたことになる。要塞の内堀が速くペースで築かれていったことが窺《うかが》われよう。

また、正確な時期は明らかでないものの、この頃の択捉島には地対艦ミサイル部隊（第５７４独立沿岸ロケット砲兵大隊）も配備された。当時最新鋭の４Ｋ４４レドゥート超音速地対艦ミサイルの移動式発射機を4両装備する部隊である。この前後、沿海州とカムチャッカの地対艦ミサイル部隊ではレドゥートの配備が進み、１９７４年にはサハリンにも新たな地対艦ミサイル部隊（第６４８沿岸ロケット砲兵連隊）が編成されていたから、第５７４独立沿岸ロケット砲兵大隊はこれらの連隊のいずれかから択捉島に分遣されたものと思われる。*28

シムシル島：カルデラに建設された秘密潜水艦基地

これに続く内堀の建設は、千島列島のちょうど中央部に位置するシムシル島のブロウトン湾で始まった。火山の爆発によって生まれたカルデラ湾であるブロウトン湾の水深は200メートル以上もあり、大型艦艇を多数停泊させるのに十分な条件を備えていた。ここに水上戦闘艦艇や潜水艦を常時配備しておき、オホーツク海に侵入してくる日米の対潜部隊を迎え撃つというのがソ連海軍の構想であったようである。[*29] 計画の正確な開始年は明らかになっていないが、1978年には基地施設の運営と警備を担当する第137水域保護艦艇旅団が編成されているので、おそらく1970年代半ばには決定が下されていたのだろう。

問題は、その湾口が非常に狭かったことだ。湾自体は広さも深さも大型艦艇を停泊させるに十分なのだが、出入りができないのでは仕方がない。そこでソ連海軍は当初、湾口を広げるために核爆弾を使うことを検討したというが、結局は用済みになった魚雷の弾頭や機雷を爆発させるというより常識的な方式が採用された。大型艦がどうにか通航できる13メートルの水深を確保することができたのは1980年のことであるとされる。[*30]

実際に基地施設が建設されたのは湾の東側海岸で、ここには大型艦艇が接岸可能な桟橋、燃料タンク、対潜ヘリコプター基地、司令部と官舎、病院、商店、衛星通信施設などが置かれた。シムシル島は無人島であったから、軍事施設だけでなく生活に必要な小都市を丸ごと建設したわけである。将校は妻子を帯同していたので、ささやかながら家族生活も営まれていたようだが、医療設備が不十分なので出産は避けるようにされていたという。[*31]

第17作戦戦隊の司令部が置かれたヴェトナムのカムラン湾とは異なり、ブロウトン湾には大規模な戦闘部隊は配備されなかった。常駐していたのは前述した第137水域保護艦艇旅団だけであり、その中核は基地内にエネルギーを供給する洋上発電所船ENS－357（旅団司令部を兼ねる）と少数の対潜艇・対潜ヘリコプター部隊であった。また、当初の想定とは異なって、潜水艦は対潜訓練のため時折寄港する程度であり、SSNが入港することは一度もなかったという。[*32]

なお、択捉島、サハリン、カムチャッカと同じく、地対艦ミサイル部隊はシムシル島にも配備された（第789沿岸ロケット大隊）。レドゥート地対艦ミサイルから発射されるP－35B超音速対艦ミサイルの射程は300キロメートル内であるから、1つの島に配備された地対艦ミサイル部隊のカバー範囲は差し渡し600キロメートルに及ぶ。これがオホーツク海の周辺に飛び石状に配備されていったことで、その外縁はほぼ完全に地対艦ミサイルの射程に覆われることになった。外堀である北太平洋と日本海が破られた場合でも、次の内堀で改めて米海軍に対して消耗を強要できる態勢が出来上がったのが1980年代であったことになる。

静かなる「キロ」

内堀の最後のピースは、877型SSKである。

NATOが「キロ」というコードネームを与えたこの潜水艦は、それまでの613型や641型（NATO名：タンゴ級）とは一線を画す涙滴型船体形状を特徴とし、徹底的な騒音低減措置を採用したこともあって、非常に静かな潜水艦として知られた。NATOからは「ブラックホール」なるあだ名を奉られたことからしても、その騒音レベルの低さは窺い知れよう。武装は533ミリメートル魚雷発射管6門とされ、魚雷18本または機雷24個を搭載することが可能であったから、待ち伏せを行うなり、機雷を敷設するなりして海峡を封鎖するにはうってつけの兵器と言える。

877型に関して特筆されるべきもう一つの点は、太平洋艦隊への配備が早くから進んだことである。なにしろ877型の1番艦B-248は極東のアムール造船所で建造されており、北方艦隊に先駆けて1980年に太平洋艦隊配備となった。これ以降もアムール造船所は毎年順調に877型を吐き出し続け、ソ連崩壊までに13隻が太平洋艦隊に就役している。これはソ連時代に建造された877型の半分以上に及ぶから、おそらくはSSNやSSGNの近代化が遅れた分をSSKで補おうということだったのではないだろうか。

ちなみに、877型の大部分はウラジオストクの第19潜水艦旅団に配備された。当時、ウラジオストクは街全体が閉鎖都市であり、人間の出入りはもともと制限されていたので、軍艦を人目から隠しておく必要性は薄かった。[*33] したがって、水上艦の多くは街の中心部からも丸見えの場所に置かれていたのだが、超大型水上艦と、潜水艦だけは別扱いだったようである。

前者が配備されたのは、ウスリー湾を挟んでウラジオストクの対岸に位置する閉鎖都市フォーキノで、前節で紹介した重航空巡洋艦や原子力ロケット巡洋艦、強襲揚陸艦は軒並みここに配備された。付近には第21・第26潜水艦師団の基地も置かれていたので、機密度の高い新鋭艦はまとめて人里離れたところに隔離しておくという方針だったのだろう。19世紀から極東の首都として栄えたウラジオストクと異なり、フォーキノの市街はいかにも小さくて貧相であったから、ピカピカの最新鋭艦の乗組員たちが暮らす街としてはやや不釣り合いであったが。

一方、877型の配備先である第19潜水艦旅団はもう少し恵まれていた。ウラジオストク市街から山を一つ挟んだウリス湾に基地が置かれていたためである。カムチャッカのルィバチー基地と同様、地形を目隠しに使ったのだと思われるが、市街地までは車ですぐなので、生活環境としてはフォーキノよりも圧倒的に良かった。

このほか、877型はカムチャッカ半島の第182独立潜水艦旅団にも配備されたが、こちらはルィバチー基地防衛のために基地自体が1972年に一から作られたもので、いかにも寒々しい場所であった。

要塞の眼・耳・神経——極東におけるレーダー覆域

要塞が要塞たりうるためには、敵の襲来を察知する「眼」が必要となる。つまり、物見《ものみ》櫓《やぐら》のようなものであり、核時代にはこれがミサイル早期警戒レーダーという形をとった。レーダーといっても、空港などで見かける金属の骨組みではなく、差し渡し数百メートルにも及ぶコンクリート製の建物に送受信アレイを並べた巨大構造物である。ここから大出力で電波を発信し、宇宙空間を飛んでくる核弾頭をなるべく早い段階で探知しようというのがその目論見であった。

ソ連が1960年代に配備した最初の早期警戒レーダーはドニエストル－Mと呼ばれ、

図８　ソ連時代の早期警戒レーダーの配置と覆域

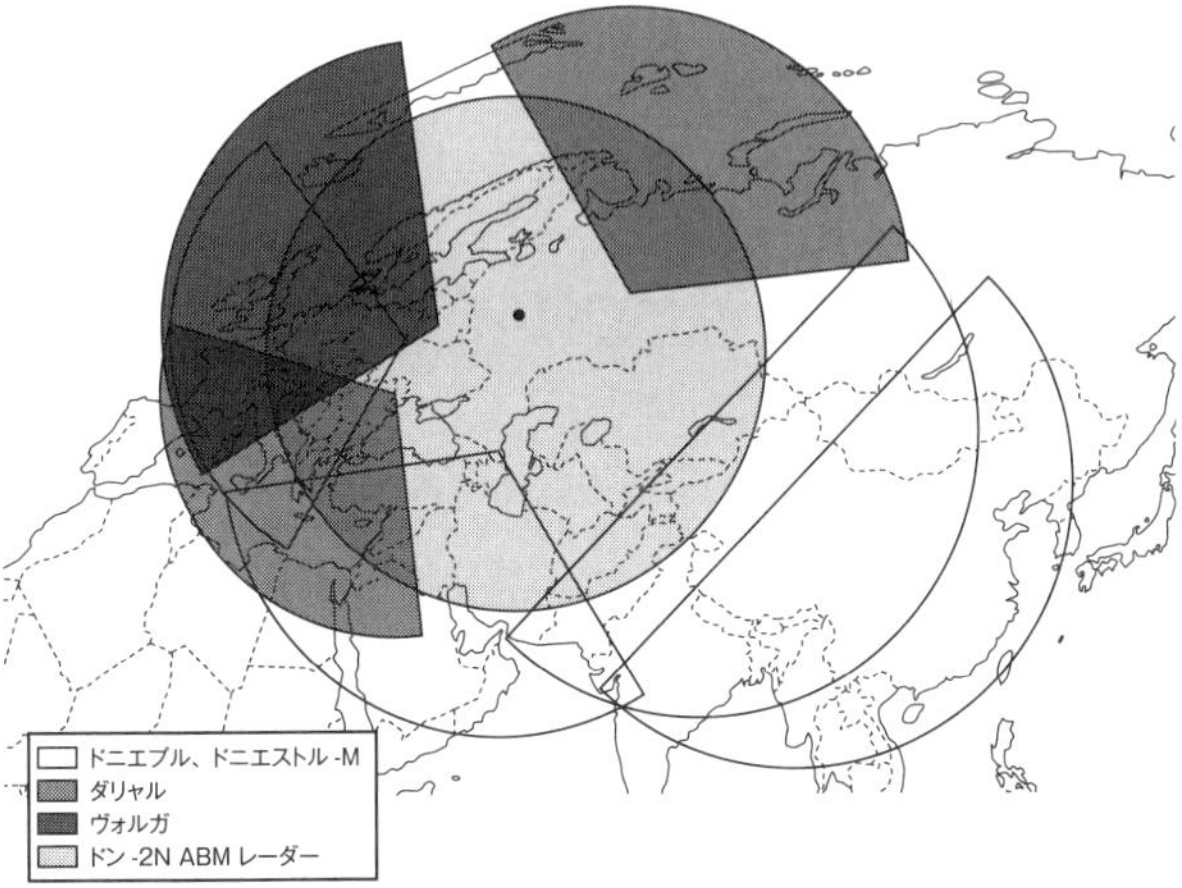

出典：Pavel Podvig, ed., *Russian Strategic Nuclear Forces*（The MIT Press, 2001）

最大探知距離はおよそ２５００キロメートルであったとされる。１９７０年代に入ると、探知距離が４０００キロメートルに延伸されたドニエプルの配備が始まり（このように、ソ連の早期警戒レーダーには川の名前がつけられていた）、ソ連全土を覆う警戒網の原型が出来上がった。

だが、その配備状況を示した図８から明らかなとおり、ソ連の早期警戒ミサイルは北極圏から欧州部に集中的に配備されていた。これは核攻撃の標的となりうる重要都市（モスクワ、レニングラード等）、軍需産業（例えばニジニ・タギルやハリコフの戦車工場）、さらには戦略核部隊（ＩＣＢＭ基地やセヴェロモルスクのＳＳＢＮ基地）がソ連欧州部に集中していた以上、ある意味で当然の優先順位ではあろう。

一方、極東方面を担当していたのはイルクーツク近郊のＯＳ－１基地に設置されたドニエプル1基だけである。なんとなくソ連という国にとっての極東の位置付けが透けて見えるような配置だが、驚くべきことにオホーツク海はその覆域（カバー範囲）に入っていなかった。基地近傍にドニエストル－Ｍが真っ先に配備された北方艦隊とはかなり対照的である。１９８０年代に入ると、ＯＳ－１基地には新型のダリャール－Ｕ早期警戒レーダーが設置されることが決まり、これによって日本海のあたりまではカバーできるようになるはずだったが、ソ連崩壊によって実現することはなかった。

ソ連がカムチャッカに飛来する核弾頭の探知をどのようにするつもりであったのかは、現在に至るもはっきりしない。弾道ミサイルが飛来するとすれば北極海からのはずであり、従って北方のカバーを手厚くしておけば問題ないと考えられたのかもしれないが、ＳＳＮやＳＳＧＮと同様、単に太平洋艦隊が万事後回しであったという可能性も排除できないように思われる。

ただ、この方面における警戒網が全く手付かずであったというわけではない。

ドゥガ超水平線レーダー（チェルノブイリに建設されたもの）

1970年代半ば、ソ連防空軍はハバロフスク州のコムソモリスク・ナ・アムーレ近郊に、ドゥガと呼ばれる巨大な長距離レーダー施設を建設した。超水平線レーダー（OTHR）の一種で、探知電波を電離《でんり》層《そう》に反射させてまた地上方向へと送り返すという仕組みであったため、通常の早期警戒レーダーでは探知不可能な水平線の向こうの物体（この場合は核弾頭）を探知できると期待されたのである。

ドゥガの実戦配備型1号機は、ウクライナのチェルノブイリに設置された。20世紀最大の原子力事故を起こしたことで有名な、あのチェルノブイリ原発が置かれていた場所である。ドゥガが必要とする膨大な電力を賄う上で便利だったのかもしれないが、そのほかの巨大レーダーは必ずしも原子力発電所の近所に建設されたわけではないので、このロケーション自体にはあまり深い意味はなかったのだろう。

コムソモリスク・ナ・アムーレのドゥガはこれに続く2号機であった。ただ、2500キロメートル程度とされる探知距離を考えると、北極圏からカムチャッカ半島へ向かって飛んでくる核弾頭を探知するにはやや性能不足の感が否めない。ルィバチーのあたりはちょうど探知範囲の限界に位置しており、核弾頭を探知できた時にはもう着弾寸前になっていたはずである。これではあまり意味がないので、米海軍のSSBNが北太平洋からシベリアのICBM基地を狙って発射するSLBMあたりが実際には主な探知目標だったのではないだろうか。

また、冷戦の最末期には、ヴォルナと呼ばれる別のOTHRが配備された。設置場所となったのは、ウラジオストクの東方65キロメートルほどの場所にあるアンナ岬である。これは弾道ミサイルではなく洋上の艦艇を超長距離で探知することを目的としたもので、したがって運用を担当したのは海軍であった。捜索レーダーを装備したTu－142洋上哨戒機とともにルィバチー基地を狙う米海軍の機動部隊をなるべく遠くで探知し、外堀を構成するSSGNやSSNに攻撃目標を指示するというのが当時のソ連海軍の構想であった。

ソ連版SOSUS

一方、ソ連海軍は、要塞を守るための探知手段を海中にも張り巡らせていた。水中音響を把握するための「耳」――ソ連版SOSUSとでも呼ぶべき水中聴音システムであり、SOSUSと同様にケーブルで繋いだ聴音機を海底に敷設し、地上のコンピュータで処理するというものであったようだ。前章で見たように、1960年代以降の米海軍はソ連の新型原潜の詳細な形状や音響特性を摑むために沿岸ギリギリまで原子力潜水艦を接近させるようになっていたから、こうしたスパイ活動を警戒したものと思われる。

その第一号は北方艦隊向けに開発されたリマン・システムで、144基の水中聴音機、10基の信号増幅機、そして1000キロメートルもの海底ケーブルで構成されていたという。この長大なケーブル網を敷設するために専用の敷設船も建造され、1967年には国家試験に合格してMGK－607の制式名が与えられた。[*34]

これと同時期に登場したのが、太平洋艦隊向けのアムール・システムである。同システムは1968年に国家試験に合格し、1969年にMG－517の名前で制式化された。[*35]

このように、アムールとリマンはほぼ同時期に開発・配備されたシステムではあるのだが（ついでに言えば開発の中心となったのも同じ海洋物理機器中央研究所であった）、その中身は全く異なっていた。前述のように、リマン・システムは144基もの水中聴音機を100 0キロメートルのケーブルで接続するというもので、システムの配備地域は差し渡しで725キロメートルに及んだとされる。したがって、水中聴音機間の距離は平均で5キロメートル程度であったはずだ。

これに対してアムールは、米国のSOSUSと同様にディープ・サウンド・チャンネル現象を応用したソ連初の長距離水中聴音システムで、バタノゴフとカルロフによれば、リマンよりも遥かに遠い1000キロメートルの距離から潜水艦を探知できる性能を狙っていた。水中聴音機はリマンのように線状に配置されるのではなく、重要拠点ごとに配備して周辺を面で監視するという構想であったということだ。具体的な配備海域の詳細は明らかにされていないが、セミョーノフによれば、カムチャッカ、ソヴィエツカヤ・ガワニ、沿海州の3カ所であったとされる。[*36]

ただ、新機軸で開発されたリマン・システムの水中聴音機は恐ろしく巨大だった。なにしろ同システムで使用された聴音ユニットは一つが長さ4メートルもあり、これを288

個組み合わせて一つの水中聴音機が構成されていたというから、その巨大さが想像されよう。これらの聴音ユニットは直径20メートルのドーナツ型をした筐体《きょうたい》に取り付けられ、全体の重さは500トンにもなったが、その分、敷設作業には大変な苦労が伴ったようだ。

しかし、米海軍がオホーツク海において展開していたアイヴィー・ベル作戦にソ連海軍が全く気付いていなかった、ということは第1章で述べたとおりである。このような水中聴音システムを配備していたにもかかわらず、要塞の心臓部における米国のスパイ活動が野放しになっていたのは何故なのだろうか。はっきりした理由はロシア側資料からも明らかでないが、米国の潜水艦の静粛性がソ連の想定より遥かに上だった、という可能性が一つには考えられよう。

前出のバタノゴフとカルロフによると、アムール・システムの開発にあたっては、探知目標となる外国潜水艦の水中航行速度を25ノットと想定するよう海軍から要求があったとされる。つまり、かなり高速で航行する、水中雑音の大きな潜水艦が探知目標とされていたわけで、数ノットの低速で忍び込んでこられると手も足も出なかったのではないか。実際、両名は、アムール・システムの配備が3基で終わったのは「実際の潜水艦の出す騒音レベルが開発段階で観測されていたものより遥かに低下した」ためであると述べている。

ただ、米海軍が初期のアイヴィー・ベル作戦に投入していたスパイ潜水艦はどれも老朽艦を改造したものであった。そのために水中雑音レベルは決して低くなく、米海軍はスパイ潜水艦が発見された場合に囮《おとり》を務めるSSNを同行させざるを得ないこともあったほどだ。さらに1981年にスパイ潜水艦シーウルフが行ったオホーツク海への潜入作戦では、嵐の影響で船体や搭載機器が損傷し、凄まじい水中雑音を出しながら退避せざるを得なくなったが、やはりソ連側の目立った反応を引き起こしていない。[*37] 米側の事情と突き合わせて考えると、どうもアムール・システムには根本的な欠陥があったのではないかという疑念が残る。

いずれにしても、ソ連の音響工学者たちは、アムールの開発と並行して、さらに進歩した水中聴音システムの開発に着手していた。のちにアガムと名付けられたシステムがそれである。その開発史をまとめたデミャノヴィチによると、人間の可聴域を下回る100ヘルツ以下の周波数では米国の潜水艦がソ連のそれより遥かに静かであることが1960年代には判明しており、この帯域をカバーできる水中聴音機が必要だというのがアガム・システム開発の大元にあった問題意識であった。[*38]

ただ、実際の開発にあたって、音響工学者たちの意見は大きく割れた。超低周波は高速目標の探知に向くとして支持する一派があった一方で、アムール・システムと同様に低周波のディープ・サウンド・チャンネル現象をよりうまく捉えて処理すれば、低速航行する潜水艦も探知できると主張する一派の間で開発方針が割れたためである。結局、1970年代初頭には低周波派が勝利を収め、アガムは低周波水中聴音システムとして開発されることが決まった。直径3メートル、全長100メートルもある2本の巨大な円柱（注排水システム、海底ケーブルとの接続装置等を収める）の間に10メートル以上の長さを持つトラスを122本並べ、ここに合計2400個の聴音機を設置するという巨大なもので、重量は800トンもあったという。

このように、アガムはアムールの後継機という性格が強く、したがって配備先はまず太平洋艦隊となることが想定されていた。実際、開発に先立つ実験はインド洋、千島＝カムチャッカ間、ウラジーミル湾で実施されたというから、太平洋艦隊の活動海域そのものである。1978年に完成した試作機はカムチャッカ半島へと回航され、1985年まで続いた国家試験の末に1987年に正式化された。この間にシステムの量産も進み、1990年までに計5基が建造されていずれも太平洋艦隊に配備された。

ただ、探知した音響データがどの潜水艦のものであるのかをカタログ化して識別する、

ＳＯＳＵＳのような機能は最後まで実装されなかったほか、他の水中聴音機から得られるデータとの統合化にも手が回らなかったようだ。米海軍が多様な水中音響データをカタログ化してコンピュータ上のデータベースで参照できるようになったのが１９７０年代のことであるのを考えると、システム・エンジニアリングにおいてソ連はいかにも遅れていた。[*39]

結局、この種の問題が解決されるには、処理系を全面的にデジタル化したドニエストル・システムの登場を待たねばならなかったが、その配備はソ連崩壊後にずれ込むことになった。

超長波通信システム

最後に、ソ連の潜水艦隊を指揮するための通信システムについて触れておきたい。

眼や耳が米国の核弾頭を捉えたら、それに基づいて攻撃命令を伝達するための「神経」がどうしても必要となる。だが、ここで問題となるのは、地上に配備されたＩＣＢＭや爆撃機ならば使える命令伝達手段が、潜水艦では使えないことである。潜水艦をレーダー探知から守る海水が、全く同じメカニズムで無線通信を阻むからだ。

したがって、潜水艦と連絡を取る方法は、当初、司令塔から迫《せ》り出す通信マストに限られていた。ごく浅い海面まで浮上した潜水艦が潜望鏡のように海面に通信マストを出し、短期間で通信を済ませるわけだ。だが、これだとレーダーで探知される恐れが拭えないし、決まった時間にならないと通信ができないというデメリットがある。潜水艦の行動パターンを読まれていた場合、マストを出したところを狙い撃ちにされる可能性さえある（実際、米海軍がソ連潜水艦の行動パターンをかなり把握していたらしいことは第1章で見たとおり）。

一方、1960年代のソ連海軍では、潜航中の潜水艦にも命令を伝達できる新たな通信システムの配備が始まっていた。高さ数百メートルに及ぶ巨大な通信アンテナをソ連全土に建設し、ここから波長5000〜2万5000メートルもの超長波（VLF）を発振することで、海水を透過して通信を行うというシステムである。さらにVLFには極めて遠距離まで到達でき、同時に潜水艦の正確な行動に必要な時報（計時情報）も送信できるというメリットもあったから、世界中の海洋で行動する原子力潜水艦との通信を確立するには打ってつけであった。

ソ連におけるVLF通信システムは当初、第二次世界大戦中のドイツが開発したものをソ連に移築することから始まった。ゴリアフ（ゴリアテ）と名付けられたこのシステムの到達距離は4000キロメートルに及び、北大西洋及び中部大西洋では水深28メートル、マダガスカル周辺のインド洋でも18メートルの深度に潜行したまま命令を受信することができたという。ただ、実際には潜水艦通信用にはほとんど使用されず、宇宙船からの信号受信装置や計時システム用アンテナに転用されたようだ。[*40]

したがって、ソ連海軍初の実用VLF通信システムは、ハバロフスク近郊に設置された通信施設（コードネームは「チタン」）であった。その位置からも明らかなように太平洋艦隊の原子力潜水艦との通信を目的としたもので、1962年に稼働を開始した。これに続いてソ連海軍はベラルーシのヴィレイカ（1964年）、北極圏のアルハンゲリスク（1970年）、キルギスのフルンゼ（1974年）、黒海に近いクラノスダール（1980年代半ば）にも同様の通信施設を建設し、Tu－95爆撃機を改造したTu－142MK通信中継機と合わせて、全世界に展開する原子力潜水艦との通信が可能な体制が確立された。このうちのヴィレイカとフルンゼ（現・ビシュケク）はソ連崩壊によって外国領となってしまったが、ロシア国防省は長期の租借契約を結んで現在も運用を続けている。ロシアの原潜部隊が世界中で活動するためには、これらの巨大通信システムがどうしても必要なのだ。[*41]

ただ、VLFは波長が長い分、伝達できる情報が極めて限られるという欠点を抱えてもいた。そこで採用されたのが、ほんの数文字のアルファベットを送信して、その組み合わせに応じてあらかじめメッセージの内容を定めておくという方法だ。例えば「A・V・K」なら「すぐ戻って来い」、「S・P・O」なら「計画××ー3に従って核攻撃を実施せよ」といった具合である。米国映画『クリムゾン・タイド』（トニー・スコット監督、1995年）を観たことのある読者なら、どんなものかは概ねイメージが湧くだろう。

米海軍の目に映った要塞――ミラー・イメージ

ところで、ソ連海軍のライバルであった米海軍には、聖域とこれを守る要塞という概念がなかなか理解されなかったようだ。米海軍分析センター（CNA）の上席研究員である元海軍軍人のピーター・シュウォーツは、この点を次のように述べている。

「このこと（筆者注：SSBNパトロール海域の要塞化）はアメリカ人には理解しがたかった。なぜなら、自国のSSBNを守るということをあまり考えたことがなかったからである。米海軍のSSBNは出航したら独立して作戦を行い、ソ連はこれを探知することができないと想定されていた。[*42]」

以上からは、米海軍がＳＳＢＮのステルス性に関して抱いていた絶対の信頼が窺われよう。本章で見たように、実際にはソ連のＳＳＮはしばしば米海軍のＳＳＢＮを探知していたのだが、主観としてはＳＳＢＮを囲い込む必要はないと考えられていた。生のソ連軍人たちと接する機会のほとんどなかった米海軍軍人たちは、自国のミラー・イメージでソ連海軍を捉えようとし、それゆえに要塞化戦略というものがなかなか「理解しがたかった」わけである。

また、米海軍にはもう一つのミラー・イメージがあった。前述のシュウォーツや、同じく元米海軍軍人であったデーヴィッド・ウィンクラーが述べるとおり、ソ連の海軍力は（米国と同じく）攻勢的な任務を帯びていると米海軍は信じていた。[*43]「米海軍の分析者や戦略策定者たちは、ソ連の提督たちがアメリカの提督たちがそうするように行動し、反応するだろうと考えることがあまりに多かった――つまり、ソ連側は死活的に重要な戦略海上交通線の支配権を争うために高緯度海域で艦隊対艦隊の行動を起こすだろう」ということが半ば所与の前提とされていたのである。[*44]

ちなみに、ここでいう海上交通線（ＳＬＯＣ）というのは、ソ連との大規模戦争の際に主戦場となる欧州へ、米軍の増援や兵站物資を送り込むための戦略ルートを指す。第二次世界大戦ではまさにこのＳＬＯＣを遮断するためにドイツが無制限潜水艦戦を展開し、これに対して米英海軍は氷の海での海上護衛戦を展開した。来る第三次世界大戦では、ソ連がこれの原子力潜水艦バージョンを展開するに違いないというのが、米海軍に染み付いた拭いがたい固定観念であった。

要塞なんてあるのか？

それだけに、聖域とか要塞などという概念を本当にソ連海軍が持っているのかについては、米海軍の中で長らく論争の対象であった。冷戦末期の１９８８年にウォルター・クレイトラーという米海軍軍人が海軍大学院に提出した修士論文は、この辺の事情をうまくまとめているので簡単に紹介しておこう。[*45]

ソ連海軍がＳＳＢＮを守る要塞を築こうとしているのではないか——という議論が登場したのは、１９７０年代初頭のことであったとクレイトラーは述べる。ソ連ＳＳＢＮの役割は対米先制攻撃による勝利ではなく、核戦争回避のための抑止や、抑止が破れた場合の戦争終結にあるのではないか。そうであるならばＳＳＢＮの生残性が重視される筈《はず》であり、長射程のＳＬＢＭを搭載した６６７Ｂ型シリーズはまさにこのような仮説を裏付ける存在ではないか。また、このような前提を置くならば、１９７０年代のソ連海軍に続々と配備されていった大型水上戦闘艦艇は、外洋で米海軍のＳＳＢＮを攻撃するための「対ＳＳＢＮ（ａｎｔｉ－ＳＳＢＮ）」戦力ではなく、自国のそれを守るための「ＳＳＢＮ保護（ｐｒｏ－ＳＳＢＮ）」戦力なのではないか。６６７Ｂ型ＳＳＢＮの登場以降、米海軍内部では以上のような仮説が芋づる式に引っ張り出されるようになっていた。

より具体的に言えば、当時の海軍分析センター（ＣＮＡ）は、ソ連の要塞戦略を次のように解釈していた。すなわち、ソ連とＮＡＴＯの戦争が勃発してすぐの段階においては、ソ連海軍はＳＳＢＮを西側の対潜水艦作戦から保護するための戦略防勢を取るだろう。この段階で用いられるのは通常戦力（通常戦争期間）とＩＣＢＭ（核による応酬の第一段階）のはずであり、ＳＳＢＮはさらなる報復攻撃（第二撃）のために温存されなければならないからだ。また、この段階ではまだ破壊の規模が人類の破滅につながるほどではないから、米ソの指導者は戦争終結を模索するはずだと考えられた。とすると、ＳＳＢＮによる第二撃能力を保持しておけば、ＩＣＢＭによる核応酬までで米ソが矛《ほこ》を収めるための交渉材料になりうるので、この意味でもＳＳＢＮの保護は意味を持つ――というものである。このような考え方に基づいて、ＣＮＡは、有事にソ連のＳＳＢＮを攻撃しうる対潜水艦作戦能力を持つことが、核戦争で勝利することはできないとのメッセージをソ連に送ることにつながるとの結論を導き出した。[*46]

だが、SSBNの要塞という考え方には、かなりの反論が寄せられた。ソ連海軍が本当に防勢的な考えに基づいて核戦力の生残性を重視しているなら、高価で巨大なSSBNを建造するより、小型のSSBを多数建造した方が理にかなっているのではないか。また、要塞が機能するには、その内部に侵入してくる敵のSSNを発見できるという確信が持てなければならないが、米海軍でさえ苦労していることをソ連海軍は本当にできるのか。あるいは、誤探知の危険性を排除して確実にSSBNを統制できるだけの指揮統制能力をソ連海軍は本当に持っているのか――この辺りが主要な反対論の根拠であったようだ。また、米海軍の中には、ソ連海軍のSSBNが時折、南大西洋まで進出してくることを以て、要塞戦略は疑わしいとする意見もあった。[*47]

以上の反論に加えて、要塞戦略論には大きな弱点があった。肝心のソ連海軍自身が、SSBNの要塞なる概念をはっきりと主張していなかったことがそれである。当時、米海軍情報局（ONI）はゴルシコフの著作をはじめとしてソ連海軍軍人たちの言説を詳細に研究していたが、その多くはSSBNの役割について曖昧な言及しか行っておらず、まして聖域とか要塞といった明確な言葉でその運用コンセプトを明らかにしてはいなかった。ONIの分析ではSSBNの「戦闘安定性」という言葉が軍事文献に頻出するようになった、ということが要塞戦略論の論拠になっていたのだが、これはソ連側言説の「行間を読み過ぎ」ているだけだと考える米海軍軍人は少なくなかった。[*48]

さらに言えば、要塞戦略の存在を支持する米海軍軍人の中にも、これが過渡的な戦略に過ぎないのではないかという見方が存在していた。要するに、抑止のためには生残性の高い戦略核戦力が存在していればよいのだから、それは何もSSBNである必要はないという考え方である。1970年代当時のソ連では、固定基地に頼らない道路移動式ICBM(後のRT−2PMトーポリ)や鉄道移動式ICBM(同RT−23UTTKhマラジェーツ)の開発が始まっていた。要塞に守られたSSBNはその中の一つとして相対的に重要性が低下していくのではないか、というのである。[*49]

要塞論争の決着

最終的に米海軍がソ連の要塞戦略を認めるに至った契機は未だにはっきりしない。米側の機密解除資料は何らかの「ブレイク・スルー」があったとするものの、それが具体的に何であるのかは明らかにされていないためである。

根拠となった情報源は、通信傍受による「ＳＩＧＩＮＴ（信号情報インテリジェンス）」が圧倒的」であったとされるから、第1章で述べたアイヴィー・ベル作戦が一役買っていたことはたしかであろう。ソ連海軍による演習の活動結果も大きな役割を果たしたようだ。同時に、「ソヴィエト指導部の上層部に対する幾つかの非常に重要なＨＵＭＩＮＴ（人的インテリジェンス）の浸透」があったとされることからして、おそらくはソ連のＳＳＢＮ運用計画を知る人物を買収するような諜報活動も行われていた可能性が高い。真相ははっきりしないが、「ＮＡＴＯとの戦争における海上交通線の阻止に関するソ連の意図と能力」と題されたメモがまとめられ、ＳＬＯＣの切断がソ連海軍の優先任務ではないという見解が公式に認められたのは１９８１年11月のことであった。[*50]

ただ、米国防総省が冷戦期に毎年発行していた報告書『ソ連の軍事力』が初めてＳＳＢＮの要塞戦略について言及したのは、１９８５年版になってからである。「ＭＩＲＶ化ミサイル搭載型を含む弾道ミサイル原潜の３分の２以上は長距離ＳＬＢＭを搭載しており、ソ連近海をパトロールできる。これはＮＡＴＯの対潜水艦作戦からの保護を可能とするものである。加えて、長距離ミサイルは、必要であれば（ＳＳＢＮの）母港からも発射することが可能であり、この状態でも米国のターゲットを打撃できる」との記述がそれだ。

明確に要塞という言葉が登場するのはなんと1988年版になってからで、ここでは「過去10年間、ソ連近海から米国に到達するに十分な射程を持った多弾頭型SLBMが配備されたことで、ソ連はSSBNの大部分を防御された自国近傍の『要塞』、あるいは安全地帯で行動させるよう計画できるようになった。海軍航空隊、水上アセット、潜水艦アセット、固定センサー、機雷原の混成グループは、有事にこれらSSBNの要塞を米国・NATOの対潜作戦から保護するだろう」とされている。

日本の『防衛白書』が、極めて間接的な表現ながらもオホーツク海要塞化の可能性に言及したのが1978年であり、より明確な表現でこれを認めるようになったのが1983年であったことは本章の前段で述べた。これと比べると、米国防総省の報告書が1985年まで要塞戦略に言及しようとしなかったのは、いかにも遅い。ソ連が要塞戦略をとっているということは、その基本戦略が防勢に置かれていると認めることでもあり、そのためには15年もの時間がかかったわけだ。軍事組織の抱くミラー・イメージの強固さがここからは窺われよう。

変化する日米の防衛戦略

いずれにしても、ソ連がSSBNの要塞を築いているらしいということは1980年代初頭には明らかになりつつあり、そのことは必然的に西側の防衛戦略に大きな変化をもたらした。

まず米国について見ていこう。1960～70年代までの米海軍にとっての重点は、戦力投射（power projection）に置かれていた。未だに外洋海軍化の途上にあったソ連海軍は米国の圧倒的な制海権（海洋を自由に利用できる能力）をグローバルに脅かしうる存在ではなく、したがって、海軍の主たる任務はヴェトナムのように米本土から遠く隔たった紛争地域に海を越えて戦力を送り込むこととされたのである。

ところがソ連がバレンツ海やオホーツク海を要塞化し、一時的に米空母機動部隊の接近を阻止しうる可能性が現実味を帯びてくると、状況は大きく変化する。戦力投射、例えばソ連が「海峡をこじ開ける」ために行う揚陸作戦から同盟国を守るための増援の投入能力は依然として軽視されていたわけではないが、それを行うためにはまず、ソ連海軍との高烈度戦闘に勝利する能力が必要とされるようになった。[*51] こうした制海重視の考え方は、1

970年にズムウォルト海軍作戦部長を中心に策定された「プロジェクト60」として米海軍の中に登場し、1980年代には「海洋戦略（maritime strategy）」として結実した。ソ連との軍事的危機がグローバルな高烈度戦争にエスカレートする公算が高いとの想定の下で、空母戦闘群（CVBG）の長距離巡航ミサイルと空母艦載機で要塞を突破・制圧する能力を獲得しようとするものであった。[*52]

日本の戦略変化は、米国のそれと連動しつつ、異なった様相を呈した。オホーツク海の外堀がソ連本土から2000キロメートルにまで広がっていたということは、日本列島北部、特に北海道は最初からその範囲内に含まれるということになるからである。仮に第三次世界大戦が勃発し、自衛隊が早期に作戦能力を失った場合には、米海軍の空母戦闘群が来援する前の段階で勝敗が決する可能性があった。かといって、憲法上の制約を受ける自衛隊は、独自の戦力投射（例えばソ連極東部の航空機・艦艇基地への攻撃）によって制海権を獲得するというオプションを持たない。結果的に、要塞出現後の日本の防衛戦略は、ソ連が外堀を固めるために艦艇・航空機を展開させることを阻止することに重点が置かれ、1980年代にはこれがF－15J戦闘機やイージス艦による防空能力の獲得、P－3C対潜哨戒機による広域ASW能力の強化という形で実現された。また、陸上自衛隊は敵を日本本土に引き込んで戦う内陸持久戦略を転換し、北海道とその周辺の海峡をソ連に明け渡さないための北方前方防衛戦略が採用された。[*53]
オホーツク海の要塞化が、我が国を含めた西側の軍事戦略にいかに大きなインパクトをもたらしたかがここからは読み取れよう。

Ａ２／ＡＤか能動防御か

以上で見てきたソ連の要塞戦略は、現代の軍事用語でいうＡ２／ＡＤ戦略を想起させるものがある。２０００年代以降の中国の海洋戦略を理解するために米国で生み出された概念で、米軍の展開を長距離から阻止するための接近阻止（Ａ２：anti-access）と、接近してきた米軍の活動を妨害するための領域拒否（ＡＤ：area-denial）の二つから成る。これをバレンツ海やオホーツク海の要塞に重ね合わせると、外堀がＡ２、内堀がＡＤに相当する、と言えなくもない。

ただし、Ａ２／ＡＤは、あくまでも中国の戦略に関する米国なりの理解であるから、この用語をそのままソ連海軍の戦略に適用することには慎重であるべきだろう。海上自衛隊の後潟《うしろがた》桂太郎《けいたろう》が著書『海洋戦略論』の中で述べているように、米国が理解するところの

Ａ２／ＡＤ戦略とは、①大規模先制攻撃によって米国の海空軍を中国本土の攻撃が不可能な位置にまで後退させ、②戦争を長期化させることで米国の同盟国防衛を不可能にし、③米国が（中国の確保した領域の）既成事実化を認めるまでの間、米軍のアクセスを拒否し続ける、というところまでを企図したものだからである。[*54] これに対して、ソ連海軍の要塞戦略はＳＳＢＮの防護に特化した、より狭い意味での領域拒否を念頭に置いたものであった。[*55]

もう一つの問題は、Ａ２／ＡＤという言葉が独り歩きを始めてしまった点にある。何やら絶対に突破できない「バリアー」のようなもの（小学生男子がよく空中に出現させているやつ）をイメージさせてしまうからだろう。

だが、Ａ２／ＡＤ網の展開地域は決して「立ち入り禁止地域」を意味するものではない。ダグラス・バリーが述べるように、Ａ２／ＡＤの実際の機能とは「従来ならば妨害を受けることなく機動や行動が可能な、敵対的でないと考えられてきたはずの環境が仮想敵にとって競合的なものとなるよう強制すること」である。[*56] より平たく言えば、Ａ２／ＡＤ網が展開されているからといって米海軍のような有力な海上戦力がすっかり閉め出されてしまうということはあり得ず、作戦は面倒にはなるが不可能なわけではない、ということだ。

例えば米海軍の空母機動部隊であれば艦載機やトマホーク巡航ミサイルによって長距離か

らソ連の防空システムや地対艦ミサイルをある程度まで制圧するというオプションが使えるし、電子戦や欺瞞《ぎまん》手段によって探知自体を無効化するという方法も考えられる。それゆえに、米海軍のリチャードソン作戦部長は「Ａ２／ＡＤという言葉を安易に用いるべきではない」との論考を２０１６年に発表した。[*57]

実際、いかに強力な対艦攻撃能力を持とうと、米海軍を壊滅させるのが不可能であることはソ連側も承知していた。したがって、実際にソ連海軍が想定していたのは能動防御(active defense)の考え方——激しい攻勢を行うことで敵の軍事作戦遂行能力を妨害(損害限定)しつつ消耗を強要し、戦争の最初期段階(ＩＰＷ)で目的が達成できないようにする戦略であったと前出のコフマンは述べる。つまり、このような方法で戦争継続のコストが高いことを敵に認識させ、ソ連にとって受け入れ可能な条件での戦争停止を敵に強要するというのが能動防御の本質であって、Ａ２／ＡＤ的な戦い方というのはこれを戦術レベルから見た場合の話だというのである。[*58]

言い換えるならば、オホーツク海や日本海の要塞とは、あくまでも米海軍との相対的な戦力差の上に成り立つグラデーション状のものであった。優勢なのはあくまでも米国の海軍力であり、これに対してソ連がどれだけの消耗を強要できるかで要塞の城壁は濃くなったり薄くなったりするバーチャルなものである。

このようにしてみると、1980年代の極東における要塞の城壁は、かなり「濃い」ものであったと言えよう。水上戦闘艦艇・SSN／SSGN、爆撃機という外堀の構成要素は北方艦隊に劣らない陣容を備え、内堀にも強力な防衛線が築かれた。だが、それは不断の努力によって維持されない限りかき消えてしまう儚《はかな》いものでもあった。そして、ソ連太平洋艦隊が絶頂期を迎えつつあったこの時期、城壁を維持する力はまさに失われようとしていた。

第3章

崩壊の瀬戸際で

「今は我慢して原子力艦隊を守るべきときです。
私は今はそれを実行しているんです。たとえ国防省が裏切ろうと、
私はロシアに対する義務を果たす」[*1]

アレクセイ・ジーキイ（原子力潜水艦艦長）

夢の終わり――放棄される日本海の聖域

1991年のソ連崩壊は、ここまで述べてきた全てを劇的に変えた。超大国としてのソ連が姿を消したことで、その少し前から終結に向けての機運が高まっていた冷戦は、完全に幕を下ろすことになったのである。

しかも、それは冷戦末期に想定されていたようなソフト・ランディングではなく、激しい衝撃を伴うハード・ランディングであった。国家の崩壊という地政学的な大惨事に加えて、社会主義で運営されていた経済を市場化するという歴史的実験は、ロシア経済に深刻な混乱をもたらした。この結果、ロシア政府の財政は1990年代を通じて極端に悪化し、軍と軍需産業は日々の暮らしにも困る壊滅的な状況に追い込まれた。

太平洋艦隊も例外ではない。国防費の安定的な供給が途絶えたことによって極東の造船所は倒産寸前の状態に陥り、新型艦艇の建造は軒並み中止された。それどころか、既存の艦艇を維持し、戦闘部隊としての訓練を行うことさえ不可能になったため、ロシア海軍は多くの艦艇を退役させざるを得ない状況に追い込まれた。

正確に言えば、太平洋艦隊ではこれ以前から、米ソの軍備管理条約であるSALT－I

（第一次戦略兵器制限交渉）に基づいて旧式ＳＳＢＮの退役が始まっていた。また、１９８８年には第８潜水艦旅団が、１９９０年には第28潜水艦師団と第17作戦戦隊が解散されるなど、ソ連海軍太平洋艦隊の潜水艦部隊がソ連崩壊前から縮小傾向にあったことはたしかである。[*2]

ただ、これらはあくまでも「秩序ある撤退」であった。太平洋艦隊の整理縮小は軍縮や軍事支出の削減という観点から行われたものであって、その戦力は依然として太平洋第２位の巨大なものであった。ところが、ソ連崩壊によって、これが「総崩れ」とでも呼ぶべき状況に陥る。

まずカムチャッカから見ていくと、皮切りとなったのは、１９９２年の第８潜水艦師団の解散であった。続く１９９３年には第45潜水艦師団が、１９９７年には第42潜水艦師団が解散されたことにより、カムチャッカの潜水艦部隊は第10・第25潜水艦師団の２個を残すのみとなった。単純に部隊の数で比べると、往時の５分の２に縮小した計算である。これら第２小艦隊隷下の潜水艦部隊は、１９９８年にカムチャッカ半島内の陸軍・空軍・防空軍部隊とともにロシア北東諸部隊という陸海空統合部隊に再編された。

一方、沿海州に視点を移すと、パヴロフスク湾を母港としていた第21潜水艦師団と第26

潜水艦師団が1996年に解散されており、これによって日本海からは原子力潜水艦部隊が全て姿を消した（これに伴って第4小艦隊自体も隷下部隊を全て失って解散）[*3]。特に第21潜水艦師団はSSBN運用部隊であったから、同師団の解散は、日本海が核抑止力の聖域でなくなったことを意味してもいた。結局、沿海州の潜水艦部隊で生き残ったのはウラジオストクを母港とするSSK部隊、第19潜水艦旅団だけである。これによって上級部隊である第6潜水艦戦隊は解散し、沿海諸兵科連合部隊に吸収された。

「金も、名誉も、将来もない」街

しかも、この間に太平洋艦隊で進んでいたのは、ただの兵力縮小ではない。戦闘部隊としての練度から軍人たちのモラルに至るまで、あらゆるものが崩壊しかかっていた。

『ノーヴァヤ・ガゼータ』紙の記者であったアンナ・ポリトコフスカヤは、2000年代初頭にルィバチーの街を取材している。プーチン政権を鋭く批判する言論を展開し、2006年に自宅アパートのエレベーター内で何者かによって射殺されたことで知られるジャーナリストだ。彼女は当時のルィバチーを「金も、名誉も、将来もない」街と表現した[*4]。

彼女のルポは、アレクセイ・ジーキイという海軍大佐への密着取材の形で綴られている。

プの潜水艦の配備数を割り出した

図９ 1990 年代末におけるロシア太平洋艦隊
潜水艦部隊の構成と配置

出典：図３と同様の手法を用いて、1999年時点における編成と各タイ

ジーキイは当時34歳で、その若さで949A型（NATO名：オスカーII型）SSGNヴィリュチンスクの艦長を務めていた。ポリトコフスカヤが述べるように、折り紙つきのエリート海軍軍人と言ってよいだろう。

なにしろ949A型はソ連崩壊前後に太平洋艦隊配備が始まったばかりの新鋭艦である。それまでの675型シリーズに続いて要塞の外堀を固めるために開発されたもので、1発あたり7トンもある巨大な超音速対艦ミサイル、P－700グラニートを1隻あたりで24発も搭載する。これだけの巨大ミサイルを多数搭載するために船体も巨大化し、水中排水量2万4000トンという、世界で2番目に大きな潜水艦となった。ヴィリュチンスクは太平洋艦隊としては3番目の949A型にあたり、1992年に第10潜水艦師団に配備されていた。

だが、ポリトコフスカヤが描くジーキイの生活はあまりに貧しい。窓の割れた、寂れ切った官舎に暮らし、乏しい配給食料を補うために休日には漁に出る。街の交通手段は機能していないので官舎から潜水艦桟橋までは歩いて通い、艦で出る食事は食べずに家庭に持ち帰る……。

こうした生活は、ジーキイに限ったことではなかった。彼の上官にあたるカムチャッカ小艦隊司令官のヴァレリー・ドローギン少将はボイラーが付いていないお湯なしの官舎で暮らし、その妻はポリトコフスカヤが手土産に持っていった魚のありがたさに涙を流したという。「提督」の暮らしぶりとは到底思われず、それよりも階級の低い将校や下士官・兵は一体どうしていたのだろうと心配になる程だ。

そこで生まれてきたのが汚職である。金になりそうな海軍の備品や燃料を売り払うことで生活の糧とする軍人たちがこの時期から激増するようになったのだ。例えば２００３年５月の『海軍論集』が伝えるところによると、２００２年にはカムチャッカ半島内で海軍軍人が関与する刑事事件が12件発生している。「単純な暴行事件から軍の資産の窃盗・横領に至るまで」がそこには含まれていたというが、[*5]実際には氷山の一角と見るべきであろう。ほんの十数年前まで米海軍を相手に海中で死闘を繰り広げていた原潜艦隊のなれの果てとしては、あまりに惨めというほかない。

人員の質の低下も深刻であった。同じく２００２年の状況を例にとると、この年に太平洋艦隊に配属された新兵２０００人のうち、23％は初等教育（中学校まで）しか受けていないか中等教育（高校）を中退しており、39人は低体重、36人が軍務に耐えられない疾患を持っていると診断された。薬物・アルコール依存のある者や前科のある者はさらに多く、全体として3分の1は使い物にならないという判断もここでは示されている。軍の公式見解がこれなのだから、実際はもっと悲惨な状況だったのだと思われる。[*6]

1960~80年代がゴルシコフ提督の夢をある程度まで具現化した時代であったとすれば、1990年代は、その長い夢の終わりであった。このような状況を見ることなくゴルシコフが1988年に世を去ったのは、まだしも幸せなことであったのかもしれない。

それでも、ポリトコフスカヤの作品に登場する海軍軍人たちの多くは一途《いちず》である。どれほど生活が苦しかろうと、国防省から見捨てられたも同然であろうと、原潜艦隊が復活する日を信じて務めを果たそうとする軍人たちの姿が、ポリトコフスカヤ特有の乾いて暖かい筆致で描かれている。アレクサンドル・ソルジェニーツィンの小説『イワン・デニーソヴィチの一日』に登場する、強制収容所でも共産主義の理想を信じて抑圧に抵抗するブイノフスキー海軍中佐の姿がそこには重なるようであった。[*7]

崩れゆく城壁

とはいえ、金がない以上、原潜艦隊の活動は極めて不活発にならざるを得なかった。ハンス・クリステンセンによると、ソ連のSSBNが行うパトロール活動の頻度は1980

年代半ばにピークを迎え、その回数は年間100回以上に及んだとされる。しかし、1980年代末になるとこの回数は年間60回程度に落ち込み、2000年代初頭のロシア海軍では年間数回（2002年はゼロ回）にまでなっていた。[*8]

しかも、これは太平洋艦隊と北方艦隊を合計した数字である。SSBNの配備数が相対的に少ない前者では、1回もパトロールが行われない年も複数あったのではないだろうか。同じ傾向がSSNやSSGNにも当てはまるとされるから、ジーキイ艦長の指揮する原潜ヴィリュチンスクも、ポリトコフスカヤの取材当時はほとんど稼働していなかったのだろう。再び『海軍論集』に当たってみると、太平洋艦隊の訓練担当幕僚であるユーリー・ヤロシェンコ少将という人物が当時の状況を次のように描写していた。[*9]

曰《いわ》く、太平洋艦隊では燃料不足による訓練の実施がますます困難になっている。それでも2001年にはSSBNその他の原子力潜水艦を動員した演習を実施したのではあるが、燃料不足によって規模を縮小せざるを得なかった。また、訓練不足は乗組員の練度不足を招き、艦隊としての統一的な行動が満足にとれなくなっている。さらに徴兵が思い通りに進まないため、乗組員の数自体も不足しているし、それどころか基地施設のエネルギーが不足しているので艦艇を発電所として使用せざるを得ないのが現状である――ヤロシェンンコの証言は、当時の太平洋艦隊が戦闘能力を云々《うんぬん》する以前の状態に陥りつつあったことを生々しく明らかにしている。

また、『海軍論集』には「当局より」とか「艦隊より」というコーナーが毎号設けられており、各艦隊の活動状況や出来事が簡単に紹介されているが、2000年代には太平洋艦隊についての言及が全くない、という号がしばしば見られる。紹介すべき活動が全くなかったのか、『海軍論集』に報告を送る担当者が空席であったのは定かでないが、いずれにしても全海軍の中でも太平洋艦隊が特に苦しい事情にあったらしい、ということは読み取れそうである。

こうした中で、太平洋艦隊からは大型艦艇が姿を消していった。1143型重航空巡洋艦ミンスクとノヴォロシースク、1144型重原子力ロケット巡洋艦アドミラル・ラザレフ、956型駆逐艦など、第2章で見た有力な水上戦闘艦艇が資金不足から次々と退役に追い込まれていった。さらに1990年代には、「海峡をこじ開ける」ために配備された1174型強襲揚陸艦2隻も退役し、有事に水上戦闘艦艇群を外洋へと展開させるための海峡突破能力は大きく低下することになった。オホーツク海の聖域とこれを守る外堀は、事実上、機能を失おうとしていたことになる。

内堀の状況も深刻になっていた。北方領土の第18機関銃砲兵師団は予算不足によって相次ぐ縮小を余儀なくされ、色丹島から部隊が撤退したこともあり、1990年代半ばの駐留兵力は3500人に落ち込んでいたのである。同師団の兵力は1991年時点で9500人程度とされていたから、3分の1近くに減少した計算だ。

ちなみに、この3500人という数字は、1996年のプリマコフ外相及びグラチョフ国防相の発言として同年版『防衛白書』に掲載されたものである。1997年に訪日したロジオノフ国防相からもやはり北方領土の駐留兵力は3500人であることが日本側に伝達されたほか、2011年段階でも匿名の国防省高官が同じ数字を『インターファックス』に対して挙げているから[*10]、少なくとも2010年代初頭までの北方領土駐留ロシア軍は実質的に旅団規模であったと考えられよう。さらに1993年には択捉島の戦闘機連隊が解散されたことにより、オホーツク海南部からは戦闘機によるエアカバーも消失していた。

また、この時期の北方領土では、軍隊内での反乱[*11]、犯罪[*12]、食糧不足[*13]などが多数報じられており、士気及び規律は相当程度に低下していた可能性が高い。1990年代以降のロシア軍で深刻化し、社会問題にもなった新兵いじめ（デドフシチナ）についてもおそらく例外ではなかっただろう。[*14] 兵隊はいてもロクに戦力になっていなかった可能性が高い。

千島列島中部では、要塞の内堀が完全に消失していた。第2章で見たシムシル島のブロウトン湾基地が1994年に閉鎖されたためである。これにより、同島に配備されていたレドゥート地対艦ミサイル大隊は撤退し、SSKの中千島展開も中止された。

筆者の印象に残っているのは、かつてテレビで見た光景である。ロシア海軍の巨大な水中聴音機が北海道の沿岸を漂流している、というものだ。過去の新聞記事をあたってみると事件が起きたのは2000年8月のことで、海上自衛隊の調査ではドニエストル水中聴音システムの一部であることが判明したという。[*15] 第2章で述べたとおり、ソ連崩壊後に配備された最新鋭システムだが、当時のロシア海軍はもはやこのような巨大装置を管理しきれなくなっていたことを窺わせる。

要塞の城壁は物理的にも崩れ落ちつつあった。もっとも、この時点では守るべき本丸、すなわちSSBNの活動自体が極めて低調になっていたわけであるが。

原潜解体という難問

ところで、これだけ急速に大量の原潜が退役すると、それらをどうやって安全に解体するのかという問題が生じてくる。何しろ原子力潜水艦というのは海中原子力発電所のようなものであるから、これを廃炉するのは通常でもそれなりの難事業である。ましてやそれを国家の崩壊という環境下で実施するのだから、困難は余計であった。

このような状況は西側諸国も承知しており、１９９２年には米国による協調的脅威削減（ＣＴＲ）プログラムが開始された。ソ連崩壊のどさくさに核兵器や核技術が売り払われたり、管理の行き届かなくなった核兵器や原子力潜水艦が事故を起こさないように西側の資金で解体・処理を支援するというものだ。[*16]

ただ、ソ連が冷戦中に建造した２５０隻もの原子力潜水艦全てを解体するのは依然として困難であった。特に使用済み核燃料の処理能力が不足していたため、ＣＴＲプログラムが発動した後も退役原潜の多くは埠頭に係留されたままであり、核燃料の取り出しも行えないままという状況が長く続いた。ロシアのクルチャトフ研究所から提供されたデータを基に日本原子力研究開発機構が２００３年の報告書で明らかにしているところでは、太平洋艦隊から退役した原子力潜水艦合計76隻のうち、この時点までに解体にこぎつけたのは28隻に過ぎなかった。残る退役原潜48隻中、核燃料を取り出せたのは10隻（解体済みと合わせて38隻）であったとされるから、ソ連崩壊から12年を経ても半分の潜水艦は手のつけようのないまま放置されていたことになる。[*17]

この点については、2003年1月の『海軍論集』に非常に具体的な記述がある。この記事によると、1993年には1隻の解体に述べ65万時間が費やされており、米国の支援で造船所の設備が改善された後でも1隻あたり35万労働時間が必要であった。原子力潜水艦の解体は非常に工数を食う作業であり、国防費が逼迫《ひっぱく》していた当時のロシアだけで負担しきれるものではなかったことがここから窺われる。[*18]

また、解体を請け負う造船所の側からすると、この事業のうまみは薄かった。潜水艦を解体した後に残るモーター、ポンプ、熱交換器などの機器は転売して利益にすることが認められていたが、実際にはこれらの機器は古すぎたり、予備部品がないといった理由でほとんど売り物にならなかったからだ。船体から出るスクラップは1000~3000トンになり、これはそれなりに売り物になったようだが、国際規格に合うように切断する作業などは造船所の自己資金なのでコストが嵩《かさ》み、さらに1995年の法改正でスクラップの輸出関税優遇措置が撤廃されたため、結局儲けは非常に薄くなったという。[*19]

また、核燃料を取り出すことができたとしても、今度はその再処理が問題となる。このような作業を行う能力を有していたのはチェリャビンスクのマヤーク工場のみであるが、退役原潜の解体作業が行われていた極東のズヴェズダ造船所（ボリショイ・カーメニ）からは専用の格納容器を建造して鉄道で輸送せざるを得ず、金も時間もかかった。

それにしても、老朽化した原潜の退役・解体はソ連時代にも行われていたはずであるが、当時はどう対処していたのだろうか。結論から言えば、ソ連は処理しきれない原子力艦船由来の放射性廃棄物を1950年代から海中投棄していた。この中には核燃料を装荷したままの原子炉7基、核燃料取り出し済みの原子炉12基が含まれていたというから、原子力大国にしては随分杜撰《ずさん》なことをしていたことになる。さらにソ連は微量の放射能を含む二次冷却水も海洋投棄していたが、この事実は1993年にロシア政府の報告書（ヤブロコフ報告書）によって公にされたほか、同年には極東海域でも投棄が行われていたことが環境保護団体グリーン・ピースによって暴露された[*20]。

こうした状況は、原潜解体事業に対する日本の支援を促した。1990年代には液体放射性廃棄物の処理装置を日本の財政支援で建造することが決まり、2001年から「すずらん丸」としてズヴェズダ造船所で稼働を開始したのに続き、2003年には原潜そのものの解体事業を日露共同で行うと同年の「日露行動計画」に盛り込まれた。「希望の星」と名付けられた同事業の枠内では、2009年までに計6隻の原潜が解体されている[*21]。

また、この時期には、ロシア政府自身も退役原潜の解体を急ピッチで進めた。特にSSBNについては外国の手を一切入れずに自力で解体を行い、現在では退役原潜は全て解体されている。ただ、原子炉自体は70年経たないと解体に着手できないとされており、フォーキノにはそれらを納めた巨大なコンテナが今も並ぶ。

艦隊を支えるパトロンたち

ソ連崩壊後のロシア太平洋艦隊に訪れた大きな変化として、パトロン制度の登場が挙げられる。

当時の太平洋艦隊が、艦隊の維持どころか将兵の生活さえままならない状況であったことはここまで見てきたとおりである。当時の『海軍論集』を見ると、太平洋艦隊の経営する農場が予算の前払いを受けて種子・肥料・農薬などを購入できるようになったとか、これで艦隊にジャガイモや穀物を供給できる見込みが立ったとかいう、なんとも情けない話が掲載されているのが目に付く[*22]。

こうした苦しい状況下で出現したのがパトロン制度であった。艦隊やその隷下部隊、あるいは個別の艦が企業や地方政府と協定を結び、資金や物資の支援を受けるというものである。中でも大きな存在だったのは首都のモスクワ市で、当時のユーリー・ルシコフ市長によって、不足する生活物資から軍人のための官舎建設費用など多額の支援が行われた。[*23]

興味深いのは、後援を受けることになった艦が、艦名を後援者に因んだものに変更するケースが少なくなかったことだ。最も有名なのは、黒海艦隊の潜水艦B－871がロシア最大のダイヤモンド会社「アルローサ」の名を名乗るようになったことだろう。B－871はソ連崩壊後のロシア黒海艦隊に残された唯一の潜水艦だったが、その心臓部であるバッテリーをはじめとする艦内機器が老朽化の極みに達しており、このままでは遠からず稼働不能状態になると見られていた。そこで救いの手を差し伸べたのがアルローサ社で、同社はバッテリー交換費用の半分を負担したほか、困窮していた乗組員たちの生活にも支援が提供されるようになった。[*24]

ただ、単に後援を受けるだけならともかく、海軍の軍艦が企業の名を名乗るというのはやはり特異事例である。より一般的だったのは、地方政府と後援関係を結び、艦名にするというケースであった。太平洋艦隊の場合はSSGNやSSNの多くがこのようにして艦名を変更しており、例えばジーキイが指揮していたヴィリュチンスクは、2011年にトヴェリ州の後援を受けるようになったことを機にトヴェリと改称している。[*25]

困った時の神頼み

一方、この時期の艦隊を精神面で支えたのがロシア正教会である。ドミトリー・アダムスキーが著書『核の正教会』で明らかにしているように、1990年代に苦難の時期を迎えていた軍や核兵器産業は、急速にロシア正教会との関係を深めていった。「困った時の神頼み」という言葉があるが、苦境にあえいでいた当時のロシア軍が頼ったのは、まさに宗教の力であったことになる。

太平洋艦隊も例外ではない。アダムスキーによれば、ルィバチー基地に最初のロシア正教会信徒の集まりができたのは1994年のことであった。基地に勤務する軍人たちの28家族から構成されたといい、帝政時代にロシア正教の守護聖人とされた聖アンドレーエフの名が冠されていた。

もっとも、宗教が否定されていたソ連の海軍基地に聖堂などあろうはずもない。そこで最初は基地施設の中の一室などを礼拝室として使っていたが、1997年には売店を改造した聖堂が作られ、1998年には神父が常駐するようになった。[*26]

これと同じ1998年には、667BDR型SSBNの1隻、K－433がゲオルギー・ポベドノセツ（勝利聖人ゲオルギー）と命名された。ドラゴン退治の伝説で知られるキリスト教の聖人の名である。この当時、K－433は修理のために造船所に送られていたものの、資金不足によって作業は滞り、6年にわたってドックで埃《ほこり》をかぶっていた。その不遇の潜水艦にせめてもの慰めを、ということで聖人の名がつけられたようだ。さらに2003年、ついに修理資金のついたゲオルギー・ポベドノセツが現役復帰すると、最初の航海にはロシア正教会の司祭が乗り組んだ。航海中には20人の乗組員が信仰告白を行い、うち11人が洗礼を受けたという。[*27]

これ以外にも、2000年代の『海軍論集』を見ていくと、太平洋艦隊の艦艇が長期航海から帰投した際にロシア正教会の聖職者が出迎えに加わったり、艦隊の中で宗教行事が行われたという記述が増えていくのが確認できる。ソ連崩壊から10年以上を経て、海軍への宗教の浸透がいよいよ本格化していったのがちょうどこの時期であったのだろう。

さらにやや時代を飛ばして2012年に至ると、太平洋艦隊司令官の下には信仰者担当補佐官というポストが設けられ、元海軍軍人の神父がその任についた。また、これと同じ時期には、太平洋艦隊潜水艦部隊司令官とペトロパヴロフスク・カムチャツキー大司教が出席する「ロシア正教会と潜水艦乗組員のための作業部会」なるイベントまで開催されている。[28]

冷戦後のロシアと核抑止──核兵器依存の強まり

以上で見たように、1990年代の太平洋艦隊原潜部隊は、全く惨憺《さんたん》たる状況にあったと言うほかない。だが、それでもロシアは、核兵器と原子力潜水艦を手放そうとはしなかった。というよりも、ロシアの軍事力が厳しい状況に置かれているがために核兵器への依存を強めざるを得なかったというのが実情であろう。

ロシアを代表する軍事評論家のアレクサンドル・ゴリッツ（ソ連国防省の機関紙『赤い星』で長年記者を務めた）は、2017年、ソ連崩壊後の軍改革史を描いた大著『軍改革とロシア軍国主義』を上梓《じょうし》している。[29] 同書を一読して明らかなのは、1990年代におけるロシアでは軍改革の方向性をめぐって激しい議論や衝突が起きたが、その中でも戦略核戦力の保持という一点では、かなりの程度まで見解の一致が存在したということである。その背景には、テクニカルな理由と、より精神的な理由とが存在していた。

前者は主に通常戦力の壊滅的な縮小と弱体化に関係しており、その中で万一の大戦争を抑止する方法は戦略核戦力以外には存在しなかった、とまとめることができよう。西側で進んでいた軍事力のハイテク化に追いつくことが当時の技術力と財政状況からして困難だったことに加え、ソ連の伝統ともいうべき大規模陸軍（消耗戦略において最も重要な要素）さえ大幅に縮小するほかない状況であったためである。[*30]

したがって、1992年に初代ロシア連邦国防相となったパーヴェル・グラチョフの軍改革案では、世界規模の核戦争から通常戦力までを抑止可能な手段として戦略核戦力を重視するとの方針が採用され、[*31]同人の監督下で策定された初の『ロシア連邦軍事ドクトリン』（1993年公表）でも核の大量報復によって戦争の抑止を図る姿勢が明らかにされた。[*32]すなわち、仮に戦争が起きても自らは先に核兵器を使用することはないというソ連時代の先制不使用（NFU）政策が放棄され、①相手が非核保有国であったとしても、核保有国によるロシア侵略に加わった場合には核攻撃の対象となる、②限定核使用に対しても大規模な核報復を行うとの内容が盛り込まれたのである。[*33]

この点は、1996年に設置された国防会議のバトゥーリン書記によってさらなる発展が図られた。通常戦力の役割は2〜3個軍管区で対処できるもの（地域戦争レベル）までと見切り、それ以上の巨大戦争が発生しそうな場合は、早期に核兵器を使用することで敵の戦争遂行を諦めさせるというものである。[*34]つまり、核兵器の先制使用を行うにしても、それは全面核戦争による勝利を目指すのではなく、戦争終結（war termination）を目的とするという新しい考え方であった。現在の軍事用語でいうところの「エスカレーション抑止（E2DE：escalate to de-escalate）」型核戦略の嚆矢《こうし》とも言えるだろう（E2DE型核使用戦略については第5章であらためて詳しく触れる）[*35]。

ドゥーギンの「縮小版超大国」論

一方、精神的な理由というのは、アレクサンドル・ドゥーギンの見解によく示されている。ドゥーギンは極右思想家として知られ、ロシアのウクライナ侵略が始まった後の2022年8月には何者かに爆殺されかかったことは記憶に新しい（娘のマリア・ドゥーギナはこの件に巻き込まれて死亡した）。

そのドゥーギンが1997年の著書『地政学の基礎』で描いたのは、ユーラシア諸国と戦略的な同盟関係を築くことでロシアが超大国としての地位を復活させるというビジョンであった。具体的にはモスクワ＝ベルリン枢軸（欧州ランドパワーとの同盟による英米シーパワーへの対抗）、モスクワ＝東京枢軸（日本との同盟による英米シーパワー及びその潜在的同盟者である中国への対抗）、モスクワ＝テヘラン枢軸（イランとの同盟による海への出口確保と旧ソ連南部の安定化）の三つである。

興味深いのは、この壮大な構想を展開する上で核戦力の役割が重要であるとドゥーギンが述べている点だ。なんとなれば、上記3つの枢軸を形成するためには、ロシアがそれぞれの同盟相手に対して軍事的な安全保障を提供する能力が必須であって、したがって、戦略核戦力、空母、原子力潜水艦によるグローバルな核抑止力と戦力投射能力の維持・整備が優先されなければならない。「大陸間レベルにおける戦略的ポテンシャルをいかなる犠牲を払ってでも維持すること、すなわち、縮小版でもよいから『超大国』であり続けること」がロシアの国益であるというのがドゥーギンの考えであった。[*36]

もちろん、ドゥーギンは在野の極右思想家に過ぎず、ソ連時代末期には神秘主義的な思想グループに参加した科《とが》で逮捕された経歴も持つ怪しげな人物ではあった（というか現在もそうである）。しかし、ドゥーギンはソ連崩壊後、参謀本部アカデミー校長を務めていたロジオノフ将軍（のちに国防相）の知遇《ちぐう》を得て、同アカデミーの講師を務めるようになっていた。また、ダンロップによれば、その過程でドゥーギンと参謀本部との間には交流が生まれ、『地政学の基礎』の執筆にも参謀本部高官たちが参画していたと言われる。[*37] 誇大妄想的な地政学思想は別として、「縮小版超大国」としての地位を確保するために核兵器と原子力潜水艦が必要であるという見解は、多少なりとも軍部の意見を反映したものと考えてもよいのではないだろうか。

ココーシンの聖域整理構想

ただ、当時のロシア軍にはとにかく金がなかった。とすると、ＳＳＢＮによる核抑止が重要であるとは言っても、それをソ連時代と同じ規模・態勢で実施するのかどうかはまた別の話になってくる。

実は、前述のバトゥーリン書記による軍改革案は、独創ではない。なにしろ同人はもともと法律家なので軍事には暗く、その素案を書いたのはアンドレイ・ココーシン第一国防次官であった。元々が電子工学の教育を受けていながら歴史学の博士号も取ったという変わり種で、冷戦期には敵国研究を担うアメリカ・カナダ研究所（ＩＫＡＮ）で米国の核戦略を研究していた。Ｅ２ＤＥ型核使用というアイデアを実際に発案したのもココーシンであったし、同人の監督下で策定された「２００５年までの国家軍備プログラム（ＧＰＶ－２００５）」でも、重点のひとつは新型ＳＳＢＮを含めた各種新型戦略核兵器の開発に置かれた。さらにココーシンは、「縮小版超大国」の地位を担保するにはグローバルに活動できる海軍が必要だという考えのもと、予算不足で建造がストップしていた1144型(NATO名:キーロフ級)原子力重ロケット巡洋艦ピョートル・ヴェリーキー(ピョートル大帝)の完成にも尽力したことで知られる。[*38]

しかし、ココーシンの軍改革プランでは、北方艦隊と太平洋艦隊の扱いにはっきりとした差があった。前者がSSBNによる第二撃能力を確保するために「北極海要塞」化するとされたのに対し、後者については、「オホーツク海の海上優勢を確保する」と位置付けるに留められたのである。[*39] ココーシンは太平洋艦隊の将来的な戦力組成について何も述べていないものの、北方艦隊に関する記述との差を見るに、オホーツク海からSSBNを全て引き上げようとしていた可能性は非常に高いと考えられよう。つまり、日本海に続いてオホーツクの聖域も放棄し、SSBNによる核抑止任務はバレンツ海(北方艦隊)一本に絞ろうとしていたのではないかということである。ちなみにこれは、ロシアの軍事思想において「要塞」という考え方がはっきり打ち出された初めての契機でもあった。

実際、当時の経済状況を考えるなら、二つの海域にSSBN部隊を維持しておくのはあまりにも負担が大きかったことは間違いない。しかも、冷戦がすでに終結した以上、海からの大量報復能力を保持しておく必要性はどう考えても薄かった。

だが、閉鎖の候補となるのが北方艦隊ではなく太平洋艦隊であるのはなぜだろうか。この点についてもココーシンは明確に述べていないが、一つの理由としては、カムチャッカに原潜基地を維持するコストが非常に高かった、ということが挙げられそうである。

極東に海軍基地を増設し、鉄道でネットワーク化するというスターリンの構想（第1章を参照）は、基地網の整備とバイカル・アムール（BAM）鉄道の全線開通（1989年）によってある程度実現した。といっても、新たに鉄道と接続されたのはサハリンの対岸にあるソヴィエツカヤ・ガワニまでであって、オホーツク海最北部にあるマガダンへの鉄道延伸は実現していない。ましてカムチャッカまでの延伸となればさらに3000キロメートルほども鉄道を敷かねばならず、途方もない費用が掛かることが容易に予想されよう。

つまり、カムチャッカのルィバチー基地は、事実上の「島」であった。原潜基地が必要とするほとんどの資材は船か航空機で運び込むしかなく、したがっていちいち高価であった。これに比べると、早くからソ連最北の不凍港として栄え、鉄道網にも接続されているムルマンスク周辺の北方艦隊は、維持費がずっと安かったはずである。

もう一つの理由としては、外堀の限界点、つまり地対艦ミサイルを搭載した水上戦闘艦艇やSSN／SSGNの進出を阻むチョーク・ポイントとの位置関係が挙げられる。第2

章で見たとおり、冷戦期のソ連北方艦隊にとってのチョーク・ポイントは北大西洋のGIUKギャップであり、逆に言えばその内側まではある程度の行動の自由を見込むことができた。ムルマンスクは北極海と北大西洋に対して開かれていたためである。

だが、太平洋艦隊の場合はそうはいかない。潜水艦は太平洋に面したカムチャッカ半島のルィバチーからそのまま出撃していくことができるが、水上戦闘艦艇の根拠地が置かれたウラジオストク周辺から外洋に打って出るためには、日本の三海峡のいずれかを突破するほかない。冷戦期のソ連太平洋艦隊が水上戦闘艦艇の増強とセットで揚陸作戦能力、すなわち「海峡をこじ開ける」能力の整備を進めたのはこのためであろう。

ところが、ソ連崩壊後の太平洋艦隊の揚陸作戦能力は大幅に低下した。特に痛恨であったのは1174型強襲揚陸艦が資金不足で2隻とも早々に退役してしまったことで、こうなると海峡を占拠し、味方水上戦闘艦艇が通航するまで確保しておける見込みは非常に小さくなる。揚陸艦戦力なしでも外堀にある程度の戦力を送り出しうるバレンツ海要塞の方が、コストの面でも信頼性の面でも優位にあることは明らかであった。

核戦力をめぐる軍内部の暗闘

これに追い討ちをかけたのが1998年の通貨危機である。この年、ロシアはついに債務不払い（デフォルト）を宣言せねばならなくなり、国防費への圧迫はさらに強まった。これは、ただでさえ限られていた予算の争奪がさらに激しくなったことを意味していた。

こうした中で、当時の国防相を務めていたイーゴリ・セルゲーエフは、通常兵器の開発と調達をほぼ停止する一方、装備関連予算の大部分を新型のトーポリ－M ICBMとブラワーSLBMに集中投下することを決定した。[*40] 戦略ロケット軍出身者として初めて国防相に就任したセルゲーエフにとって、苦しい経済状況の中で核戦力の生き残りを優先するのは実に自然な発想であったのだろう。[*41]

しかし、セルゲーエフの極端な核戦力重視路線は、予算を削られる格好となった陸海空軍からの強烈な反発を招いた。陸軍出身者の多い参謀本部も同様である。中でも参謀総長のアナトリー・クワシニンなどは「削るならむしろ核戦力のほうだ」と公然と主張するなど、国防相と参謀総長の対立が誰の目にも明らかになった。予算のほとんどをSSBNに取られることになった海軍もセルゲーエフには不満で、当時のウラジーミル・クロエドフ海軍総司令官とクワシニンとの間では反セルゲーエフの「共同戦線」が生まれたとされる。それまではある程度存在していた、戦略核戦力の必要性についての軍の合意が、経済危機を契機として崩れたのである。

また、セルゲーエフはこの間、陸海空の戦略核戦力全てを統一指揮する新組織、統合核抑止戦力コマンド（ＯＧＫ ＳＳＳ）の設立を画策していた。要は海軍や空軍の運用する戦略核戦力を全て戦略ロケット軍隷下に置いてしまえということであるが、これも参謀本部との対立をさらに激化させるという結果をもたらした。戦略核戦力の指揮は参謀本部の任務だったからである。[*42]

しかも、セルゲーエフは、国家安全保障会議、首相、参謀総長、国防省幹部評議会に一切諮《はか》ることがないまま、この構想に賛同するという覚書をエリツィンから手に入れていた。当時、健康状態の悪化していたエリツィンはほとんど内容を深く理解することなく覚書にサインしたと言われており、事実上はセルゲーエフの提案を鵜《う》呑《の》みにしただけであると見られている。このようなやり方は内容に関する賛否以前の問題であるとして軍内外から強い非難を浴びた。[*43]さらにこの案が通った場合、ＯＧＫ ＳＳＳ司令官は第一国防次官を兼ねるとされており、これは参謀総長と同格に立つことを意味していた。どうもセルゲーエフは単に核戦力の生き残りを図るだけでなく、経済危機のどさくさに紛れて戦略ロケット軍をロシア軍の中核に据えようとしていたようだ。

以上の展開は、1960年代のフルシチョフ政権期に唱えられた核ミサイル重視路線の復活と見ることもできなくはない。ただ、当時の「軍事革命」論が科学技術革命時代の戦争理論という先進的な色彩に彩られていた。これに対してセルゲーエフの核戦略重視路線には、国家が衰退する中でどうにか抑止力を維持するという後ろ向きなイメージがつきまとう。しかも、そこには自分の出身母体に対するあからさまな利益誘導が含まれていたのだから、かつてソコロフスキーが得たような世界的軍事理論家としての評判がセルゲーエフに与えられることはなかった。

こうした激しい権力闘争の陰で、ロシア軍内部では核戦略理論がさらなる発展を遂げていた。バトゥーリン改革の背景にココーシンのE2DE型核使用戦略があったことは前述のとおりだが、この間のロシア軍においては、戦術核兵器を戦闘で積極的に使用すべきであるとの議論が台頭していたのである。

通常戦力が極度に弱体化した中では、戦略核兵器の限定使用だけで敵に戦争終結を強要できるとの確信は持てない。したがって、戦略核兵器によって全面戦争へのエスカレーシヨンを抑止する一方、戦術核兵器によって大規模戦闘を遂行可能な能力を抑止力として機能させるという二段階の核抑止戦略論である。このうちの戦術核兵器に依存した戦闘戦略は、「地域的核抑止」と呼ばれた。[*44]

一方、Ｅ２ＤＥ型核使用戦略も精緻化していた。詳しくは以前の拙著[*45]で紹介したので、ここでは概要を述べるにとどめるが、Ｅ２ＤＥ型の核使用を「デモンストレーション」から全面核攻撃までの６類型に整理したレフシン、ネジェーリン、ソスノフスキーらの１９９９年の論文はその嚆矢とされている。[*46]また、２００２年にルモフとバグメトが公表した論文では、進行中の戦争終結だけでなく、ここに大国が参戦してくるのを阻止するためにもＥ２ＤＥ型核使用が行われうるとされた。[*47]

存亡の危機に立つオホーツク海の聖域――セルゲーエフ＝クワシニン論争の終わり

前節で見たように、１９９０年代末のロシア国防省内部では国防政策の主導権と利権をめぐる対立関係が錯綜し、拗《こじ》れきっていた。しかも、最高司令官であるエリツィン大統領は国防に関心が薄く、こうした状況を打開するための労を積極的に取ろうともしなかったため、ロシア軍改革は停滞を余儀なくされた。

カムチャッカの原潜基地がとりあえず命脈を保った理由の一つはおそらくこれであろう。要するに、何らかの積極的な理由で聖域を保持するとの決定がなされたわけではなく、単に身動きが取れなくなっていたのではないかということだ。財政が逼迫していた当時のロシアでは、国防に関して何らかのビジョンを描くという行為が自動的にどこかしらの取り分を削るということを意味しており、それは前節で見たような軍内部での激しい権力闘争へと繋がっていったのである。

中でも最も激しく見苦しかったのが前述したセルゲーエフ国防相とクワシニン参謀総長の論争であるが、二人の争いはプーチン政権成立後の2000年代にまで持ち越された。この当時、ロシア経済はすでに危機を脱し、国防費もようやく増加へと転じつつはあった。しかし、まず優先されたのは、もはや崩壊しかかっていたロシア軍がどうにか軍事組織として最低限の体裁を取り戻すことであり、軍事力整備に投じ得るリソースは依然として限られていた。核戦力と通常戦力が予算を取り合うという状況は、根本的にはあまり変わっていなかった。*48

では、当のプーチンはどうであったのかと言えば、どちらかの立場に明確に与《くみ》することは避けていた、と表現するのが一番しっくりくるように思われる。そもそも2000年の大統領選に先立ち、プーチンは国防政策に関する明確なアジェンダを打ち出していなかった。また、就任後も国防のグランド・デザインを描くよりは、個別の短期的な問題を一つ一つ解決することをプーチンは好んだ。[*49] プーチンの大統領就任直後には、戦略任務ロケット軍を大幅に縮小して空軍に統合し、代わりに通常戦力を大増強するという独自の軍改革案をクワシニンが売り込んできたが、これについても旗幟《きし》を鮮明にすることはなかった。[*50]

ただ、一国のリーダーとなったからには、国防政策に関して何らかの方針を示さないというわけにはいかない。いがみ合うセルゲーエフとクワシニンの間でプーチンが2000年7月に出した結論は、以下のようなものであった。[*51]

- 核弾頭の配備数はクワシニンが提案する1400発ではなく1500発とし、トーポリ－Mの年産数はクワシニンの提案ほどは削減しない。旧式ICBMも耐用寿命が尽きるまでは退役させない。
- 戦略任務ロケット軍は軍種から独立兵科に格下げして最終的に空軍に統合する。軍事宇宙部隊と宇宙ロケット防衛部隊を独立させる。
- 1997年に廃止された地上軍総司令部を復活させる。

・軍人36万5000人と国防省に勤務する文民10万人を削減する。
・以上の措置によって浮いた予算は一般任務戦力に回す。

一見してわかるとおり、「痛み分け」的な裁定である。戦略核戦力の縮小を小幅にとどめるとともに、36万5000人もの軍人を削減するという方針を打ち出した点は、セルゲーエフらの戦略核重視路線を聞き入れた結果と見えなくもない。しかし、戦略任務ロケット軍の空軍への統合はクワシニンの提案そのものであり、つまりはセルゲーエフがエリツィンに認めさせたOGK SSS構想をはっきり否定するものであった。また、翌2001年3月、プーチンはセルゲーエフを罷免《ひめん》しているが、その後任にクワシニンをつけることはせず（本人は国防相になれるという期待があったようだが）、KGB時代の同僚であったセルゲイ・イワノフを抜擢《ばってき》した。ともかく、このようにしてセルゲーエフ＝クワシニン論争は一応の終息を見たのである。

聖域を救った（?）プーチン

この当時のプーチンがバレンツ海とオホーツク海の聖域をどのように考えていたのかは、

あまりはっきりしない。セルゲーエフ＝クワシニン論争でもあまり争点にならなかったため、この点に関してプーチンが表立って意見を表明する機会は乏しかった。

ただ、のちにプーチンが回顧したところによると、当時、軍からはカムチャッカの原潜基地を閉鎖してはどうかという提案がなされていたようだ。[*53] ２００２年当時の参謀総長からの提案だったというから、つまりはクワシニンのことである。すでに見たように、クワシニンはセルゲーエフの追い落としに成功する一方、ＩＣＢＭ戦力を大幅に削減することには失敗していたので、今度は海軍のＳＳＢＮに目をつけたのかもしれない。ただ、前述したクワシニン自身の軍改革プランでは、海軍の縮小を限定的な規模にとどめること、特に北方艦隊と太平洋艦隊は大国のシンボルとして維持すべきであることなどが謳《うた》われていたから、いかにもご都合主義の印象は否めまい。

いずれにしても、プーチンはこの提案も拒否した。その詳しい理由にプーチンは触れていないが、初期プーチン政権が追求した安全保障政策の一般的な傾向からして、次のように推定できるのではないだろうか。

第一に、就任直後のプーチンは明らかにポスト冷戦型の安全保障政策を模索しようとしていた。西側との大規模国家間戦争に備えるのではなく、領域支配を行う非国家主体との非対称戦争（プーチンが首相として指揮した第二次チェチェン戦争はその典型）や対テロ作戦が今後の重要課題になるという認識の下、兵力の大幅削減や、徴兵制の将来的廃止を、当時のプーチンは前向きに追求していた。２００２年にカムラン湾の９２２ＰＭＴＯの閉鎖を決断したのもプーチンである。

第二に、この頃のプーチンは国防費の増加が経済に与える悪影響にも非常に警戒的であった。それゆえに、第1～2期のプーチン政権（２０００～２００８年）では国防費の対ＧＤＰ比が概ね２・５％程度で固定され、軍や保守強硬派の求める大幅な軍事支出増は認めなかった。

これら二つの点はいずれもソ連型の大規模地上戦力の否定という理論的帰結を導くが、実際、初期のプーチンが模索していた国防政策はこのようなものであった。当時のプーチンは、ガイダル移行期経済研究所などのリベラル派シンクタンクをブレーンとして重用し、軍の反対を押し切って兵力の削減や徴兵制改革（徴兵期間を短縮するとともに、志願兵以外は戦場に送らないとする）を推し進めていたのである。[*54] 約20年後の２０２２年には、そのプーチン自身が第二次世界大戦後最大規模の戦争をウクライナに対して仕掛け、動員令まで発令するのだから、全く皮肉な話ではあるのだが。

だが、兵力削減や徴兵制改革を肯定する以上、万一の大規模戦争にどう備えるのだという反論をほぼ確実に受けることになる。そして、20世紀後半以降のロシアの歴史においては、兵力削減と核兵器への依存が毎回セットで登場してきたことを第1章や本章の前節では紹介してきた。プーチンがカムチャッカのSSBN基地閉鎖を却下した背景には、おそらくこうした反論を予期したという事情があったのではないだろうか。

そして、第三に、プーチンはあくまでも大国主義者でもあった。ロシアは世界的な影響力を持ち、なおかつ外国の意向に左右されない国でなければならない、という点は就任当初から一貫しており、大国としてのシンボル性や戦略的自律性を担保する役割を軍事力に強く求めた。前述したドゥーギンの「縮小版超大国」論を想起させるようでもあるが、つまりは純粋な軍事的有用性を超えたところでも、プーチンがオホーツク海の聖域維持に何らかの意味を見出していた可能性は高いように思われる。

核軍縮で高まるSSBNの役割

より軍事的な見地から言えば、初期プーチン政権下では、SSBNの価値をさらに高める事態が起きていた。1993年に米露が締結した新たな核軍縮条約、STARTⅡ

（第二次戦略兵器削減条約）を、２０００年にロシア下院が批准したのである。[*55]

その目玉の一つは、核弾頭の保有上限の大幅な下方修正であった。１９９４年に発効したＳＴＡＲＴ Ｉ（第一次戦略兵器削減条約）では、米露の戦略核弾頭保有上限が各６０００発とされたのに対し、ＳＴＡＲＴ Ⅱではこれが２００７年までに３０００〜３５００発以下に制限されることになった（第1条第3項）。

しかし、ＳＴＡＲＴ Ⅱがそれ以上に革新的であったのは、ＩＣＢＭへの複数個別誘導再突入体（ＭＩＲＶ）搭載が禁止されたという点にある。ＭＩＲＶ化ＩＣＢＭは比較的少数のミサイルで多数の目標を攻撃可能である一方、先制攻撃を受ければ地上配備型核戦力がごっそり壊滅してしまう可能性を孕んでいた。したがって、軍事的緊張が高まった場合には、攻撃される前に撃ってしまったほうが有利である、という判断が働きかねない。こうした考え方に基づき、ＳＴＡＲＴ Ⅱでは、複数の核弾頭を搭載可能なＩＣＢＭには一切の核弾頭を搭載してはならないことが定められた（第1条第4項）。

米露は事実上、この条約によってＭＩＲＶ化ＩＣＢＭの全廃が義務付けられたのであり、地上から発射可能な核弾頭の数はＩＣＢＭの総数と等しいことになったわけである。その上限は１２００発とされた（第1条第2項）。

これに対して、ＳＬＢＭはＳＴＡＲＴ Ⅱの下でも引き続きＭＩＲＶの搭載が認められた。その上限は２００４年までは２１６０発、２００７年以降は１７００～１７５０発とされたので、数の上でＳＬＢＭの方が抑止力の主力ということになる。

その意義を、『海軍論集』のある記事は次のように説明している。この記事の著者であるクラフチェンコとオフチャレンコによると、冷戦最末期の１９９０年当時、ＳＳＢＮが搭載していたＳＬＢＭ（正確にはその発射管）の数は９４０発分であり、ソ連全体が保有する弾道ミサイル発射装置の38％を占めていた。同様に、ＳＬＢＭに搭載される核弾頭の数は２８０４発であり、これはソ連の全戦略核弾頭の27％に相当した。地上から発射されるＩＣＢＭの発射装置が１３９８発分（全弾道ミサイルの56％）、搭載核弾頭数が６６１２発（同64％）であることを考えると、ＳＳＢＮはソ連全体の核戦力においては「従属的な地位」であったことになる。[*56]

しかし、ＳＴＡＲＴ Ⅱが発効すれば、ＳＳＢＮの地位は大きく変わる。ＭＩＲＶ化ＩＣＢＭの全廃が既に決定し、今後はＩＣＢＭそのものが全廃される可能性さえ考えられるため、ロシアの核抑止力を確保できるのはＳＳＢＮだけだというのである。また、仮にＩＣＢＭが全廃されないとしても、単弾頭しか搭載できないＩＣＢＭを米国の先制攻撃から生き残るに十分な数だけ配備することは非現実的であり、SSBNを増勢することが核抑止力確保の道であると著者らは説く。より具体的には、それぞれ6～10隻から成るSSBN師団を北方艦隊と太平洋艦隊の双方に配備すれば、STARTⅡで定められた上限いっぱい近くの核弾頭を海中でパトロールさせられる、というのが彼らの見積もりであった。

予算不足に苦しむ海軍としては、STARTⅡがいかにも好都合であった、という事情も透けて見えるようだが、MIRV化ICBMが禁止された以上、純軍事的には彼らの言い分に理があることも事実ではあった。

難航、955型

ちなみにこの記事では、SSBN増勢を進めるために第5世代の955型（ボレイ級）SSBNの配備に強い期待が寄せられている。冷戦期に建造された667BDR型と667BDRM型に加えて、10～15隻の955型を新規配備すれば、著者らが構想する海洋配備型抑止力が確保できるだろうというのである。

955型SSBNのルーツは、ソ連が1970年代に計画した第4世代SSBN計画、すなわち667BDRM型の後継計画にまで遡《さかのぼ》る。アパリコフによると、ここで目標とされたのは、６６７型シリーズまでで採用されていた液体燃料式ＳＬＢＭではなく、より扱いの簡単な固体燃料式ＳＬＢＭを搭載する潜水艦を開発することであった。また、当時のソ連では固体燃料式のＲ－39ＳＬＢＭを20発搭載する９４１型ＳＳＢＮの開発が進んでいたが、これは水中排水量が４万８０００トンにも及ぶ超巨大潜水艦（ちなみに人類史上最大の潜水艦でもある）であったため、次期ＳＳＢＮはよりコンパクトで安価なものでなければならないとされた。[*57] この結果として採用されたアプローチが、９４１型用のＲ－39を大幅に小型化したＲ－39ＵＴＴＫｈバルクという新型ＳＬＢＭを開発し、搭載数も12発に抑えることで水中排水量１万５０００トンを目指すというものであった。

だが、問題は、その先だった。野心的な計画であるが故に開発に時間がかかることはあらかじめ想定されていたが、その間にソ連が崩壊してしまったのである。資金不足とサプライチェーンの寸断によって、計画はたちまち空中分解の危機に立たされた。それでも１９９６年には１番艦ユーリー・ドルゴルキーの建造に漕ぎ着けたが、資金不足で建造は遅れに遅れ、バルクＳＬＢＭの開発も難航した。

そこでロシア国防省は１９９８年、バルクの開発を中止して新たな固体燃料ＳＬＢＭの開発を決定する。当時、導入が始まったばかりの最新鋭ＩＣＢＭであるＲＳ－12Ｍ２トーポリーMをベースとすれば、より短期間にコンパクトな固体燃料式SLBMが開発できると期待されたのであった。R－30ブラワーと名付けられたこの新型SLBMは、6発のMIRVを搭載した状態で9300キロメートルを飛行できる性能を有し、弾道ミサイルの命中精度を示す半数必中界（CEP）も小さい。また、バルクよりもさらに軽量であるため、955型なら16発搭載できることも大きなメリットとされた。

だが、955型にはさらなる困難が待ち受けていた。第一に、ソ連崩壊後の軍需産業が見舞われた資金不足は2000年代末以降にならなければ解消されなかったため、955型の最初の2隻（ユーリー・ドルゴルキーとアレクサンドル・ネフスキー）は当初の設計通りに建造することができなくなっていた。この結果、セヴマシュ造船所内で未完成のまま放置されていた2隻の第3世代SSN（971型）から部材や搭載機器を流用して建造を進めることが決まったのだが、これは当初予定されていた最新鋭の原子炉やソナー・システムの搭載を諦めざるを得なくなることを意味していた。

第二に、バルクに代わって開発が決まったブラワーSLBMもまた、開発が難航していた。2004年から2005年にかけて実施された3回の発射試験は成功したものの、翌2006年に実施された3回の試験はすべて失敗に終わった。結局、2000年代中に実施された12回の発射試験のうち、完全に成功を収めたのは1回だけという惨憺たる成績であり、実用化は２０１０年代までずれ込むことになった。

そして第三に、クラフチェンコとオフチャレンコが前提とした状況が大きく変化していた。ＳＴＡＲＴ Ⅱでは、弾道ミサイル迎撃システムの配備を厳しく規制する弾道ミサイル迎撃弾条約（ＡＢＭ制限条約）から米国が脱退した場合にはＳＡＴＲＴ Ⅱそのものを破棄するという付帯条項が付けられていたが、２００２年にはその通りの行動を当時のブッシュ政権が起こしたのである。その翌日、ロシア下院は事前の取り決めに従ってＳＴＡＲＴ Ⅱの破棄を決議した。

もちろん、米露の核軍備管理全体がこれで崩壊したわけではない。１９９４年に発効したＳＴＡＲＴ Ⅰは依然として有効であったから、米露は同条約に定められた核兵器の削減義務に縛られ続けていたし、ＳＴＡＲＴ Ⅱが破棄される直前には、戦略核弾頭の配備数を１７００～２２００発まで削減することを定めたＳＯＲＴ（戦略兵器削減条約）が締結されてもいた。しかし、これらの諸条約にはＩＣＢＭのＭＩＲＶ化を禁じる条項は含まれておらず、したがって核抑止力の中心をＳＳＢＮに置く誘因は大きく低下することになった。

老いゆく原潜艦隊

こうした次第で、SSBN部隊の弱体化には2000年代に入ってもなかなか歯止めが掛からなかった。

ただ、その度合いは一様ではなく、太平洋艦隊の方が遥かに状況は苦しかった。第2章で述べた北方艦隊の優遇傾向は結局、ソ連崩壊まで覆ることはなく、それゆえに同艦隊には比較的新しいSSBNが揃っていたためである。特に1980〜90年代に登場した667BDRM型SSBNは艦齢が若いこともあり、寿命延長改修を受けて現在もほとんどが現役に留まっている。この辺りのメンテナンスの良さは、製造元であるセヴェロドビンスク機械工場（セヴマシュ）がすぐ近くに所在しているという地理的な利点にも支えられていただろう。

また、この間には、搭載SLBMであるR－29RMも順次改良型へとアップデートされていった。2000年代に登場したR－29RMU1スタンツィヤやR－29RMU2シネーワでは、天測・衛星航法・慣性誘導を組み合わせることで命中精度（CEP）が大幅に向上したうえ、後者では射程が1万1500キロメートル以上と、ソ連／ロシア製SLBM

表6　1990年代から2010年代半ばにおけるSSBNの配備数推移

艦隊	SSBN	1990年	1995年	2000年	2005年	2010年
北方艦隊	667A/AU型	11	2	2	0	0
	667B型	10	2	1	0	0
	667BD型	4	2	0	0	0
	667BDR型	4	2	1	0	0
	667BDRM型	7	6	6	6	6
	941型	6	6	4	1	1
	小計	**42**	**20**	**14**	**7**	**7**
太平洋艦隊	667A/AU型	5	0	0	0	0
	667B型	8	1	0	0	0
	667BDR型	8	7	6	5	3
	小計	**21**	**8**	**6**	**5**	**3**

出典：各タイプのWikipediaロシア語版に記載された就役・退役年リストを基に筆者作成

として最長にまで伸びた。R－29RMシリーズの改良はその後も続き、2014年にロシア軍に採用されたR－29RMU－02ライネールでは小型化したMIRVを10発搭載することが可能になっている。

ところが、太平洋艦隊はそうはいかなかった。いい加減に旧式化していた667A／AU型と667B型が早期に退役していったのは、自然の流れではある。だが、それよりは新しい667BDR型でさえ多くが1970年代の就役であり、最も新しいK－44リャザンでも1982年就役と、この時点での艦齢が30年を超えていた。搭載S

LBMだけは、R－29RKU－02スタンツィヤー2という改良型が2006年に導入されていたものの、肝心の搭載母艦である667BDR型は3隻まで減少していたのだから、戦力の低下は如何《いかん》ともしがたかった。このままであれば、プーチンの方針がどうであろうと、オホーツク海の聖域が消失するのは時間の問題であっただろう[*58]（表6）。

また、2000年代末になるとプーチン政権下で続いた好景気は減速し始め、2009年のサブプライム・ローン危機による落ち込みを乗り越えた後は、ロシア経済は横ばいの状態に入っていた。当然、国防費も抑制傾向が強まり、2010年代に入るとオホーツク海の聖域放棄論が再び蒸し返されるようになった。

例えば有力軍事シンクタンクとして知られる戦略技術分析センター（CAST）が2015年に公表した報告書では、逼迫する予算の中で国防費を維持するための方法として、①北方艦隊から667BDRM型SSBNを退役させる、②955型SSBNの調達数を予定の8隻から6隻に縮小する、③2030年代までに海軍のSSBN師団は955型6隻を運用する1個師団のみとすることが提案されている[*59]。CASTは明確に述べていないが、閉鎖対象として念頭に置かれていたのは、太平洋艦隊のSSBN部隊である第25潜水艦師団だったはずである。オホーツク海の聖域は、いまだに非常に不安定な存在であった。

第4章

要塞の眺望

「要塞地帯トハ国防ノ為建設シタル諸般ノ防御造営物ノ周囲ノ区域ヲ云フ」

（明治32年法律第105号「要塞地帯法」第1条）

復活——再び、海へ

いかに財政が苦しかったとはいえ、2000年代後半から2010年代以降のロシア軍をめぐる状況は、以前よりもずっとマシになっていたことはたしかである。景気が悪い、予算が足りない、ということと、1990年代のような崩壊状態は区別して考えねばならない。加えてこの時期のロシア軍では、連邦税務庁長官からプーチンが大抜擢したアナトリー・セルジュコフ国防相の下で大規模な軍改革が進んでいる最中であり、ロシア軍は大きな変動期に入っていた。

実際、2010年代に入る前後のロシア軍では軍人の給与が大幅に引き上げられ、官舎その他の状態も大幅に改善された。例えば原子力潜水艦乗員の給与について見てみると、基本給の引き上げとともに、海上勤務手当、原子力作業手当、艦内での各種役職に関する手当などがそれなりに手厚く付けられるようになり、[*1] 艦長ともなると国防大臣よりも高給を取るようになったのだ、とセルジュコフはメディアの前で胸を張っている。[*2] また、2011年2月の『海軍論集』は、太平洋艦隊の軍人家族用に新しいアパート930世帯分が建設され、今後は軍人のための住宅問題が短期間で解決できるだろうとの見通しを明るい調子で伝えていた。[*3] 最新鋭原潜の艦長が極貧の中で暮らさなければならない時代はもはや過ぎつつあった。

それゆえに、2000年代後半から2010年代初頭にかけては、太平洋艦隊の活動状況にもある程度持ち直しの兆《きざ》しが見えるようになった。特に2010年に実施された東部軍管区大演習「ヴォストーク（東方）2010」の際には、北方艦隊の原子力巡洋艦ピョートル・ヴェリーキーや黒海艦隊の巡洋艦モスクワ（第二次ロシア・ウクライナ戦争の最中、2022年にウクライナ軍によって撃沈された「あの」モスクワである）が極東まで長距離展開し、太平洋艦隊との大規模海上演習を実施している。

また、この時期の『海軍論集』を読んでいくと、ロシア艦が西側の国を訪問したり、その逆のパターンであったりという交流が非常に盛んであったことに驚かされる。米国のABM制限条約脱退（2002年）やイラク戦争（2003年）、東欧へのミサイル防衛システム配備計画（2005年）、そしてロシアとジョージアの戦争（2008年）など、ロシアと西側の間にはこの頃までに多くの軋轢《あつれき》が持ち上がってはいた。ただ、それらは決して冷戦期のような一触即発の軍事的危機を意味するものではなく、現場同士の交流もそれなりに続く、という時代がこの頃には訪れていたのである。

さらに言えば、テロ対策、麻薬・人身売買対策、不拡散政策といった非伝統的安全保障分野において、ロシアと西側の利害はある程度まで合致していた。なにしろ、アフガニスタンで対テロ戦争を行う米軍の補給物資はロシア領を通じて鉄道で供給されていたのだから、[*4]2010年代初頭までの米露が一種のパートナー関係にあったことは間違いない。太平洋艦隊についても、ソマリア沖での海賊対策で西側の海軍との実務的な協力関係が生まれたほか、セルジュコフ国防相の方針で導入されたフランス製揚陸艦の配備が予定されるなど、艦隊を取り巻く状況と雰囲気は大きく変わりつつあった。太平洋艦隊司令部のあるウラジオストク市がAPEC首脳会合の会場に選ばれ、街が様変わりしたのもこの時期のことである。

大演習から読むロシアの極東戦争シナリオ

2014年、ロシアがウクライナに対する最初の軍事介入を行うと、こうした雰囲気は吹っ飛んだ。西側諸国はロシアに対して制裁措置を導入する一方、防衛協力や対話を軒並み中止した。アフガニスタンへの兵站支援やフランス製揚陸艦の導入も全て打ち切られ、米露の対立は冷戦後最悪と言われるまでになった。

演習のやり方も変わった。それまで、ロシア軍が実施する演習は名目上「対テロ演習」とされることが多かった。どう見ても対日米戦争演習や対中国戦争演習であっても、形の上では一応の配慮が働いていたのである。

ところが、ウクライナでの危機の真っ最中に実施された「ヴォストーク2014」はかなりあからさまだった。

同演習は、4年前の「ヴォストーク2010」に続いて行われたもので、人員10万人、戦車1500両、航空機120機、装備品5000点、艦艇70隻が動員された。[*5] さらに興味深いのは演習の実施想定で、ロシア軍の機関誌『赤い星』によると、仮想国家「北方連邦」と島を巡って領土問題を抱える極東の仮想国家「ハンコリヤ」との軍事紛争が発生し、NATOで中心的な地位を占める仮想国家「ミズーリヤ」がここに介入してくるというものであったようだ。[*6] 素直に読めば、北方領土を巡って日本との軍事紛争が発生し、そこに米軍が介入してくるというシナリオである。演習の想定を「対テロ」とするような配慮はもはや消え失せていた。

また、この演習には太平洋艦隊のSSBNも参加しており、「有力な敵対潜部隊が活動する環境下での作戦行動」の訓練が行われたとされている。実際のSLBM発射訓練こそ伴わなかったものの、SSBNによる報復能力を盾として米露の全面核戦争を抑止しつつ、北方領土を巡る局地通常戦争を遂行するというのが全体的な想定であったと思われる。

続く2015年3月には、オホーツク海、北極海、バルト海、黒海の4海域を部隊とする大規模な演習が実施された。演習の中心は北極圏の防衛に置かれていたようだが、その過程ではサハリンへの部隊展開や千島列島での訓練活動も行われたとされるので、「ヴォストーク2014」と同様、進行中の戦争を核戦争にエスカレートさせないという役割を太平洋艦隊のSSBNが担った可能性は高い。

しかも、『共同通信』が「複数の軍事外交筋」の話として報じたところによれば、この演習では「北大西洋条約機構（NATO）軍や米軍とみられる仮想敵が、北極圏の島や北方領土を含む千島列島を攻撃し戦闘が起きた事態を仮定、核兵器の限定的先制使用の可能性を想定していた」という。[*7] とすると、SSBNは単に暗黙の抑止を提供するだけでなく、抑止のために敢《あ》えて限定的な核使用を行うとのシナリオが含まれていた可能性がここからは考えられよう。演習の終盤ではプーチン大統領の指揮下でSSBNにSLBMの仮想発射命令が下されたとゲラシモフ参謀総長が明らかにしていることも、[*8] このような推測を裏付けるものである。1990年代半ばにココーシンが導入したE2DE型核使用戦略は、この頃にはロシア軍の演習シナリオにも組み込まれつつあったことになる。

英雄たちの到来

だが、SSBNの老朽化はこの間も進んでいた。この危機的状況を太平洋艦隊が脱したのは2010年代半ば以降、ソ連崩壊から実に四半世紀後である。ほとんど消滅しかかっていたカムチャッカのSSBN部隊に、ようやく新型潜水艦が配備されるようになったのが、この時期であった。

太平洋艦隊SSBNの近代化に先鞭《せんべん》をつけた潜水艦は、K－550アレクサンドル・ネフスキーと名付けられていた。955型SSBNの2番艦として2004年に起工され、2013年に海軍に就役したばかりという新鋭艦で、13世紀に当時のロシア北東部を治めたウラジーミル大公国の大公から名を取っている。ただ、この頃のロシア極東部には原子力潜水艦を建造できる造船所は一つも無くなっていたから、遠く北極圏のセヴェロドビンスクにあるセヴマシュ造船所で建造され、乗員の慣熟訓練も北方艦隊で実施されていた。2014年11月、ネフスキーはバレンツ海からブラワーSLBMの発射訓練を行ってこれに成功しており、翌2015年春には戦闘即応態勢にあるとの認定がなされた。

ルィバチーの埠頭に停泊する955型SSBNアレクサンドル・ネフスキー。写真のようにセイルが鋭角に尖った形をしているのが955型の大きな特徴である。中日新聞社提供

ネフスキーの船体後部。甲板上には太陽電池パネルのようなものが並べられている。中日新聞社提供

原子力潜水艦用の特別埠頭越しにSSBNウラジーミル・モノマフを望む。手前にはコンクリート製のトーチカが設けられており、警備の厳重さを窺わせる。中日新聞社提供

こうして戦闘艦としての準備を整えたネフスキーが、カムチャッカ半島のルィバチー基地に到着したのは、2015年9月であった。ワシリー・タンコヴィド艦長の指揮の下、北極海の氷の下を4500カイリにわたって潜航状態で突っ切ってカムチャッカ半島まで回航されてきたものである（ソ連/ロシア海軍ではこうした航海を「艦隊間移動」と呼ぶ）。配備先は、くたびれ切った667BDR型ばかりを3隻抱えた第25潜水艦師団であった。

さらに翌2016年、太平洋艦隊にはもう1隻の955型SSBNが第25潜水艦師団に配備された。2006年にセヴマシュで起工された3番艦である。しかも、1～

2番艦が予算不足から第3世代原潜の部材を流用せざるを得ず、そのせいでソナー・システムや原子炉が旧式のままだったのに対して、3番艦は当初の設計通りに完全新規製造された。したがって、書類上の形式名は同じでも、事実上の性能は随分高いはずである。

この、初めての「本当の955型」には、12世紀のキエフ大公にちなんでウラジーミル・モノマフの艦名が与えられた。ネフスキーに続き、またも中世ロシアの英雄に因んだ名前のSSBNということになるが、これはプーチン政権が進めた保守愛国路線を反映したものであろう。と同時に、これらのネーミングは、宝石会社や州政府の後援を受けずともロシア海軍がやっていける時代の訪れを意味してもいた。

2隻の955型が配備されたことで、第25潜水艦師団からは同数の667BDR型SSBNが除籍された。つまり差し引きではSSBN3隻体制には変化はなかったが、質的には大幅な強化であった。何しろ、老朽化の極みに達した667BDR型に比べて2隻の955型は艦齢が若く、稼働率もずっと高かった。さらに搭載SLBMであるブラワーは最大6発のMIRVを搭載した状態で9300キロメートルを飛行可能とされているから、オホーツク海の聖域内から米本土に投射可能な核弾頭の数も遥かに増えたことになる（表7、次ページ）。

表7　世代別に見たソ連・ロシア海軍のSSBNと搭載SLBM

世代	級別	搭載SLBM	SLBM搭載数	各SLBMの搭載弾頭数
第二世代	667BDR型（デルタIII型）	R-29Rシリーズ	16発	3発*
第三世代	667BDRM型（デルタIV型）	R-29RMシリーズ	16発	4-10発**
第四世代	955型（ボレイ級）	R-30ブラワー	16発	6-10発
	955A型（ボレイA型）			

*最新型のR-29RKU-02の場合（数字は製造元のマケーエフ設計局公式サイトより。https://makeyev.ru/activities/missile-systems/）
**ソ連崩壊後に開発されたR-29RMU-2シネーワの場合で4発、R-29RMU-2.1ライネールの場合で10発とされている（出典同上）

ただ、２隻の９５５型は配備からしばらくの間、SLBMの発射訓練を実施しなかった。これについては、２０１５年11月にモノマフがブラワーの発射試験に失敗したことと関係しているのではないかという見方がある。ルィバチーへの「艦隊間移動」を控えた最終訓練として２発のブラワーを発射したのだが、弾頭の一部が意図した海域に落下しなかったのではないかというものだ。あるいは、ルィバチーに９５５型が配備された後もこれに対応するインフラの整備（次節で述べる弾薬庫やミサイル装填《そうてん》施設等）が追いついていなかったという説もあるが、真相は明らかでない。

いずれにしても、２０２０年12月にはモノマフが太平洋艦隊初のブラワー発射訓練を実

ルィバチー基地遠景。カムチャッカ半島への人の出入りはかなり緩和されたが、基地一帯は依然として閉鎖都市に指定されている。中日新聞社提供

施しているので、問題があったとしてもそれは数年で解決されたものと思われる。なお、この訓練は7～8秒の間隔でブラワー4発を連続発射するというものであったとされるから、[*9]発射間隔が20秒であったベゲモート作戦の時代と比べると、技術的進歩は明らかであろう。発射間隔が短いということはそれだけ早くSLBMを撃ちきって回避行動に入れるということである一方、潜水艦の姿勢制御は難しいはずだからである。なお、発射された弾頭は全てアルハンゲリスク州のチジャ演習場に予定通り落下した。[*10]

太平洋艦隊SSBN部隊の将来像

ただ、太平洋艦隊のSSBN近代化はここ

でしばらく足踏み状態に入った。955型SSBNの建造が3隻で打ち切られ、新たに開発された改良型の955A型へと建造がスイッチされたためである。955A型の主な改良点は明らかでないが、水中騒音の低減や搭載機器の近代化が図られているとされ、船体も凹凸を可能な限り排除してより洗練された形状になった。搭載SLBMについてはブラワーの搭載数を20発に増やすと報じられたこともあったが、結局はオリジナルの955型と同じく16発に落ち着いたようだ。

その1番艦であるK-549クニャージ・ウラジーミルは北方艦隊へと配備されたので、太平洋艦隊に955A型が回ってくるのは2022年を待たねばならなかった。同年9月にルィバチーの第25潜水艦師団に配備されたK-552クニャージ・オレグがそれである。また、同艦の配備を以て、最後の667BDR型であるリャザンが退役したため、太平洋艦隊のSSBNは全て955型シリーズで占められるようになった。ちなみにクニャージ・オレグというのは9世紀にキエフ大公国を開いたオレグ公のことで、潜水艦は新しくなるが、その由来は段々古くなっていくというのは面白い。本書執筆中の2023年10月には、太平洋艦隊として2番目の955A型であるK-553ゲネラリシムス・スヴォーロフがルィバチー基地に回航されたほか、さらにもう1隻のインペラートル・アレクサン

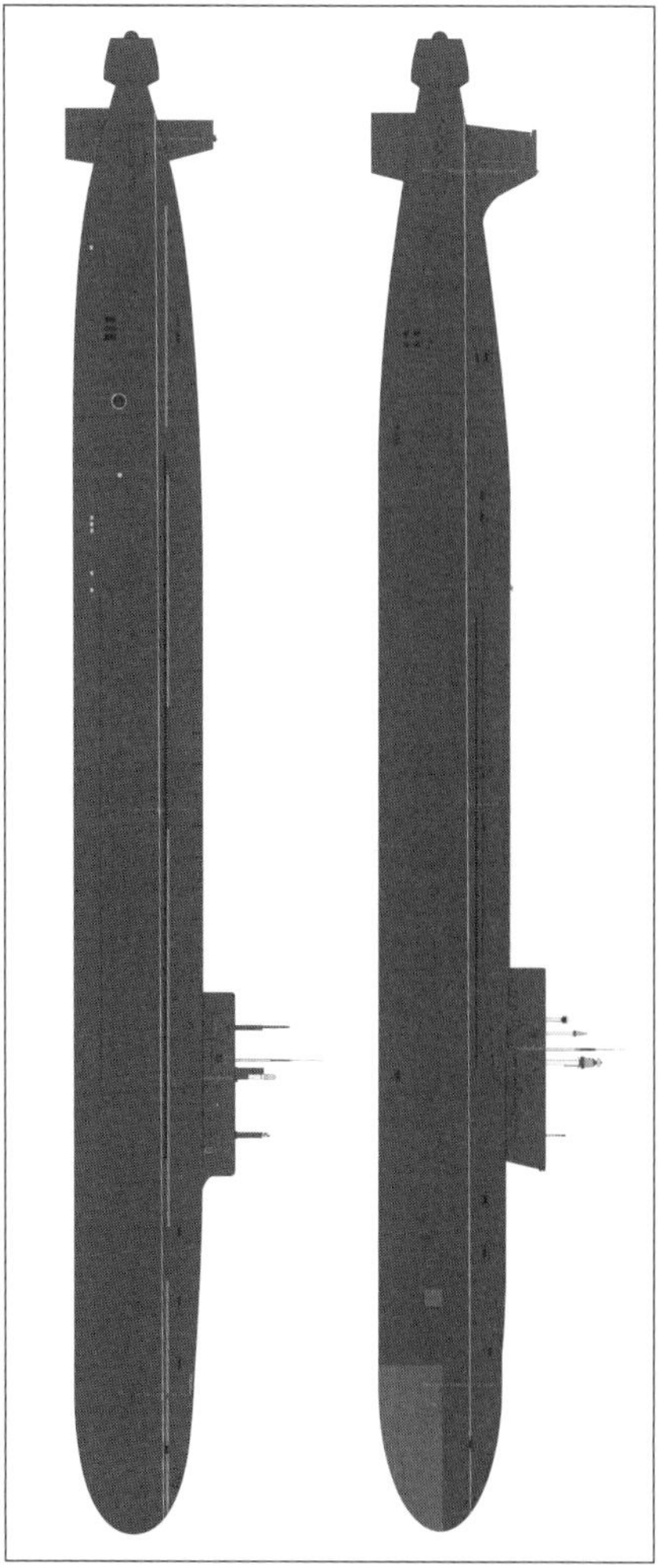

第四世代SSBNとして登場した955型（右）とその改良型である955A型（左）。どちらもブラワーSLBMを16発ずつ搭載する

表8　現在までに就役・起工済みの955/955A型SSBN一覧

	艦名	起工（年）	進水（年）	就役（年）	配備先
955型（09550型）	ユーリー・ドルゴルキー	1996	2008	2013	北方艦隊
	アレクサンドル・ネフスキー	2004	2010	2013*	太平洋艦隊
955型（09551型）	ウラジーミル・モノマフ	2006	2012	2014*	太平洋艦隊
955A型（09552型）	クニャージ・ウラジーミル	2012	2017	2020	北方艦隊
	クニャージ・オレグ	2014	2020	2021*	太平洋艦隊
	ゲネラリシムス・スヴォーロフ	2014	2022	2022*	太平洋艦隊
	インペラートル・アレクサンドルIII	2015	2023	2023*	太平洋艦隊
	クニャージ・パジャルスキー	2016			北方艦隊
	ドミトリー・ドンスコイ	2021			北方艦隊
	クニャージ・ポチョムキン	2021			北方艦隊

*就役年はロシア海軍に引き渡された年であり、実際にはその後に慣熟訓練期間が設けられるため、ルィバチー港に配備されるのはそれから約1年後となる

ドルⅢがすでに洋上試験に入っていると伝えられる[*11]（表8）。

これらを踏まえるなら、2020年代後半の太平洋艦隊SSBN部隊は955型2隻と955A型3隻から成る計5隻で構成されることになろう。質的な近代化に続いて、ついに量的な拡充のフェーズが始まったということである。

これ以降については、確定的なことはまだ明らかでない。アレクサンドルⅢ以降に起工された3隻の955A型はいずれも北方艦隊配備と伝えられており、おそらくは667BDRM型を順次更新していくことになると思われるが、ロシア海軍はさらに2隻の955A型を追加建造する意向であるとされる。仮にウクライナでの戦費が嵩む中でもこの2隻の起工が行われ、1隻ないし2隻が太平洋艦隊に配備されるなら、2030年代前半には実に6〜7隻の955/955A型がカムチャッカ半島を根城とすることになろう。これは現在の北方艦隊とほぼ同規模のSSBN部隊が太平洋艦隊に配備されることを意味する（図10、次ページ）。

掘り直される外堀

近代化されているのはSSBN部隊ばかりではない。2022年に初の955A型が配

図10　ロシア太平洋艦隊におけるSSBN戦力の推移

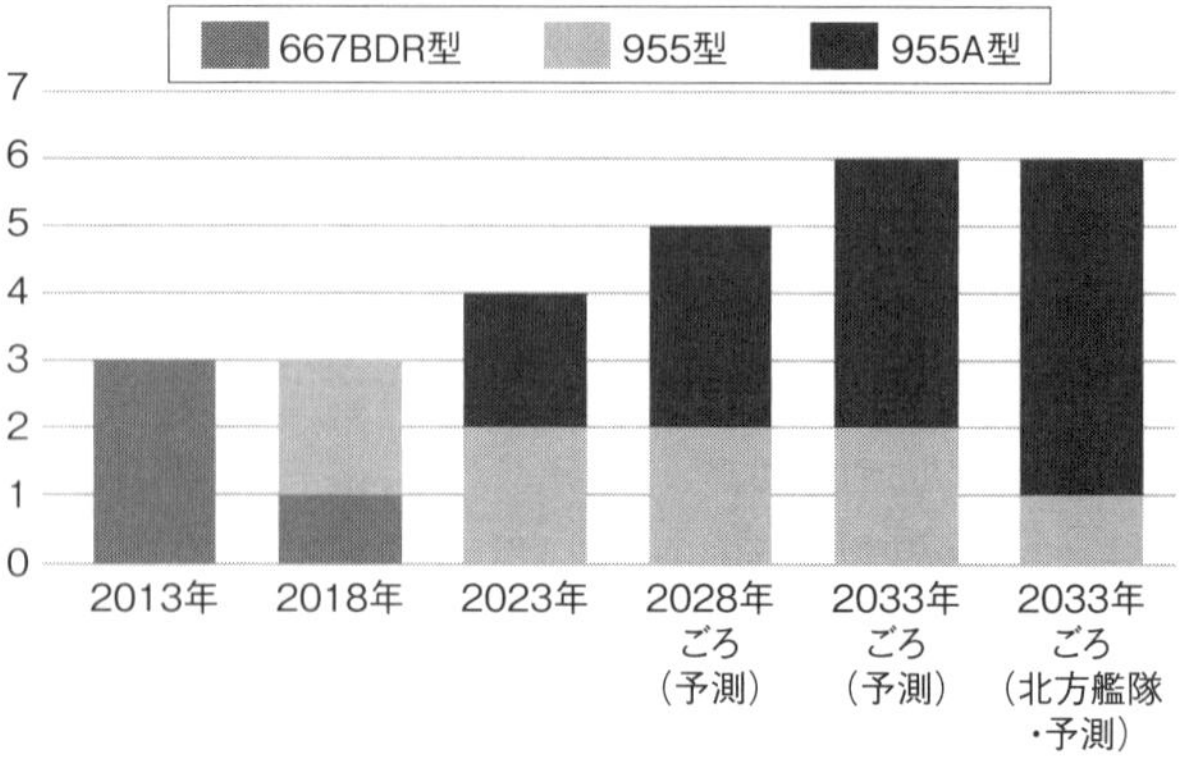

出典： IISS, *The Military Balance* 各年度版及び各種報道より筆者作成
2033年時点については、955A型の未起工分のうち2隻が太平洋艦隊と北方艦隊に1隻ずつ按分されると想定した

備されるのとほぼ時を同じくして、ルィバチー基地には太平洋艦隊初の885M型（ヤーセンM型）多用途原子力潜水艦であるK－573ノヴォシビルスクが配備された。配備先はSSNやSSGNを運用する第10潜水艦師団とされた。

「はじめに」で述べたように、多用途原潜というのはSSNとSSGNの任務をどちらもこなすことが可能な潜水艦のことである。ただ、従来の多用途原潜ではミサイルも魚雷も一緒くたに搭載されており、両者は弾薬庫の容量を取り合う関係にあった。そこで885M型では艦の背中に8本の垂直ミサイル発射管（VLS）を搭載するという方式を採用し、弾

巨大な949A型SSGNも巡航ミサイル母艦へと改修されている。提供／十月工廠（@chihaken96）

薬庫は全て魚雷に譲り渡した。これと同じような方式は米海軍がロサンゼルス級ＳＳＮの後期建造型で採用していたが、８８５Ｍ型の場合はオーニクス対艦ミサイルから対地攻撃用のカリブル巡航ミサイル、さらに将来的にはマッハ８の速度を発揮可能なツィルコン極超音速対艦ミサイルを合計数十発搭載可能であるとされ、多用途性はずっと高い。２０２０年代中にさらに3隻の８８５Ｍ型が太平洋艦隊に配備されることが見込まれている。

また、ソ連崩壊前後に配備された5隻の９４９Ａ型ＳＳＧＮ（ジーキイ艦長が指揮していたヴィリュチンスクもその1隻）についても、近代化改修が図られている。巨大なグラニート超音速対艦ミサイルを降ろす代わりに、空いたスペースに885M型と同じVLSを多数並べるというものだ。この改良型は949AM型と呼ばれ、本書の刊行時点では2隻が改修工事を受けている最中と見られる。

これに対して、大型水上戦闘艦艇の更新はほとんど進んでいない。2010年代に入って以降、黒海艦隊や北方艦隊には11356M型や22350型（アドミラル・ゴルシコフ級）といった新型フリゲートが配備されたが、太平洋艦隊には一隻も回ってこなかった。現在の太平洋艦隊が保有する大型水上戦闘艦艇は、どれもソ連時代に設計・建造された1164型巡洋艦ワリャーグや1155型（ウダロイ級）大型対潜艦など6隻に過ぎない。「海峡をこじ開ける」ための上陸作戦能力も、フランスからのミストラル導入失敗で改善されておらず、こうなると有事の海峡突破も現状では困難であろう。

ただ、2020年代中には、22350型フリゲート3隻と23900型（イワン・ロゴフ級）強襲揚陸艦1隻、11711型大型揚陸艦2隻などの配備が計画されている。この間にソ連時代の旧式艦が順次退役していくとしても、ごく小規模な戦闘艦艇グループを外洋に進出させることは可能であるかもしれない。

内堀をめぐる動き

バール（右）とバスチョン（左）。筆者撮影（2018年）

内堀でも新たな動きが始まっている。地上配備アセットと海洋配備アセットとに分けて見ていこう。

地上配備アセットの中でまず始まったのは、ソ連時代に配備された古い地対艦ミサイル・システムの更新で、3K55バスチョン及び3K60バールの二種類が2015年から順次配備されていった。前者のバスチョンはソ連時代のレドゥートを直接代替するものであり、1両の発射機から射程300キロメートルのオーニクス超音速対艦ミサイル2発を発射することができる。一方、バールから発射されるウランはスピードの遅い亜音速ミサイルで、射程も120キロメートルほどでしかないが、1両の発射機に最大で8発も搭載することが

図11　オホーツク海のA2/AD網

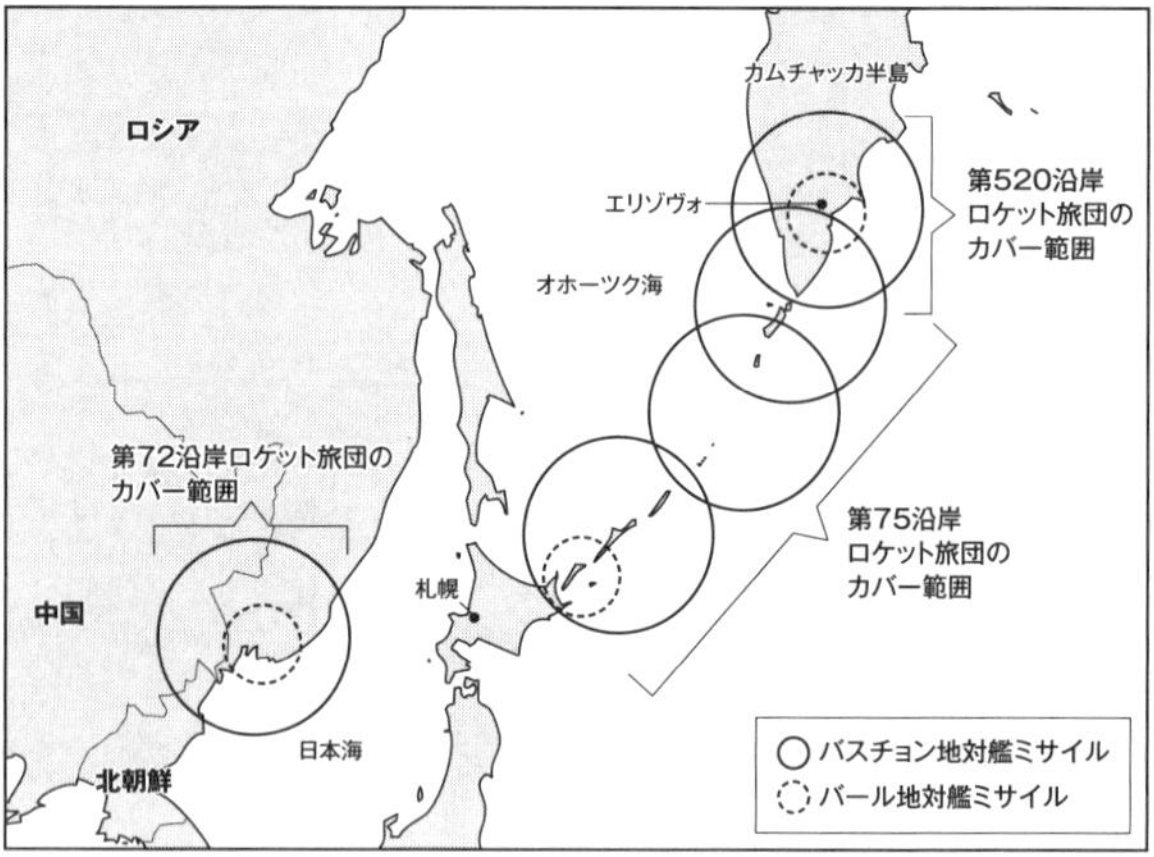

可能、というのがウリである。

時系列的に見ると、バスチョンとバールの配備の配備は2015年に始まった。ウラジオストク近郊のスモリャニノヴォに駐留する第72沿岸ロケット旅団が両ミサイル・システムを運用する混成部隊となり、2016年にはその一部が北方領土の択捉島（バスチョン1個大隊）と国後島（バール1個大隊）にも分遣された。続く2017年にはカムチャッカ半島の第520沿岸ロケット旅団も同様にバスチョンとバールを受領しており、2021年には前者の一部が中千島のマトゥア島に、2022年は北千島のパラムシル島に分遣されている（いずれもバスチョン）。なお、未確認ながら、これらの地対艦ミサイル部隊は第75沿岸ロケット旅団と呼ばれる新たな部隊に再編されたようだ[*12]。

　これによって千島列島は再び対艦ミサイルの射程ですっぽりと覆われることになり、あとはオホーツク海南部の出入り口を扼《やく》するサハリンにも地対艦ミサイルが配備されれば、冷戦期の内堀はほぼ復活することになる。これらを経空脅威から防衛するための防空システムも順次強化されており、2010年代にはS－400防空システムがウラジオストク周辺、カムチャッカ半島、サハリンに相次いで配備されたのに続き、2021年末にはS－300V4防空システムが択捉島に配備された。

　また、2023年には、シムシル島に飛行艇基地の建設が可能かどうかの調査が行われると報じられた。ソ連崩壊後に放棄されたブロウトン湾で飛行艇を運用することが念頭に置かれており、調査は太平洋艦隊水路局とロシア地理学協会、ズボフ記念国立海洋研究所が合同で行うとされている[*13]。

　問題は、飛行艇に何をさせるかだ。シムシルに飛行艇の運用基盤ができるなら、オホーツク海で艦船や航空機が遭難した場合の捜索救難（SAR）を行う上でたしかに便利ではあろう。しかし、ロシアでは数年前から中千島に海軍基地を建設する構想が繰り返し取り沙汰されており、前述したマトゥワ島やパラムシル島へのバスチョン配備はその一環と見られる。ただ、冷戦時代のように艦艇を常駐させるかどうかについてはコスト面で否定的な意見が多く、[*14] ウクライナでの戦争で戦費が嵩む中、ロシアがどこまでこの構想を推し進めるのかが今後の焦点となろう。

カムチャッカに秘密工作潜水艦部隊が?

カムチャッカ半島に新たな原子力潜水艦を装備する師団が間も無く設置されるとの報道が、近年、相次ぐようになった。第25潜水艦師団と第10潜水艦師団に次ぐ、3番目の潜水艦師団である。

ロシア国防省はこの情報を説明も肯定もしていないが、ロシアのメディアによると、この師団に配備されるのは09852型特殊任務原子力潜水艦ベルゴロドであるようだ。[*15] その正体もまたはっきりしないものの、未完成のまま放置されていた949A型SSGNの船体を流用したらしいことは形状からして明らかであり、艦首には通常の魚雷発射管よりも遥かに大きな口径の発射管が2本穿たれているのが確認できる。ロシア海軍はこれと同様の巨大発射管を備えた原子力潜水艦をさらに2隻建造中で、そのうちの1隻、0985

2型特殊任務原子力潜水艦ハバロフスクはやはり太平洋艦隊配備になると報じられている。[16]

これほど大きな発射管を必要とする兵器としてまず思い当たるのは、ロシア軍が開発中の2M39ポセイドン原子力無人水中艇（UUV）である。2018年3月の議会向け教書演説でプーチン大統領が存在を明らかにした6種類の新型兵器の一つで、この際の説明では、敵艦隊や沿岸都市を大威力核弾頭で破壊する「核魚雷」と位置付けられていた。[17]さらにプーチンは、ポセイドンの静粛性が極めて高く、非常に深く潜れるため、現時点ではこの兵器に対抗できる手段はどの国にも存在しないと述べ、「まったくSFみたいでしょう」と胸を張った。

冷戦期に実用化された核魚雷は基本的に小威力核弾頭を搭載したものであり、プーチンが言うような、艦隊や都市を丸ごと吹っ飛ばせるようなものではなかった。ただ、そのような構想がなかったわけではない。ソ連における「原爆の父」、アンドレイ・サハロフ博士が構想したT－15核魚雷計画がそれで、実に100メガトンという人類史上最大威力の核弾頭を巨大な魚雷に搭載し、その爆発によって引き起こされた津波で沿岸の都市や重要施設を押し流してしまおうというものであった。さすがにアイデアとしてクレイジーすぎて実現することはなかったが、現在のロシアがこれと同じようなことを思いついてもおかしくはない。
ただ、プーチンのいう核攻撃任務は、ポセイドンが持つ用途の一部に過ぎないと見られる。その母艦第1号であるベルゴロドの建造には、深海調査総局（ＧＵＧＩ）が関与しているとされるからだ。[*18] ＧＵＧＩというのは第1章で紹介した秘密海中調査機関、ツェントル19を２００８年に改組したもので、その要員には現在も「共産党員であること」を除いて宇宙飛行士並みの厳しい選抜条件がつけられているとされる。[*19]
ソ連崩壊後、ツェントル19／ＧＵＧＩの活動は予算不足と「ママ潜水艦」の老朽化によって著しく不活発になり、２０１１年に北極海底の調査を行って以降はほぼ停止状態に陥った。[*20] ただ、２０１６年になってから６６７ＢＤＲＭ型ＳＳＢＮ改造の「ママ潜水艦」、ＢＳ－64ポドモスコヴィエが配備されたあたりから、ＧＵＧＩは本格的に再始動したようだ（その運用部隊である第29潜水艦旅団も２０１８年に師団に格上げされた）。ベルゴロドはこれに続く新たな「ママ潜水艦」である可能性が高く、とするとポセイドンも単なる核魚雷というより、有人の水中調査艇が担っていた任務を一部代替する無人センサーのようなものではないか、という可能性がここからは浮上してこよう。
これについては、『イズヴェスチヤ』紙が２０１６年に興味深い記事を掲載している。

水中聴音機を取り付けたUUVを世界中の海に展開させて、艦艇や低空飛行する航空機の所在さえ掴めるようにするガルモニヤ（ハーモニー）と呼ばれるシステムの構築をロシア国防省が進めているというものだ。[*21] この時点ではガルモニヤ・システムを構成するUUVは電池駆動式とされていたが、ポセイドンはこれを原子力化し、長期間にわたって海中で音響情報を収集するために用いられるのかもしれない。

何より興味深いのは、前述のとおり、ポセイドンの搭載母艦2隻が太平洋艦隊に配備されると見られていることだ。第1章で見たように、冷戦期のツェントル19はもっぱら北方艦隊の担任エリア内で活動していたと見られるから、これが事実なら太平洋艦隊にとって新しい展開となる。

衛星画像で読み解くロシア原潜艦隊——ロシア原潜の根城を宇宙から覗く

ロシア太平洋艦隊原潜部隊の現況と近い将来についての見通しが概ね把握できたところで、今度は、その活動実態に迫ってみたい。

もちろん、潜水艦の行動はどこの国においても最高機密であって、例えば海上自衛隊が保有するすべての潜水艦がどこにいるのかを把握している人間はほんの数人に過ぎないとされる。この点はロシア海軍についても同じで、カムチャッカの原潜艦隊に関する行動状況はほとんど明らかにされていない。

ただ、近年では高分解能の衛星画像が商用化されたことにより、潜水艦が埠頭にいるのかいないのか、という程度のことはほぼリアルタイムでわかるようになってきた。各国の政府機関や研究機関はもちろん、筆者のような「特殊一般人」でさえ、ちょっとした金を払えばロシアの原潜基地を覗き見ることが可能となったのだ。しかも、その分解能は最良で50センチメートルと、日本政府が運用している情報収集衛星（ＩＧＳ）にやや劣る程度にまで迫っている。さらに本書では合成開口レーダー（ＳＡＲ）衛星の画像も使用し、悪天候などで光学画像が得られない期間についても、可能な限り観測に穴を空けないようにした。

これらの宇宙からの目と地上で刊行される公開情報を組み合わせるなら、秘密のヴェールに包まれたロシア原潜艦隊の活動状況もうっすらとは読み解けるのではないか。このような目論見にしたがい、本節では、筆者の契約している衛星画像サービスを用いた「勝手偵察活動」の成果を披露してみたい。

「物騒な潜水艦基地」

まずは、太平洋艦隊原潜部隊の根城であるカムチャッカ半島のルィバチー基地とその周辺について詳しく把握することから始めよう。これら一帯は全体が原子力潜水艦の活動をサポートするコンプレクス（複合体）として構成されており、要塞の本丸と言える。

ルィバチー基地は、カムチャッカ半島南端の太平洋側に穿たれたアバチャ湾にある。南東に開いた湾口からの奥行きは概ね20キロメートル、差し渡しは19キロメートル弱というところであるから、東京湾と比べると奥行きは約3分の1、差し渡しはほぼ同じくらいであろうか。ルィバチー基地が置かれているのはこの湾の南側を扼すようにして突き出したクラシェンニコフ半島の南側であるが、これだと湾内を航行する一般の船舶や対岸の市街地（ペトロパヴロフスク・カムチャッキー）からは半島が目隠しになってくれるので、潜水艦基地としては絶妙のロケーションと考えられたのであろう。

だが、Google Earthのような無料の衛星画像サービスが普及している現在では、（少し古い情報にはなるが）基地の全景は簡単に知られてしまう。ウラジオストクの潜水艦埠頭に至っては、新しくできた道路橋から丸見えだ。ロシア海軍としても、潜水艦埠頭がどこに

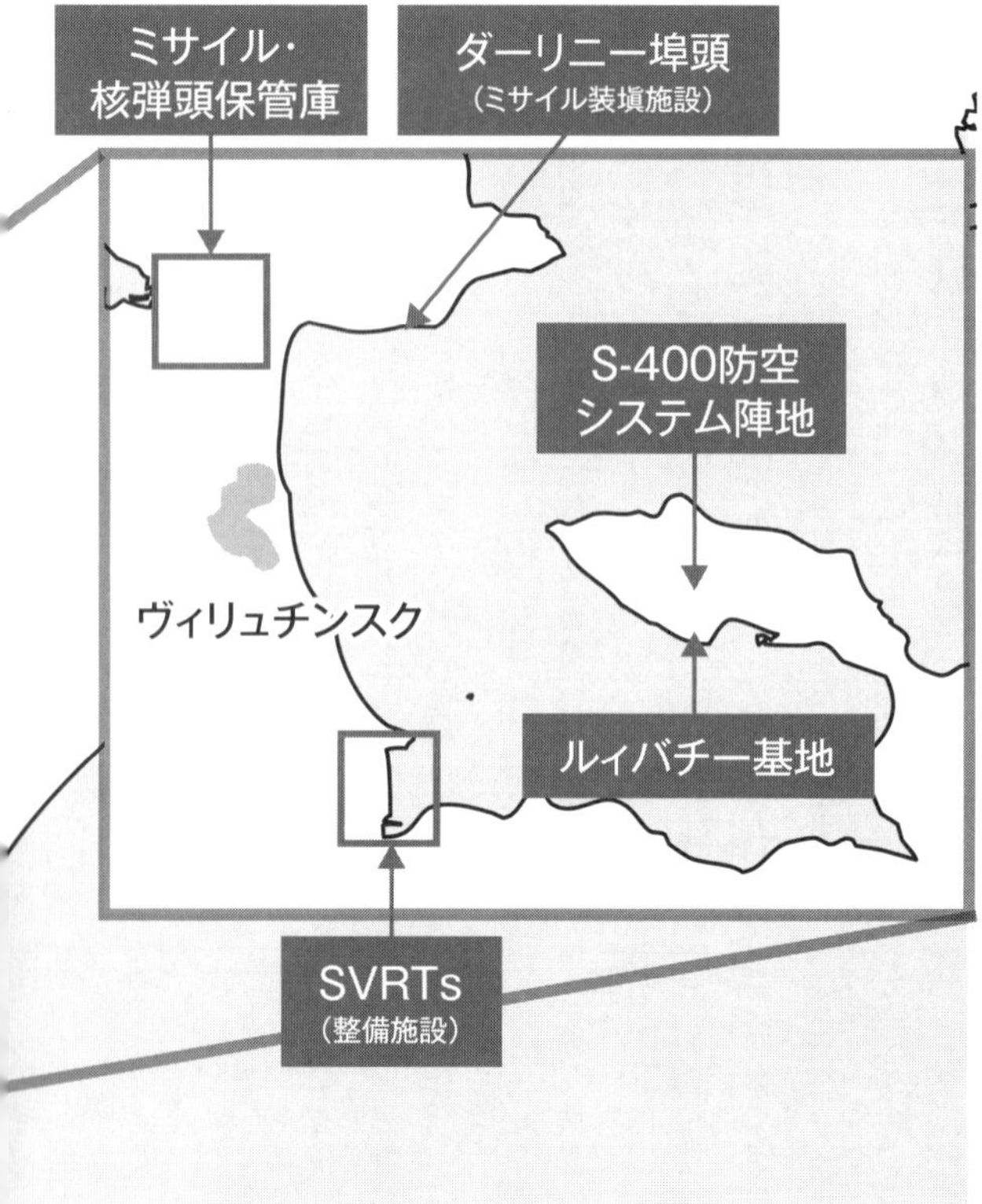
ミサイル・
核弾頭保管庫
ダーリニー埠頭
（ミサイル装填施設）
S-400防空
システム陣地
ヴィリュチンスク
ルィバチー基地
SVRTs
（整備施設）

図 12　カムチャッカ半島のルィバチー基地

パンツィリ-S1短距離防空システム（手前）とS-400長距離防空システム（奥２両）。普段は潜水艦埠頭の背後にある丘の上に陣取っている。中日新聞社提供

あるのか、そこに潜水艦が何隻停泊しているのかを衆目から隠すのは、もはや不可能だと考えているのだろう。何しろGoogle Earthでルィバチーを表示すると「Russia's Hornets' Nest Submarine Base（ロシアの物騒な潜水艦基地）」というキャプションが出てくるのだから、何をか言わんやだ。

そこでこの「物騒な基地」を画面越しに覗いてみると、司令部などの施設が並ぶ埠頭と、そこから伸びた大小11本の桟橋が見える。継続して見ていくと、これらの埠頭は概ね役割が決まっているようで、一番東側の３本がタグボートや輸送船の停泊する埠頭、その次の３本がＳＳ

BN用、次の3本がSSNやSSGN用とされていることがわかる。

　すると埠頭が2本余るが、これらはまだ建設中で、おそらくは前節で述べたGUGIの特殊任務原潜が使用することになるのだと思われる。北方艦隊の第29潜水艦師団が拠点とするオレニヤ・グバーでは「ママ潜水艦」の隣に「子供」たちがもやわれていることが衛星画像で確認できるので、今後、ルィバチーでも同じような光景が確認されるなら、ベルゴロドやハバロフスクがGUGIの所属艦であることが証明されるだろう。

　埠頭の背後は切り立った丘になっており、頂上には防空システム陣地が設けられている。ルィバチー基地を守るこの防空システムもかつては老朽化が著しかったが、2015年には最新鋭のS－400がまるごと1個連隊（第1532高射ロケット連隊）配備された。このタイミングからしても、955型SSBNの配備と同期してオホーツク海周辺の色々な場所で防衛体制の強化が進んだことが窺われよう。

　ちなみに、『東京新聞』は2022年、このルィバチー基地のルポを掲載した。その前年10月にロシア国防省主催のプレスツアーに小柳悠志《こやなぎゆうじ》記者が参加した際のものだが、日本のメディアがルィバチーに入ったのはおそらくこれが初めてであり、[*22] 第二次ロシア・ウクライナ戦争後の日露関係の冷え込みを考えるに、当面は最後のものであると思われる。

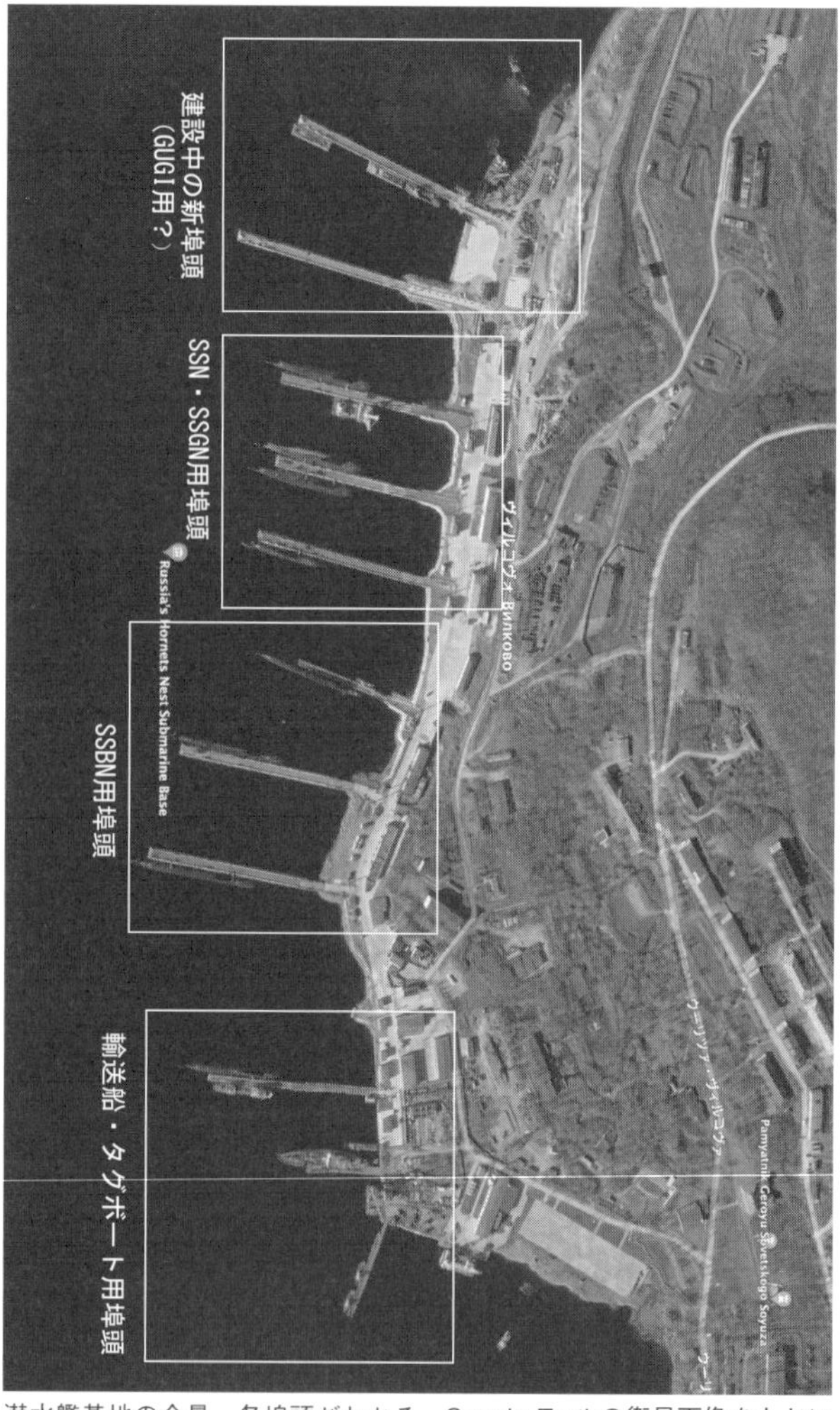

潜水艦基地の全景。各埠頭がわかる。Google Earthの衛星画像をもとに筆者作成

その模様は小柳記者の記事でも紹介されているが、原潜埠頭に向かうバスは窓がカーテンで目隠しされ、あたりでは保安要員が目を光らせるという非常に物々しい状況であったようだ。[*23] さらに小柳記者本人から話を聞いてみると、SSBNが係留された桟橋の入り口には、基地に入るための検問所とは別にそれぞれの検問所が設けられていたというから、核兵器を常時搭載した潜水艦ならではの厳重さも窺われる。

核の弾薬庫

ルィバチー基地から見てアバチャ湾の北西側に位置するヴィリュチンスクには、山を切り拓いた巨大な弾薬庫群が広がっている。収められているのはSSBNに搭載されるSLBMやその搭載核弾頭であるから、「核の弾薬庫」ということになる。

弾薬庫はいずれもコンクリート製の分厚い天蓋に土を被《かぶ》せた掩体《えんたい》構造となっており、その出入り口はどれも微妙に方向をずらして設置されているのが目に付く。理由ははっきりしないが、おそらくは爆発が発生した場合、爆風が他の弾薬庫を直撃しないようにとの配慮であろう。核弾頭の直撃を受けた場合にはどうにもならないだろうが、通常弾等の攻撃でSLBM用燃料が誘爆する程度ならば、爆風は構造的に最も弱い出入り口から噴出する、という想定に基づく設計であると思われる。

955／955A型SSBNの配備が始まったのと同じ2010年代半ば以降、ヴィリュチンスクでは、これらの古い施設が新しいものへと更新されたり、全く新規に弾薬庫が建設されるという状況が観察されている。おそらく、搭載SLBMが新型のブラワーとなったのに合わせて、貯蔵施設も改修したのだろう。さらに2020年代に入ってからは弾薬庫群の北側に広がる森が切り開かれて新たな弾薬庫が建設されているが、これはポセイドン用の大威力核弾頭を貯蔵する施設であるのかもしれない。[*24]

ちなみに、これらの核弾薬庫を管理しているのは海軍ではない。その任に当たるのは、核兵器の管理や保守を専門とする国防省第12総局（12GUMO）というセクションであり、ロシア全土で36カ所の核弾薬庫を統括している。このうち12カ所は「S施設（オブイェクトーS）」と呼ばれる集中管理施設で、平時から運搬手段（ミサイルや航空機など、核弾頭を目標に「運搬する」ための兵器）に搭載しておく必要のない核弾頭を収めておくものだ。

一方、ICBMやSSBNのように、平時から核弾頭を搭載しておかねばならない部隊の付近には、修理・技術基地（RTB）と呼ばれる施設が置かれている。修理や定期整備のために発射装置から取り下ろされたミサイルや核弾頭、あるいはそれらの予備を保管するものだが、ヴィリュチンスクの核弾薬庫は12GUMOが管理する「S施設」の一覧には含まれないので、おそらくRTBに該当するのだろう。[*25]

なお、この施設に通じる道は一本しかなく、これを逆に辿っていくと、ルィバチーとは別の埠頭にたどり着く。ダーリニー埠頭と呼ばれる小さな埠頭で、SSBNにSLBMを搭載するためのミサイル装填施設が置かれている。弾薬庫から運ばれてきたSLBMや核弾頭を大型ガントリークレーンが吊り上げ、接岸した潜水艦の背中に開いたミサイル発射管に真っ直ぐ吊り下ろすという仕組みだ。

衛星画像でこの施設を継続的に「偵察」していると、SSBNの出入りはかなり頻繁なようである。そうしょっちゅうミサイルを入れ替える必要があるのかという気もするが、実際には核弾頭と訓練用弾頭を入れ替えるとか、ミサイルの整備といった理由で、この施設が使われる場面は意外と多いのだろう。第1章で述べたように、ロシアのSSBNは停泊状態でも常時核抑止任務についているので核弾頭は搭載されっぱなしのはずであり、（パトロールではない）訓練のために海に出る場合はこれらを取り下ろす作業が必要になるのだと思われる。また、アバチャ湾内には潜水艦のステルス性を確保するために必要な消磁《しょうじ》作業（船体にぐるりと電線を巻いて電流を流し、磁気を消す作業）のための専用スペー

ヴィリュチンスクに広がる核弾薬庫施設。Google Earthの衛星画像をもとに筆者作成

スが見当たらないから、これもダーリニー埠頭で行っているのではないか。接岸期間は数日で済む場合もあるが、多くは2週間から1カ月近くにも及ぶ。

潜水艦の墓場

核コンプレクスの最後に紹介するのは、ルィバチー港のちょうど対岸、アバチャ湾の南東部に置かれた一連の施設である。正式名称は北東修理センター（SVRTs）といい、6基の大型クレーンを備えた造船所のような外観の施設だ。

ただ、カムチャッカ半島の原潜艦隊がこの施設で建造されている、というわけではない。正確に言えば、ここでも潜水艦を建造したことがあるのだが、1970年代に675MK型SSGNを建造しただけで終わっている。また、ソ連時代には、この施設は第49艦船修理工場（SRZ49）と呼ばれ、潜水艦の修理も行われていたようだが、この種の機能は現在では沿海州のズヴェズダ造船所に移されているので（潜水艦を大型の浮きドックに載せてタグボートで曳航《えいこう》していくという方法が取られる場合が多い）、大規模修理の拠点というわけでもない。

となるとSVRTsとは何なのかという疑問が浮かぶが、同社の公式サイトを見ると、金属加工や溶接、金属の熱加工、ゴム製品の製造、タグボートや浮きドックの運用、振動及び騒音パラメータの測定といった業務内容が並んでいる。[*26] はっきりしたことはわからないが、おそらくは潜水艦を運用する上で必要な保守・整備などを担っている工場らしいとの見当はつこう。特に「振動及び騒音パラメータの測定」の測定は潜水艦の静粛性を保つ上で重要であるし、「ゴム製品」というのは潜水艦の騒音源となる動力装置一式を船体から隔離していくための緩衝材に関係していると思われる。

実際、衛星画像では、同社の保有する浮きドックにSSBNが載せられている様子が度々観察できる。こうして消耗の激しい部品を交換するとか、船体についた牡蠣殻《かきがら》を落とすとかいった作業がSVRTsの主要な業務なのだろう。あるいは前述の消磁作業はここで行われているという可能性もある。

また、潜水艦が浮きドックに載せられるのは、筆者のような外部の観察者にとっては一種のチャンスでもある。ソナーが収められた潜水艦の艦首部やプロペラの付いた艦尾、丸く太った船体の左右は普段、水中に隠れており、したがってあるタイプの潜水艦の正確な寸法はよくわからない場合が（特に現役のものについては）多い。しかし、ドック入りした潜水艦はこれらが衛星から丸見えになるので、こまめに見ていけば最新鋭SSBNといえ

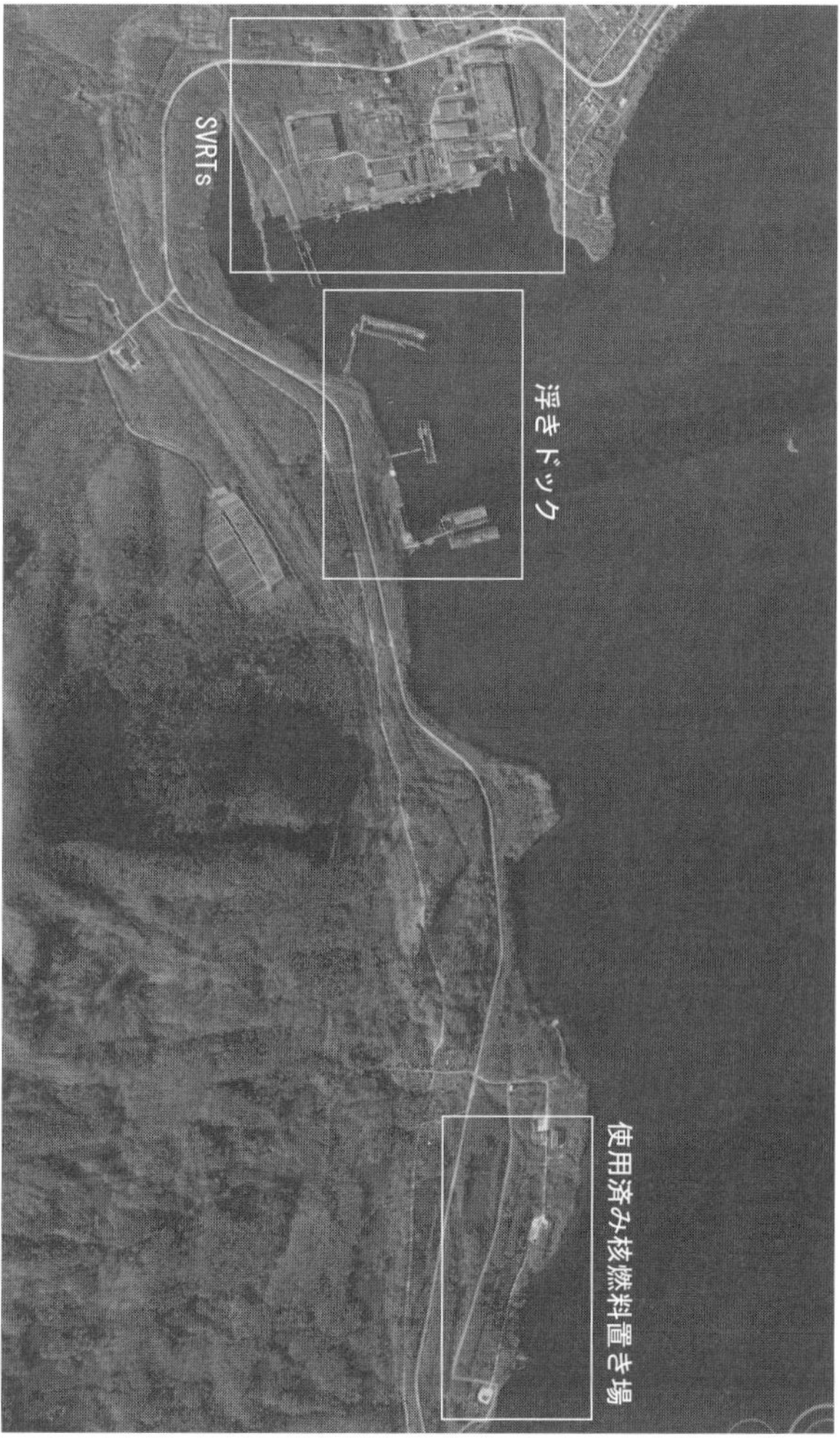

上空から見たSVRTs。Google Earthの衛星画像をもとに筆者作成

ども概ね正確な寸法が把握できるのである。本書の執筆期間中には955型が3カ月ほどドック入りする機会があり、この際の計測結果では全長が161メートル、全幅が10メートルであることが明らかになった。

ＳＶＲＴｓは、退役する潜水艦を艤装《ぎそう》解除する場所でもある。同社の業務内容には「固体放射性廃棄物の処理と保管」という項目が含まれていることからして、おそらくはここで核燃料を原子炉から取り出して保管容器に収める、という作業も行われているのではないか。この推測を裏付けるように、ＳＶＲＴｓの敷地から少し離れた場所には使用済み核燃料の保管施設も設けられている。

原子力潜水艦の寿命は長いのでこうした作業はそうしょっちゅう発生するものではないが、本書の執筆期間中には、その様子を観察する貴重な機会があった。太平洋艦隊で最古参のＳＳＢＮであるリャザン（前述した667BDR型の最後の1隻）が、955A型ＳＳＢＮクニャージ・オレグの配備に伴ってＳＶＲＴｓの埠頭へと回航されたのである。本書執筆時点（2023年秋）では、横付けされたリャザンのＳＬＢＭ用ハッチが全て開放され、その上をクレーンが行き来している様子が確認できるので、おそらくはＳＬＢＭは既に取り下ろし済みであり、核燃料の取り出し作業が行われていると見られる。

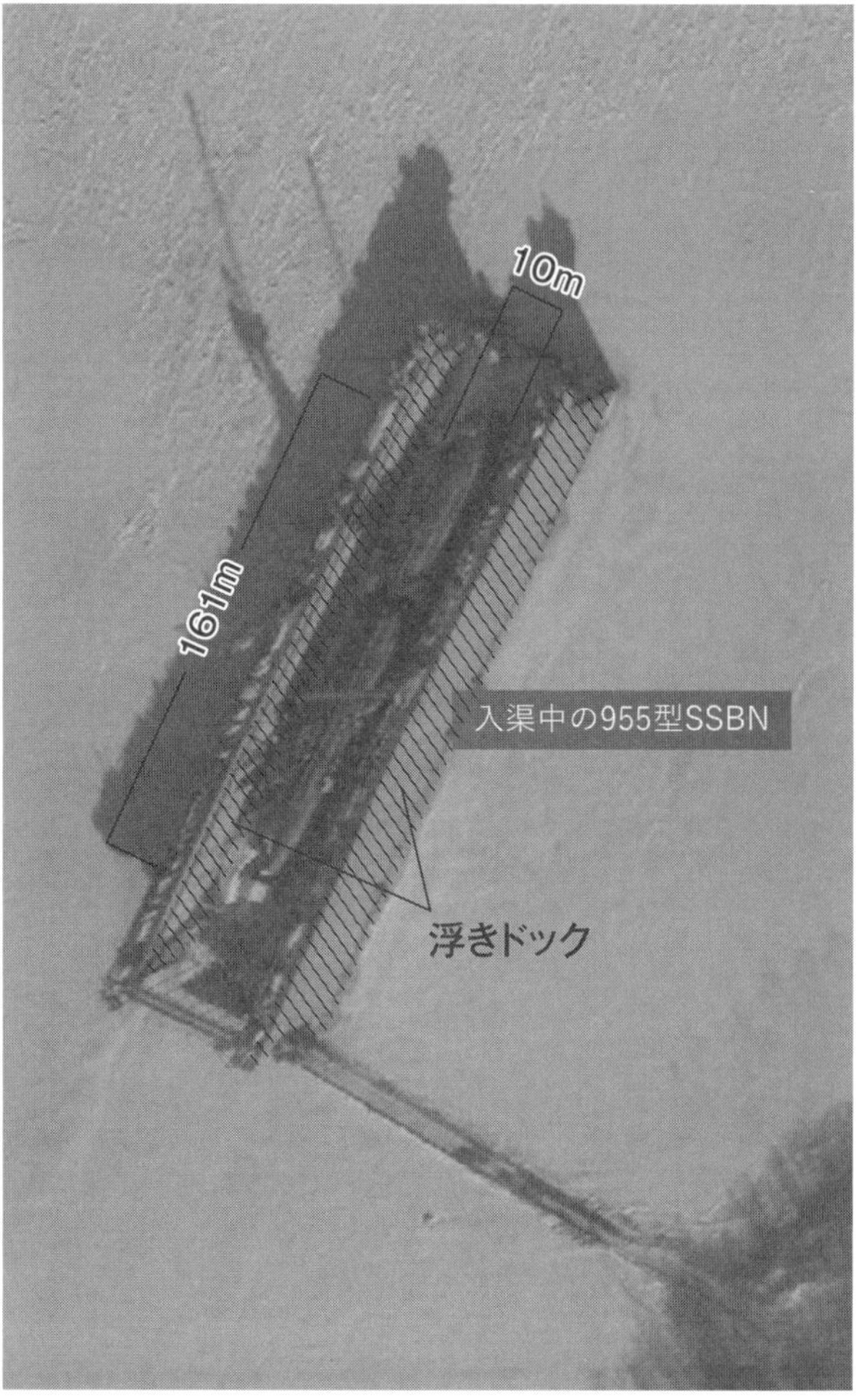

入渠中の955型SSBN。計測の結果、全長が161m、全幅が約10mであることがわかった。Image@2023 Maxar Technologies

原子力潜水艦の活動状況を暴く――衛星画像の読み方

前節でアバチャ湾周辺の「核コンプレクス」について詳しく紹介した理由は、それ自体が興味深いということに加えて、もう一つある。これら潜水艦の立ち回り先を押さえておけば、SSBNの活動状況をある程度把握できるのではないかと考えたのだ（ズヴェズダ造船所については長期にわたってSSBNの入渠が確認されていない）。

ルィバチー基地、ダーリニー埠頭、SVRTsのいずれにおいてもSSBNの姿が確認できなければ核抑止パトロール任務に出ているのだろうという推測は容易につく。もちろん、全てのSSBNが海に出ているということは考えられないが、湾内にどのタイプのSSBNが何隻いるべきなのかは予め判明しているわけだから、そこからの差し引きで、何が何隻いないかを把握できるはずである。さらに、それがわかれば、核抑止パトロールがいつ、どのくらいの頻度で、どのくらいの期間にわたって行われているのかまで明らかにできるかもしれない。

このような考えに基づいて、本書では、2022年11月から2023年10月までの12カ月間を対象としてアバチャ湾の観測を行い、どのタイプのSSBNが何隻埠頭におり、あるいはいなかったのかを表にプロットしていった。これによってアバチャ湾内に全てのSSBNが停泊していることが確認できるなら、この期間はパトロールが行われていないと確認できるし、そうでなければ確認できない分が何らかの理由で埠頭を離れていると考えるのである。

観測に用いた主たるリソースはMaxar Technologiesの衛星画像サービスSecureWatchとSkyWatch社のEarthCacheで、どちらも地上分解能（GSD）は50センチメートルである。GSDというのは要するに解像度のことで、ざっくり言えば1ピクセルが50センチメートル四方の画像ということになる。米国の軍事偵察衛星はGSD10センチメートル以下という凄まじい性能だと伝えられるが、相手が潜水艦のように大きな目標なら、50センチメートルでも概ね不足はない。日照量や大気中の水蒸気量といった条件がよければ「これは667BDR型」「これは955A型」と区別をつけることさえできるし、多少条件が悪い場合でも、寸法を計測することで概ね判別できる。

例えば955型と955A型はどちらも似たような形状だが、前者は水線長（水の上に出ている部分の長さ）が概ね147メートル程度であるのに対し、後者は155メートル前後で一定していることがこれまでの観測結果から分かっているから、「これは955型だな」といった具合に画像を読むことができるのである。また、高ＧＳＤ画像が入手できなかった期間についてはPlanet Labs社のPlanet Explorerが提供するＧＳＤ３メートルの画像も用いた。これでも条件によって潜水艦がいる／いないという判別がつく場合があり、なおかつ更新頻度が高いので、高ＧＳＤ画像の補完手段とした。

もちろん、衛星画像は毎日のように得られるとは限らず、特に悪天候が続くと撮像間隔が１週間とか10日にわたることはままある。そこで本書では、合成開口レーダー（ＳＡＲ）によるデータを使用した。衛星から地球表面に電波を当てて、返ってきたデータを画像のように表示するというものだ。光学衛星に比べると画質は大幅に落ちるが、これでも高ＧＳＤモードで撮像した場合にはＳＳＢＮかそれ以外の潜水艦かという判別は可能である。なにより、電波を用いる関係からＳＡＲは悪天候や夜間でも変わらない撮像データを得られるというメリットがあり、主に雲の多い期間のデータを得るのに使用した。

ＳＳＢＮの行動パターン

以上の方法に基づく観測結果を、表９（２７８～２８１ページ）にまとめてみた。アバチャ湾内の全ての立ち回り先が確認できた日について、どのタイプのＳＳＢＮが何隻いたの

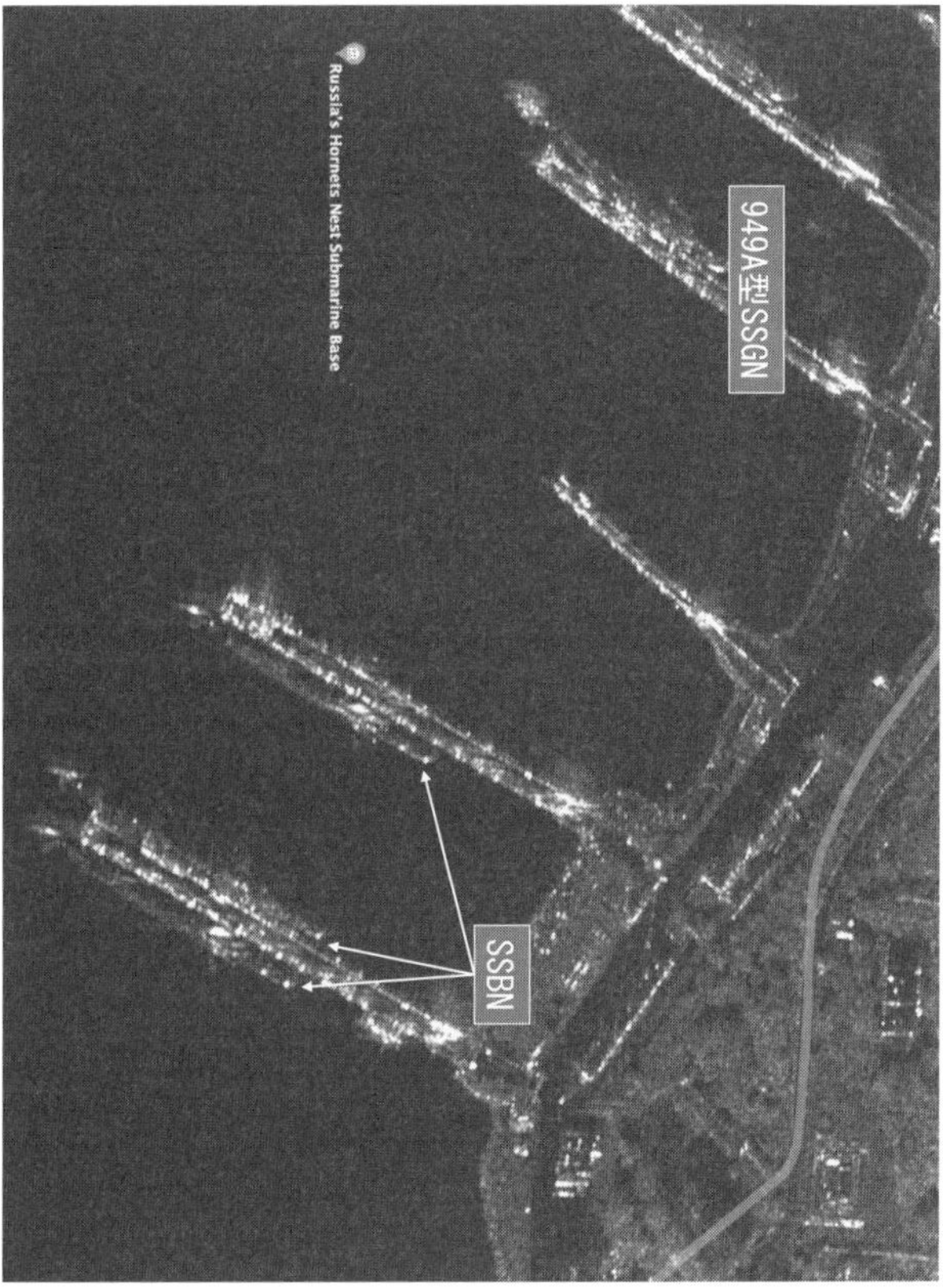

衛星画像ベンダー提供の合成開口レーダー（SAR）画像をもとに筆者作成

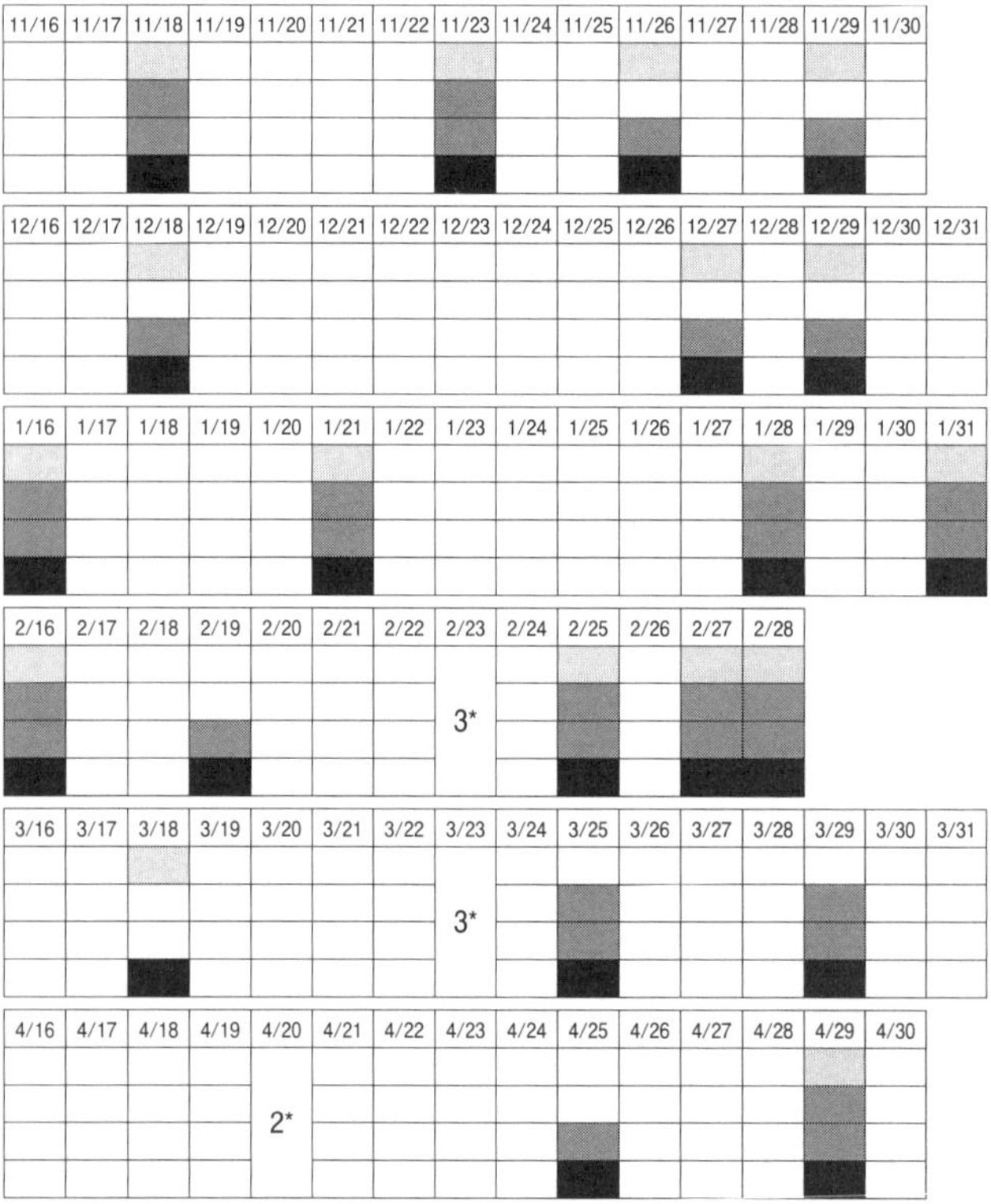

【ボックスの凡例】

- 黒 ………… 667BDR型
- 濃い灰色 … 955型
- 薄い灰色 … 955A型
- 空白 ……… データが得られなかった日

* タイプの判別がつかず隻数のみが観測できた場合

表9　2022年11月から2023年10月にかけての太平洋艦隊SSBN部隊の動き

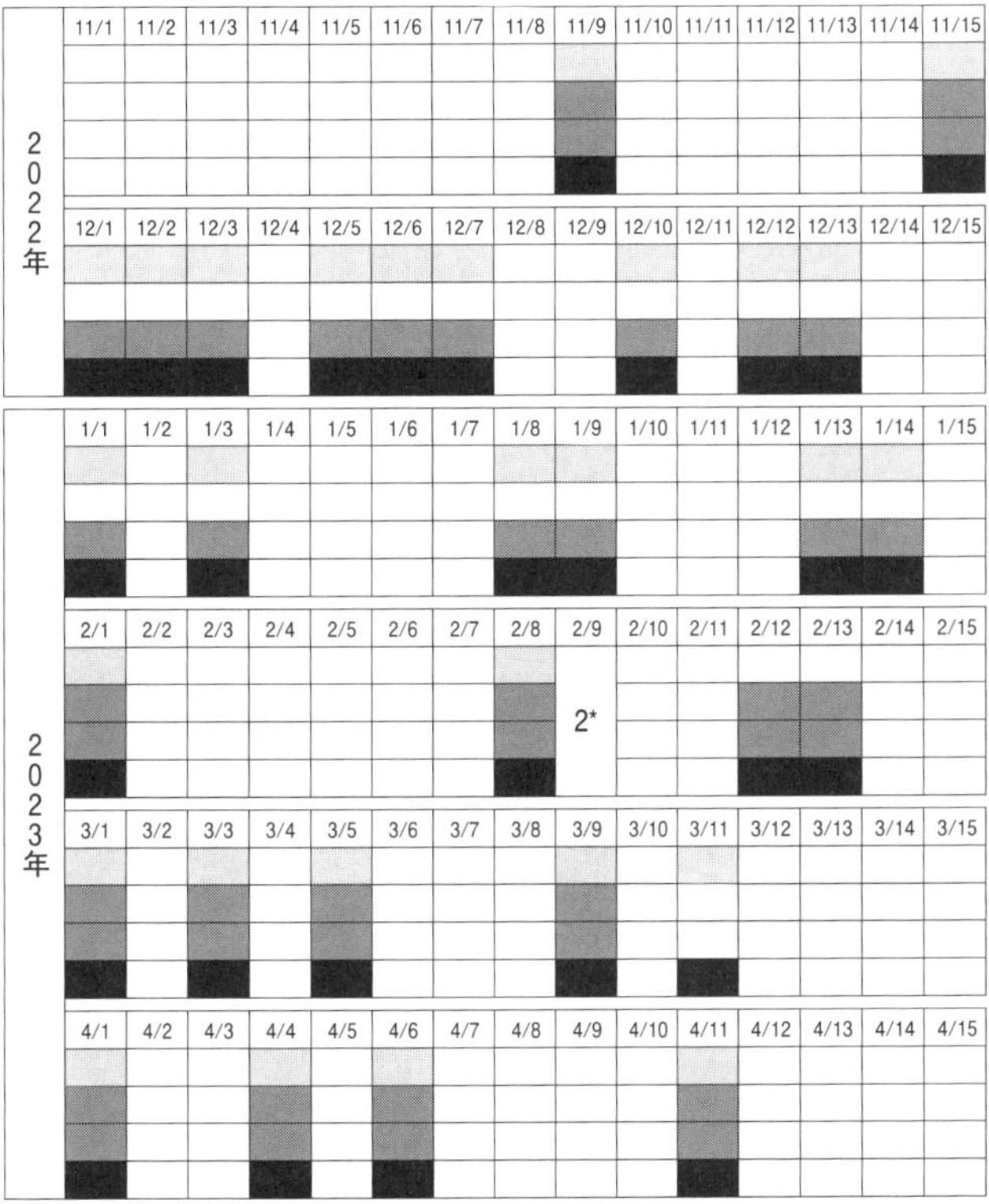

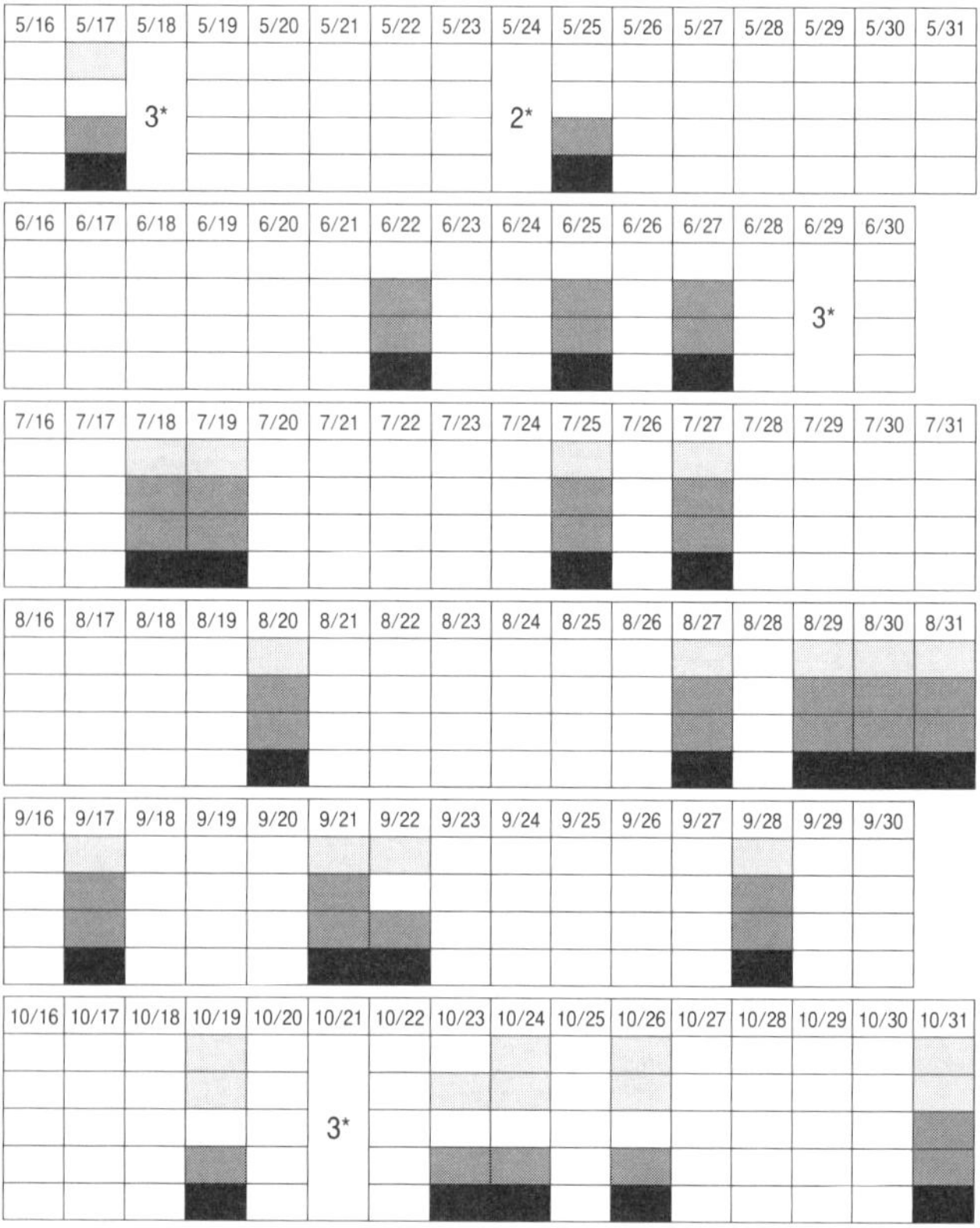

【ボックスの凡例】

黒 ………… 667BDR型
濃い灰色 … 955型
薄い灰色 … 955A型
空白 …… データが得られなかった日
* タイプの判別がつかず隻数のみが観測できた場合

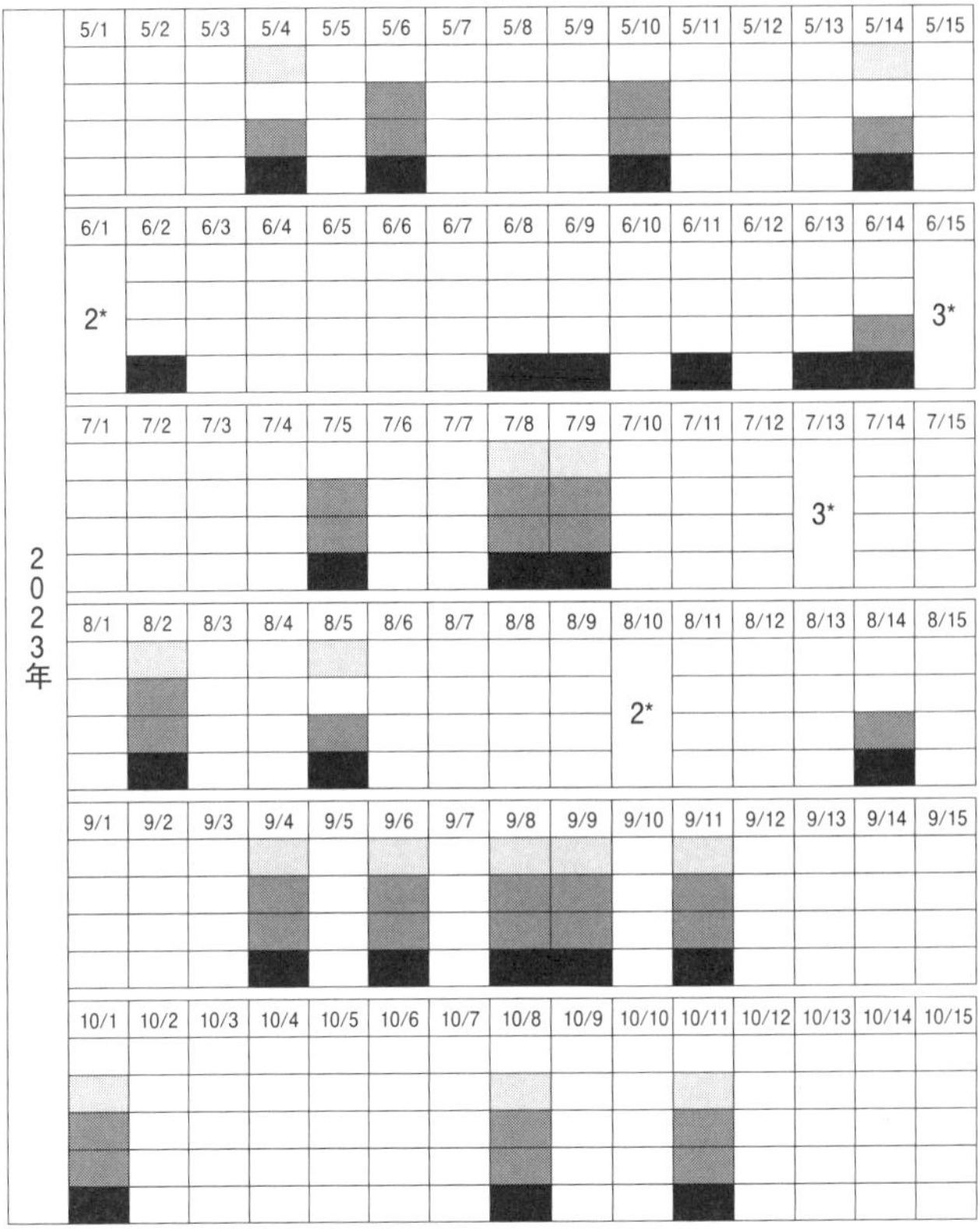
2023年
5/1 5/2 5/3 5/4 5/5 5/6 5/7 5/8 5/9 5/10 5/11 5/12 5/13 5/14 5/15
6/1 6/2 6/3 6/4 6/5 6/6 6/7 6/8 6/9 6/10 6/11 6/12 6/13 6/14 6/15
2*
3*
7/1 7/2 7/3 7/4 7/5 7/6 7/7 7/8 7/9 7/10 7/11 7/12 7/13 7/14 7/15
3*
8/1 8/2 8/3 8/4 8/5 8/6 8/7 8/8 8/9 8/10 8/11 8/12 8/13 8/14 8/15
2*
9/1 9/2 9/3 9/4 9/5 9/6 9/7 9/8 9/9 9/10 9/11 9/12 9/13 9/14 9/15
10/1 10/2 10/3 10/4 10/5 10/6 10/7 10/8 10/9 10/10 10/11 10/12 10/13 10/14 10/15

かをカレンダー上にプロットしたもので、黒いボックスが667BDR型、濃い灰色が955型、薄い灰色が955A型をそれぞれ意味している。また、天候の問題などでSSBNのタイプの判別がつかなかった日に関しては、観測できたSSBNの隻数だけを数字で記入した。また、2023年10月16日にはスヴォーロフが配備されているから、これ以降は湾内にいるべきSSBNの総数は5隻としてカウントしている。

一見してわかるように、以上のような手段を総動員してもアバチャ湾を毎日のように観測するのはやはり無理で、データは飛び飛びでしか得られていない。ただ、訓練ではなく実任務としての核抑止パトロールは、かなりの長期に及ぶものである。例えば1970年代の北方艦隊では、平均して26日に1回の頻度で667A型がパトロール任務へと出航し、1回の航海期間は77~78日、往復期間を除く実際のパトロール期間は平均53日であったとされる。太平洋艦隊でもこの頻度・期間はほとんど同じで、29日に1回の頻度で667A型が出航し、航海期間は62~69日であった（うち、往復期間は10~13日）。これによって、両艦隊からそれぞれ2隻を外洋展開させておくというのが当時のソ連海軍の方針であった。[*27] 要塞内をパトロールする現代のSSBNの航海期間は米本土付近まで航行する手間が省ける分、もっと短い可能性もあるが、1週間や10日ということはないだろう。SSBNの絶対数が減少している分、1回の航海期間は伸びてさえいる可能性もある。

したがって、本書では、衛星画像の撮像間隔が10日以内であればそのデータには連続性があるとみなすことにした。つまり、1月1日にアバチャ湾内にいたSSBNの数がその時点における配備数よりも1隻少なく、1月10日も同様であるなら、この期間には1隻のSSBNが海に出続けているだろうと考えるのである。こうしてデータを繋げていって、1月30日にSSBNの全てが湾内にいることが確認できたら、この時点でパトロールは終わったと判定する。

そこで撮像の得られた日だけを繋げてみると、飛び飛びのデータにはかなり明確な連続性があることが明らかになった（表10、284〜285ページ）。

最もわかりやすいのは1カ月以上に及ぶ長期航海で、これはまず間違いなく核抑止パトロールと考えてよいだろう。特に目につくのは、2022年の11月23日を最後に955型SSBN1隻が姿を消し、翌2023年の1月16日になって戻ってきたことで、ほぼ丸ごと2カ月にわたってパトロールが行われたことを示唆する。次に長期のパトロール航海が行われたと見られるのは5月以降のことである。同月14日ないしそれ以前に955型1隻が姿を消したのに続き、下旬には955A型もこれに続いた。6月初旬以降には667B

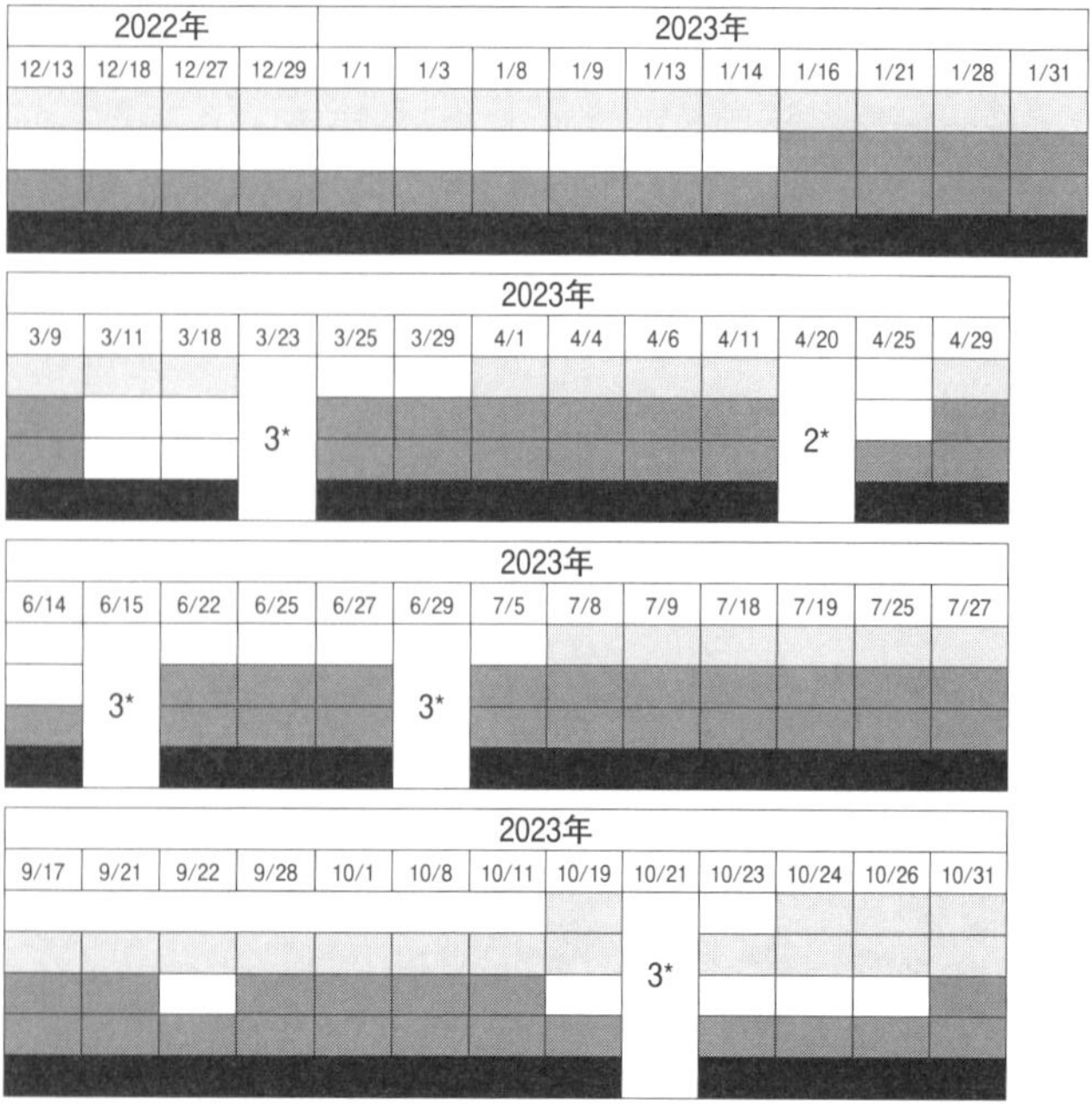
2022年
2023年
12/13 12/18 12/27 12/29 1/1 1/3 1/8 1/9 1/13 1/14 1/16 1/21 1/28 1/31
2023年
3/9 3/11 3/18 3/23 3/25 3/29 4/1 4/4 4/6 4/11 4/20 4/25 4/29
3*
2*
2023年
6/14 6/15 6/22 6/25 6/27 6/29 7/5 7/8 7/9 7/18 7/19 7/25 7/27
3*
3*
2023年
9/17 9/21 9/22 9/28 10/1 10/8 10/11 10/19 10/21 10/23 10/24 10/26 10/31
3*

表10　2022年11月から2023年10月にかけての太平洋艦隊SSBN部隊の動き（連続処理）

2022年

11/9	11/15	11/18	11/23	11/26	11/29	12/1	12/2	12/3	12/5	12/6	12/7	12/10	12/12

2023年

2/1	2/8	2/9	2/12	2/13	2/16	2/19	2/23	2/25	2/27	2/28	3/1	3/3	3/5
		2*					3*						

2023年

5/4	5/6	5/10	5/14	5/17	5/18	5/24	5/25	6/1	6/2	6/8	6/9	6/11	6/13
					3*	2*		2*					

2023年

8/2	8/5	8/10	8/14	8/20	8/27	8/29	8/30	8/31	9/4	9/6	9/8	9/9	9/11
		2*											

DR型を除く全てのSSBNが出航し、特に955A型は7月の初旬までアバチャ湾に戻っていない。これは2022年秋に配備されたクニャージ・オレグによる初のパトロール航海であったと思われる。

このようにして割り出されたSSBNのパトロール航海は次の3つで、期間は概ね1カ月から2カ月弱であった。ルィバチー基地とオホーツク海のパトロール海域の間は数日で往復できるとすると、「真水」のパトロール期間は冷戦期の667A型とほぼ同等か、やや短いということになろう。

- **パトロール－1（955型）**

出航：2022年11月23日から26日の間
帰投：2023年1月14日から16日の間
パトロール期間：50～55日間

- **パトロール－2（955型）**

出航：2023年5月10日から14日の間
帰投：2023年6月14日から15日の間

パトロール期間：32～37日

- **パトロール－3（955A型）**

出航：2023年5月18日から24日の間
帰投：2023年7月5日から8日の間
パトロール期間：43～52日間

また、こうしてみると各SSBNが1年間に行う核抑止パトロールが年に1回程度ということになるが、1980年に太平洋艦隊に配備された667BDR型SSBNポドリスクがその後の20年間で実施したパトロールの回数は「10回以上」とされている。[*28] 1990年代には長距離パトロールがまともに行われていなかったことを考えると、ポドリスクが頻繁に活動していた期間はおそらく1980年代から1990年代初頭までの十数年であろう。とすると、SSBN1隻あたりのパトロール頻度はソ連時代も年に1回程度であったのではないか。

SSBNがごく短期間だけ海に出ていたというケースも、解釈は難しくない。核抑止パトロールが数日で終わるということは考えにくいためで、訓練や試験のために短い航海を行ったとみなすのが妥当であると思われる。

訓練か？パトロールか？

一方、判断に迷うのが、10日から1カ月未満の航海が行われている形跡が散見されることだ。大規模な演習に合わせてSSBNが戦闘訓練に出たのだと判定できるケースもあるが（後述する2023年4月の太平洋艦隊抜き打ち検閲など）、多くの場合、その目的を外形的に判断することは難しい。訓練の可能性もあるし、1カ月以下のごく短い核抑止パトロールを頻繁に行うようなドクトリンを現在のロシア海軍が採用している可能性も排除できないためである。ちなみに、10日以上1カ月未満の航海が行われた可能性のある事例としては以下の6回が観察されている。

・事例－1（955A型）

出航：2023年2月16日から19日の間
帰投：2023年2月23日から25日の間
航海期間：5～10日間

・**事例－2（955A型）**

出航：2023年5月4日から6日の間
帰投：2023年5月10日から14日の間
航海期間：5～11日間

・**事例－3（955型）**

出航：2023年5月25日から6月2日の間
帰投：2023年6月13日から14日の間
航海期間：12～21日間

・**事例－4（955A型）**

出航：2023年8月5日から10日の間
帰投：2023年8月19日から20日の間
航海期間：10～16日間

・**事例－5（955型）**

出航：2023年8月2日から5日の間
帰投：2023年8月14日から20日の間

航海期間：10～19日間

・事例－6（955型）

出航：2023年10月11日から19日の間

帰投：2023年10月26日から31日の間

航海期間：8～21日間

このうち、事例－1、2は期間が非常に短いので訓練の疑いが濃いが、事例－3、4、5、6となると航海期間が最大で3週間程度に及んでいる可能性があり、前述したような短期間パトロールが行われていたのかもしれない。また、表9から明らかなように、本書で行った衛星画像観測には最大で8日の欠落期間があるから、この間には事例－1、2のような短期の航海がほかにも行われていた可能性は排除できない。

カバーし合う（?）二つの艦隊

以上は、太平洋艦隊のSSBNが全く海に出ていない期間がそれなりにある、ということを意味してもいる。特に2023年の8月半ばから10月半ばにかけては955型1隻がごく短期間姿を消した以外には全く動きが見られず、活動期と休止期がかなりはっきりしているようだ。

冷戦期と同様、現在のSSBNも停泊状態のまま報復攻撃を行える状態を維持してはいるのだろうが、それならば地上発射型のICBMと変わらないわけであるから、少なくとも1隻はSSBNがパトロールを行っているのでなければ存在意義が問われよう。とすると、この期間には北方艦隊のSSBNが海に出てパトロールを行っているのではないか。

このように推定調でしか言えないのは、北方艦隊の場合はSSBNの立ち回り先候補が非常に多いためだ。現在、北方艦隊のSSBNは全てコラ半島のガジエヴォ基地を母港とする第31潜水艦師団に集中配備されているが、衛星で見ていくと、実際には第29潜水艦師団の母港であるオレニヤ・グバーや北方艦隊の司令部があるセヴェロモルスクの埠頭にも度々姿を現しているほか、常時何隻かがセヴェロドビンスクのセヴマシュ造船所で整備や改修を受けていることがわかる。

これら全てを同時に捉えることができれば、太平洋艦隊の場合と同様に「この日は間違いなく全てのSSBNが港にいた」あるいは「この日は667BDRM型が×隻海に出ている」ということが把握できるのだが、上記の4カ所はかなり距離が離れている。したが

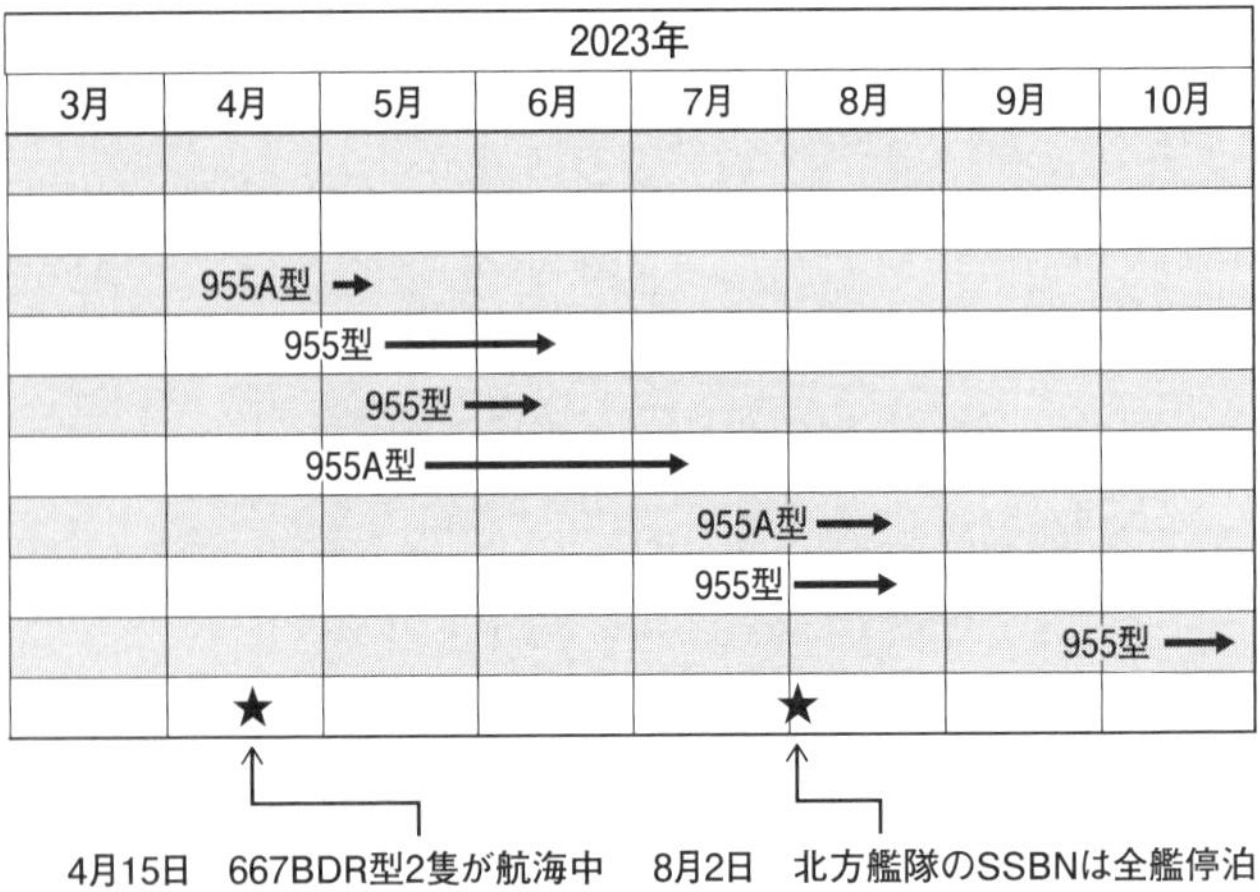

って、この日はガジエヴォの画像があるのだが他はない、とか、３カ所までは綺《き》麗《れい》に見えているのだが残る１カ所に雲がかかっていて見えない、ということが頻繁に起こる。というよりも、このようなケースが大半なのである。核のコンプレクスが全て狭いアバチャ湾に集中している太平洋艦隊との大きな違いがこの点だ。

それでも、北方艦隊所属のＳＳＢＮ全ての所在が確認できた日はないわけではない。２０２３年の２月24日、４月15日、８月２日の３日間がそれであるが、これを太平洋艦隊のパトロール期間（１カ月以上の航海が確認された期間）及び中期の航行事例（10日から３週間程度）と重ね

表11　太平洋・北方艦隊のSSBNパトロール期間

		2022年		2023年	
		11月	12月	1月	2月
太平洋艦隊	パトロール-1	955型 →	→	→	
	事例-1				955A型 →
	事例-2				
	パトロール-2				
	事例-3				
	パトロール-3				
	事例-4				
	事例-5				
	事例-6				
北方艦隊					★

2月24日　北方艦隊のSSBNは全艦停泊

合わせてみた結果はなかなか興味深いものであった（表11）。

当初の予想に反して、二つの艦隊におけるSSBNのパトロール期間は、相互をカバーし合う形になっていない——つまり太平洋艦隊のSSBN部隊が「休み」に入っている期間に、北方艦隊でもSSBNが海に出ていないというケースが観察されたのである。2月24日と8月2日のケースがそれだ。2月には太平洋艦隊の955型が最大で10日ほど海に出ていた期間（前述の事例－1）があり、これが仮にごく短期の核抑止パトロールであったならば、二つの艦隊の間では相互カバー体制が働いていたとみなすこともできよう。

しかし、8月2日には太平洋艦隊のSSBN全てがルィバチー基地にいたことがはっきりと確認できる。つまり、この日は明らかに1隻のSSBNもパトロールを行っていなかったことがはっきりと確認できるのである。どうも現在のロシア海軍では、SSBNが切れ目なく常に海に出ている、という体制がとられていないらしいということがここからは窺われる。1990年代にはSSBNによるパトロールはほぼ行われていなかったようだから、現状はそれよりややマシと言えなくもないが、長年にわたって進んだ原子力潜水艦隊の老朽化は、やはり長期的な影響を及ぼしているようだ。

他方、北方艦隊と太平洋艦隊に今後も955A型が就役してゆき、SSBN艦隊全体の若返りが進むなら、こうした状況もまた変わっていくかもしれない。図10で見たように、2030年代初頭のロシア海軍は955型3隻と955A型9隻から成る計12隻のSSBN部隊を持つと予想されるから、仮に稼働率を1割、パトロール期間を1～2カ月（冷戦期のソ連海軍とほぼ同等）と見積もるなら、常時1～2隻はパトロールに出せるようになるのではないだろうか。

航行警報と公刊資料が明らかにする太平洋艦隊大演習の実像

今度は、以上で明らかになったＳＳＢＮ状況が、要塞の外堀及び内堀とどのように連動しているのかを考えてみよう。そのための手掛かりとして利用可能な情報源の第一は、海上保安庁が公表している航行警報である。漁船や商船が外国の軍事訓練海域に立ち入ったりしないよう、各国の海上保安機関から通告された危険海域情報を一まとめにしてインターネット上で告知するものだ。従来は座標だけが掲載されていたが、最近では「ビジュアル情報」としてどの海域に立ち入ってはいけないのかが分かりやすく地図上に表示されるようになった。これを用いれば、要塞の内堀である地対艦ミサイル部隊や防空部隊の活動が把握できるはずだ。

もう一つの方法は、ロシア軍自身から公表される太平洋艦隊の活動情報である。潜水艦の活動自体はほとんど明らかにされることがないが、非常に大規模な演習が行われる場合には宣伝効果を狙って公表されるケースは絶無ではない。また、海軍の部内誌である『海軍論集』では、各艦隊の重要トピックを毎月公表するコーナーがあるので、ここも丹念に見ていくと潜水艦の長期航行に関する出航／帰投情報が得られる場合がある。

最後に、衛星画像はここでも威力を発揮する。つまり、ＳＳＢＮだけでなく、外堀にあたるＳＳＧＮやＳＳＮが港から姿を消していた期間をも併せて把握してみようということだ。これらの手法を組み合わせて用いるなら、ＳＳＢＮがパトロールに出たタイミングで外堀を航行するＳＳＧＮが同時に活動していた、あるいは地対艦ミサイルが演習を行っていた、という具合に要塞全体の動きを掴むことができるかもしれないというのがここでの目論見である。

本書の執筆期間中、この方法が最大の効果を挙げたのは、２０２３年4月のことであった。同月14日、ロシア軍は太平洋艦隊と東部軍管区の航空部隊、そして長距離航空隊（航空宇宙軍の戦略爆撃機部隊）に対する抜き打ち検閲を発令したのである。

抜き打ち検閲（внезапная проверка）というのは部隊の戦闘即応体制をチェックするために２０１３年から実施されている予告なしの演習であるが、ゲラシモフ参謀総長はこの検閲の目的を「有事におけるＳＳＢＮの戦闘安定性の確保」であると明らかにしていた。[*29]ここで注目したいのは傍点を振った部分で、この「戦闘安定性」という言葉は、冷戦期に米海軍のアナリストたちが要塞戦略の兆候を嗅ぎ取ったのと全く同じものである。「オホーツク海南部における敵の展開を阻止するとともに、クリル列島南部（北方領土）とサハリンへの敵の上陸を阻止する能力を実際的に訓練する」というショイグ国防相の発言[30]からしても、演習の重点はSSBNを守る要塞の能力に置かれていたと考えられる。

演習はまず、ウラジオストクを拠点とする水上戦闘艦艇部隊の出撃訓練から始まった。これに続いてMiG－31戦闘機による敵哨戒機の迎撃、戦略爆撃機やS－400防空システムの前方展開、海軍歩兵部隊による上陸作戦といった訓練が実施され、一部ではミサイルの実弾射撃も実施されたとされる。SSBNの出撃を前に、外堀と内堀が戦闘配置についたのである。

演習のクライマックスは18日以降で、同日、ルィバチー基地から原子力潜水艦が一斉に出航する様子を国防省のテレビ局「ズヴェズダ」が公開した[31]。映像から判断する限り、出航したのは955／955A型SSBN、949A型SSGN、971型SSN、885M型SSGNの7隻で、太平洋艦隊の原潜がほとんど全て出撃したことになる。表10を見返してみると、4月11日には全てのSSBNがアバチャ湾内に留まっていたのに対して、20日から25日にかけては2隻しか確認できないから、出撃したSSBNは2隻であった筈だ。ということは差し引きで5隻のSSNとSSGNが出撃したと考えられよう。

その意味するところは明らかである。オホーツク海でパトロールを開始したSSBNを

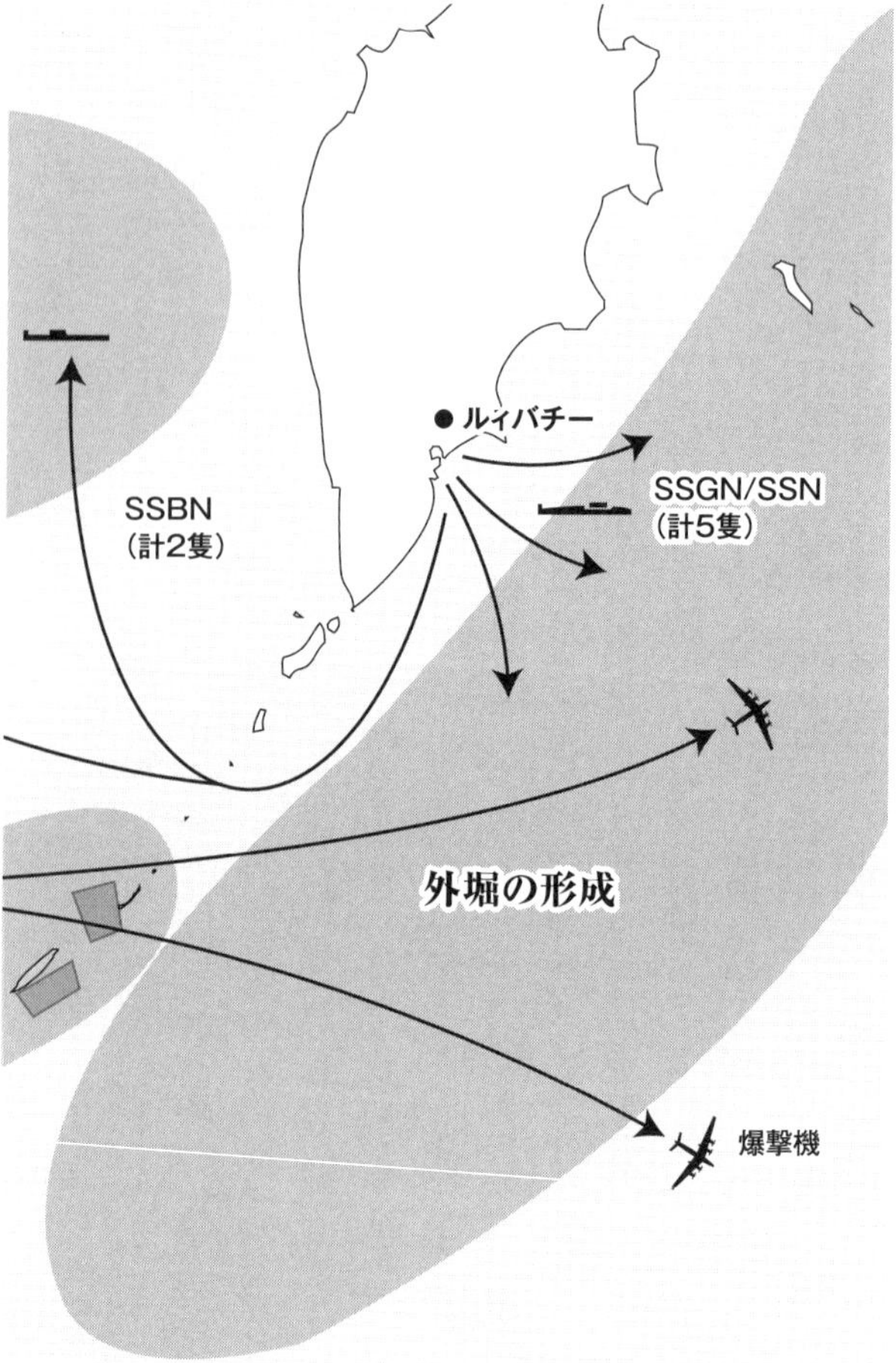

ジュアルページ（https://www1.kaiho.mlit.go.jp/TUHO/vpage/visualpage.

図 13　2023 年 4 月の抜き打ち検閲で見られたロシア太平洋艦隊の動き（推定）

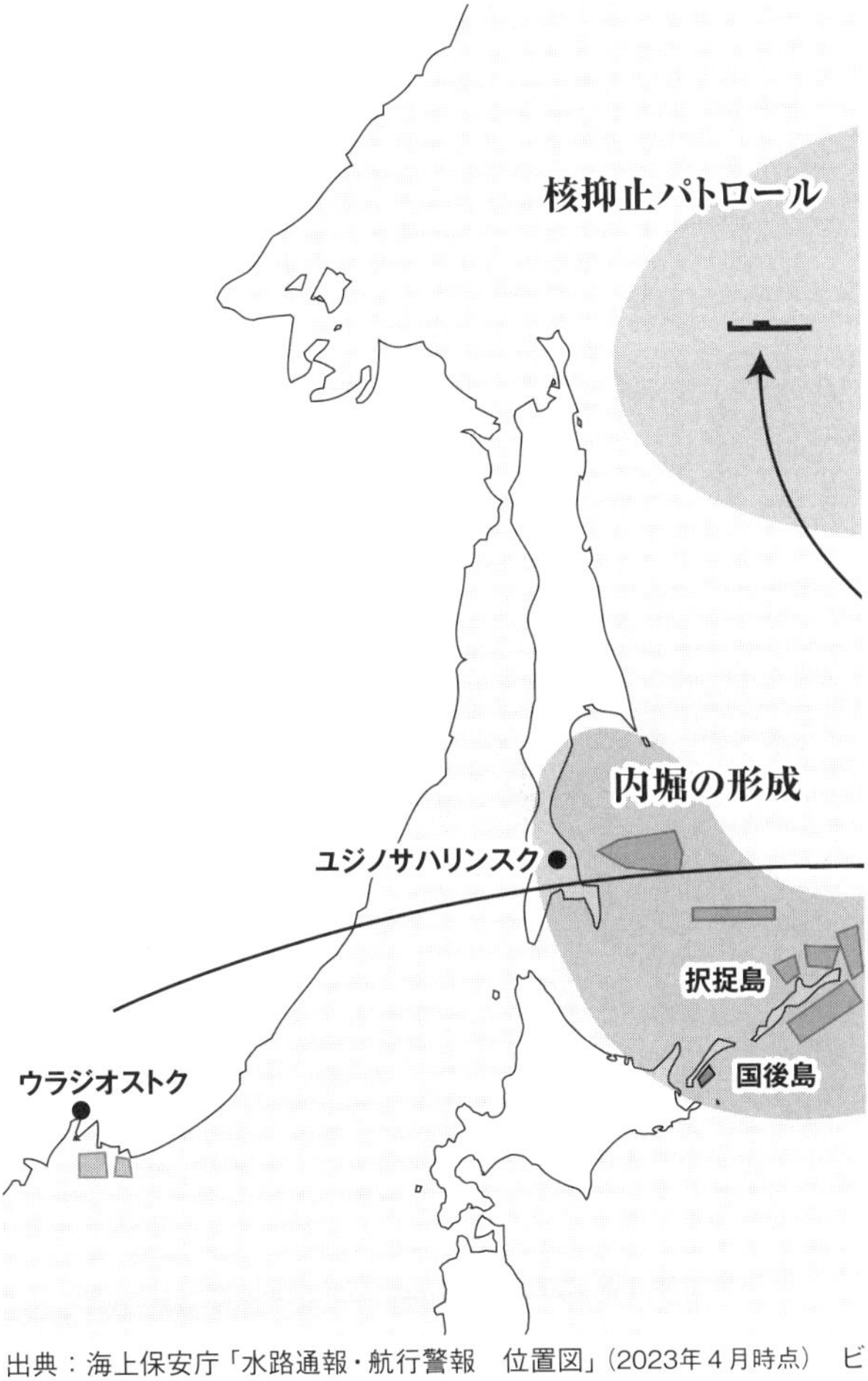

出典：海上保安庁「水路通報・航行警報　位置図」（2023年 4 月時点）　ビ
html）をもとに筆者作成

守るために、ＳＳＮとＳＳＧＮが外堀を構成すべく展開したということだ。実際、演習が始まった翌日の19日には949Ａ型ＳＳＧＮトムスクがＰ－700グラニート対艦ミサイル22発を仮想発射して敵の空母機動部隊や上陸船団を撃破したと判定されたほか、戦略爆撃機部隊（Ｔｕ－95ＭＳ及びＴｕ－22Ｍ3）は中部太平洋まで展開して敵艦隊に対する対艦ミサイル攻撃を行った。また、『海軍論集』は演習海域にベーリング海峡が含まれていたことを明らかにしているので、要塞の外堀がオホーツク海の相当外側に設定されていたことがここからは読み取れよう。[*32]

内堀の活動も活発であった。カムチャッカ半島からクリル列島（北方領土を含む）にかけて配備された地対艦ミサイル・システム3Ｋ55バスチョンと3Ｋ60バールが機動展開を行ない、上陸船団と破壊工作部隊の撃退訓練を行ったと報じられたことがそれである。[*33]「ズヴェズダ」が公表した映像を見るに、カムチャッカ、パラムシル、マトゥワ、北方領土でこれら地対艦ミサイル・システムの展開が行われたことが確認できるが、これはオホーツク海沿岸に現時点で配備された沿岸ロケット部隊の全てを動員したことを意味していた。さらに当時の海上保安庁が公表した航行警報を見るに、オホーツク海南部全体で幅広くミサイル発射警報が出されているので、以上のうちの一部は単なる模擬発射ではなく実弾発射訓練も伴っていたのだろう。

SSBNがパトロールする聖域としてのオホーツク海と、これを守る外堀と内堀——本書で繰り返し述べてきた構図を、これ以上なく鮮やかに実演して見せたのが4月の太平洋艦隊抜き打ち検閲であった。

ひっそりと行われる核抑止パトロール

もっとも、以上はあくまでも例外的なケースで、SSBNの聖域やその周辺の要塞の活動状況がここまで明らかになることは、普通はない。

この意味で注目されるのは、派手な抜き打ち検閲が終わった後の5月以降の動きだ。5月4日から10日の間にルィバチー基地から885M型SSGNの姿が消え、8月5日までのほぼ丸3カ月にわたって戻らなかったのである。885M型が太平洋艦隊に配備されて初めての長期航海が行われた可能性が非常に高い。また、この間には949A型SSGNが1~2隻、971型SSNがやはり長期にわたってルィバチー基地から姿を消した。

これをSSBNの活動状況と重ね合わせると、稼働状態にない667BDR型を除く3隻のSSBN全てが出航していた期間にちょうど該当する。SSBNの大規模パトロールに併せてＳＳＮやＳＳＧＮが外堀を固めていたのはほぼ間違いないだろう。

この点は、『海軍論集』の記述からも確認できる。その7月号によると、6月5日から20日の約2週間、日本海とオホーツク海を舞台とする演習が実施されていた。訓練内容は対潜水艦作戦、対水上・対空戦闘、補給などであったとされ、おそらくはＳＳＢＮを水中・水上・空中の敵から守るための各種作戦が行われたのだろう。演習参加兵力は太平洋艦隊の旗艦である１１６４型ミサイル巡洋艦ワリャーグなど艦船60隻、航空機35機のほか、沿岸部隊を含めて人員1万１０００人であったとされるから、おそらくは内堀である沿岸ロケット旅団も関与したと思われる。[*34]

同じような動きは前年の２０２２年春から初夏にかけても観察された。すなわち、ＳＳＢＮの出航と前後してＳＳＧＮやＳＳＮが一斉展開し、その間に千島列島でも大規模ミサイル発射訓練が実施されるというパターンである。ただ、この際には９４９Ａ型ＳＳＧＮが北極海航路を防衛するための演習を行ったとされているから、[*35]ベーリング海峡を越えて北極圏まで展開した可能性がある。同様に、２０２３年9月には太平洋艦隊の水上戦闘艦艇グループがベーリング海峡付近まで展開してミサイル発射訓練を実施しており、ロシアが考える外堀はこの辺りまで広がっていると見てよいだろう。

第5章
聖域と日本の安全保障

「ロシアの多くの専門家の見解によれば、戦略的安定性の主な要素は、まずもって独自の主要な抑止ファクターを備えた戦略核抑止システムである。

これは、侵略者の領土に『受け入れ難い』損害をもたらす、圧倒的な報復攻撃を行うとの脅しによって保障される。[*1]」

B.マケーエフ（軍事学博士）

核戦略理論から見た現在のオホーツク要塞――「抑止の信憑性」をめぐる問題

本書の最終章となる第5章では、現在の（特に日本の）安全保障環境とオホーツク要塞の関わりについて考えてみたい。まず取り上げるのは核戦略理論と第二次ロシア・ウクライナ戦争の関わりである。

極東からウクライナは遠い。例えば聖域の本丸であるカムチャッカ半島のルィバチー基地からウクライナの首都キーウまでは７５００キロメートルほども離れており、この二つの地域に関連性があると直感するのは難しいだろう。しかし、この戦争がロシア連邦という国家が行っているウクライナへの侵略行為である以上、オホーツク海の聖域はやはりそこに一定の役割を持っている。

その大雑把な見取り図は、本書の「はじめに」で述べた。ロシアはオホーツク海の聖域を含めた核戦力の脅しを用いて西側が実力でロシアの行動を阻止できない状態を作り出し、これによってウクライナへの侵略を可能にしたということである。

だが、それに構うことなく西側が軍事介入を行った場合はどうか。ウクライナに侵攻したロシア軍がＮＡＴＯ軍に阻まれた時、ロシアが全面核戦争を始めるだろうとはさすがに考えにくい。かつてマレンコフが認めたように、それは人類の共倒れを意味することになり、結果的にロシアはこのような核による報復を躊躇《ちゅうちょ》せざるを得ない可能性が高いからである。つまり、ロシアの核抑止は一方的に西側に対して働いているわけではなく、ロシアもまた西側の核戦力によって抑止を受けているということになる。

このようなジレンマは、冷戦初期の米国が直面したものでもあった。当初、核戦力で圧倒的な優位を誇っていた米国は、ソ連によるあらゆる侵略に対して全面的な核報復で応じるという大量報復戦略を採用していた。しかし、ソ連が予想よりも早く核兵器を実用化し、その配備数を急速に増加させていくと（その経緯の一部は第1章で見た）、こうした一方的な核抑止戦略は破綻《はたん》する。代わって登場したのが、相手の侵略の度合いに応じて対応を細かく変化させられるだけの核・通常戦力を保有しておくという柔軟反応戦略であり、冷戦期の米国における軍事戦略の基礎となった。

これと同じことが、冷戦後のソ連の軍事戦略でも繰り返された。第3章で見たように、1993年に公表されたロシア初の『軍事ドクトリン』では一種の大量報復戦略が採用されていたが、小規模紛争のために人類が破滅しかねない全面核攻撃をロシア政府が決断できる（あるいは西側にそのように確信させられる）見込みは薄かった。核戦略の用語で言えば、「抑止の信憑性《しんぴょうせい》」が担保できなかったということになる。[*2]

三つのシナリオ

これに対して、1997年のバトゥーリンの軍改革案では、戦争終結のために戦略核兵器を限定使用するという考え方が打ち出された。ただ、これはあくまでもバトゥーリンとココーシンによる私的な案であって、実際にロシアの核戦略として公式に採用されたのかどうかは明らかでない。

ただ、3年後の2000年に公表された改訂版の『軍事ドクトリン』では、核使用基準に関する記述がたしかに変化した。すなわち、①ロシア連邦とその同盟国に対して核兵器を含む大量破壊兵器が使用された場合には核兵器を使用する、②通常兵器による大規模侵略に対しても核兵器を使用する、とされたのである。このうち、①は古典的な核抑止を示唆するものだが、②にはより幅広い解釈の余地がある。大雑把に類型化してみると、次のようなシナリオが考えられよう。

・戦闘使用

戦況が不利な場合、戦術核兵器を大規模に戦闘使用する。つまり、全面核戦争に至らない範囲で核兵器を使用してあくまでも勝利を目指すという考え方であり、冷戦期の限定核戦争論とほぼイコールに捉えることができる。第3章で紹介した地域的核抑止論は、このような能力を以て抑止力としようとする考え方である。

●戦争終結の強要

進行中の戦争において、ロシアに有利な条件で（あるいは受け入れ可能な条件で）戦闘を停止することを敵に強要するため、ごく限られた規模で核兵器を使用する。この場合、核使用の目的は戦争の勝利ではなく停止に置かれるが、敵の戦意を喪失させるために「受け入れがたい損害」を惹起することが求められる。[*3] 具体的には、数十万人の民間人死傷者を出すような対価値攻撃を行って、戦闘を停止しなければこれと同じことが続くというメッセージを出すことが想定される。

●開戦・参戦阻止

潜在的な敵がロシアに対して戦争を開始すること、あるいは進行中の戦争にまだ参加していない国（または同盟）が参戦してくることを阻止するため、核兵器を限定使用する。この場合、当該の第三国を逆上させる恐れを排除するため、核兵器はほとんど（あるいは全く）犠牲者の出ない形で使用される。具体的には船舶の航行が稀《まれ》な海域や、ごく少数の軍人だけが勤務する軍事施設等の上空における核使用が想定される。

米国がいうE2DEの考え方は、このうちの戦争終結と開戦・参戦阻止の双方を含んでいる。つまり、限定核戦争で勝利を目的としない先行核使用全般がE2DEと呼ばれているわけだが、そのどちらを追求するのかによって核使用の様態はかなり変わってくるということが読み取れよう。

では、ロシアは本当にこのような核戦略を持っているのかどうか――つまり、いつ・どんな場合に・どのような形で核使用を行うのか。現在に至るも、ロシアはこの点を明確にしていない。その後の2010年版『軍事ドクトリン』や、現時点での最新バージョンである2014年版『軍事ドクトリン』に記載された核使用基準は2000年版と大同小異であって、停戦強要や開戦・参戦阻止を目的として核兵器を使うとは述べていないのである。ソーコフは、2000年版軍事ドクトリンに追加された新たな核使用要件がエスカレーション抑止を指していると述べており[*4]、この考え方に従うならば既にロシアの核ドクトリンにはE2DE型核使用（あるいは参戦阻止型核使用）が盛り込まれていることになるが、その可能性を示唆すること自体が目的の神経戦に過ぎないとの見方もまた根強い。[*5]

ただ、2010年代後半には、ロシアの公式文書には微妙な変化が見られるようになった。その第一は2017年に公表された『2030年までの期間における海軍活動の分野におけるロシア連邦国家政策の基礎』[*6]で、ここでは「軍事紛争がエスカレーションする場合には、非戦略核兵器を用いた力の行使に関する準備及び決意をデモンストレーションすることは実効的な抑止のファクターとなる」（第37パラグラフ）とされた。第二に、2020年に公表された『核抑止の分野におけるロシア連邦国家政策の基礎』では、「軍事紛争が発生した場合の軍事活動のエスカレーション阻止並びにロシア連邦及び（又は）その同盟国に受入可能な条件での停止を保障する」ことが核抑止の目的の一つに数えられた。[*7]

ただ、これらはあくまでも「一般論として」このような核使用のあり方が想定されるという体裁になっている。前述のとおり、核使用要件を定めた最上位の政策文書である『軍事ドクトリン』の内容に大きな変化が見られない以上、E2DE型核使用をロシアが真面目に考えているのかどうかは「わからない」というのが今のところ最も誠実な答えになろう。

「裏マニュアル」は存在しない

これは別段、奇異なことではない。核兵器使用の具体的なシナリオを明らかにしないのはどこの核保有国も概ね同じであるからだ。ロシアだけが特別に秘密主義的なわけではなく、どんな条件で核を使うかを曖昧にしておくことこそが核抑止の信憑性を保つ上で必要なのである。

それでも最低限の核使用基準を明らかにしている核保有国は少なくないし、ここまで見てきた通り、ロシアもその一つである。このように対外的に公表される核使用基準は宣言政策と呼ばれ、「我が国に対してこんなことをしたらこっちは核を使うからな」というメッセージを発することにその最大の眼目がある。専門用語で言えば、戦略的コミュニケーション（strategic communication）の道具が宣言政策である、ということになろう。

これに対して、実際の核作戦計画は運用政策と呼ばれる。このように書くと、運用政策とは「裏マニュアル」のようなもの、すなわち宣言政策には書いていない「本当の核使用基準」が記されたリストが想像されるかもしれないが、現実の運用政策とはこのようなものではない。最高司令官である大統領からの命令を達成するために、どの程度の核攻撃を、どのような手段で、いかなる目標に対して加えるのかを定めた具体的なターゲティング戦略が運用政策の本質である。

つまり、国家の首脳が核使用という究極の決断を下すときには、頼りになる「裏マニュアル」などというものは存在しない。平時に軍が作成した運用政策の中からどれを実施させるのかは、一人の政治家の決断にかかっているのだ。例えばロシアが戦術核兵器の大量使用によってあくまでも戦争を継続しようとするのか、あるいは限定核使用によって戦争終結を強要しようとするのかは、ある特定の条件下におけるウラジーミル・プーチンという政治家の決断次第であって、それ以前において明確なことは(プーチン本人にさえ)わからない。宣言政策とはあくまでも宣言に過ぎないのであって、実際の運用政策とは基本的に紐づいていない(紐づけようがない)のである。

ただ、ある国がどの程度の核使用オプションの幅を持っているのかは、ある程度まで外形的に把握しうる。例えば北朝鮮が保有する核弾頭は2022年時点で最大で45~55発、現実的には20~30発程度と見積もられているから[*8]、米国に先制核攻撃を仕掛けてその核戦力を一掃するような戦略を採用することは物理的に不可能である。とすると、北朝鮮指導部の思惑がどうあれ、少数の核弾頭と運搬手段の生残性を確保して米国にとって「受け入れ難い損害」を惹起できる能力を持っておくこと——いわゆる最小限抑止戦略が現時点での可能行動であると想定できよう。[*9]

一方、ロシアは考えうるほぼ全ての核使用オプションを持っている。例えばロシアの戦略核戦力は米国よりやや劣るものの世界第2位の規模を誇り、「大まかな均衡（ラフ・パリティ）」下における相互確証破壊を達成している。戦術核戦力を含めた非戦略核戦力（NSNF）については1800発程度と世界最大規模であると見られており、その運搬手段も弾道ミサイル、巡航ミサイル、戦術航空機と一通り揃えている。可能行動という観点から言えば、核戦略理論が想定するあらゆるオプションを行使可能であるということになる。

核エスカレーションに関するロシアと米国の「認識」

可能行動に加えて重要なもう一つの要素が、政治指導部の認識である。核使用の形態が土壇場の状況における政治指導部（あるいは最高政治指導者個人）の決断にかかっているのだとすると、そのような決断は平時に準備された既存のオプションを緊急に選択する、という形で下される可能性が高い。つまり、大統領が核使用を真剣に考えるようになったとき、参謀本部が提示できるオプションの幅がそのまま選択肢の幅になるということだ。

このように考えたとき、ロシアの公式文書が「一般論として」多様な核使用オプションに言及していることの意味は大変に大きい。すでに述べたとおり、『核抑止の分野におけるロシア連邦国家政策の基礎』は「軍事活動のエスカレーション阻止並びにロシア連邦及び（又は）その同盟国に受入可能な条件での停止を保障する」ことを核兵器の役割として挙げており、『2030年までの期間における海軍活動の分野におけるロシア連邦国家政策の基礎』ではその実施形態として「非戦略核兵器を用いた力の行使に関する準備及び決意をデモンストレーションすること」を挙げている。ロシア軍参謀本部がこれに対応した核作戦計画を作成していないのでない限り（おそらくは作成していると見るべきであろう）、停戦強要や開戦・参戦阻止のための限定核使用（E2DE型核使用）というオプションが単なる神経戦であるとは、やはり言えないのではないか。

ちなみに『核抑止の分野におけるロシア連邦国家政策の基礎』第15パラグラフには、「核抑止に関する戦力及び手段の使用の可能性について、その規模、時期及び場所を仮想敵に察知されないこと」という文言が見られる。そもそも本当の運用政策は察知されてはならないものなのだ。本当の運用政策は「窓のない部屋での会話」によって決まっているのであり、宣言政策（ここには『核抑止の分野におけるロシア連邦国家政策の基礎』も含まれる）はそれを規範的な言葉で装った「真実の半分」でしかない。[*10]
この点を米国側から考えてみよう。米露が互いを完全に破滅させうるだけの核攻撃能力を持った状態（相互確証破壊）が存在している以上、ロシアによる全面核攻撃の蓋然性《がいぜんせい》はかなりの危機事態においても低いと考えられる。他方、わからないのはこれ以下の閾値《いきち》における核使用の蓋然性であり、特にE2DE型核使用はあるともないとも言えないが、そのための能力と認識をロシアは確実に有している。
このような考え方に基づいて、2017年には、在独米軍がロシアの限定核攻撃を受けたという想定での図上演習がホワイトハウス内で行われた。[*11]おそらくはラムシュタイン空軍基地などに対して低出力核弾頭による攻撃が行われ、少数の米軍人を殺傷することで参戦阻止を図るという想定であったと思われる。また、トランプ政権下で策定された2018年版『核態勢見直し』（NPR2018）[*12]では、ロシアがE2DE型核使用に及んだ場合の対応手段として、トライデントⅡ D－5潜水艦発射弾道ミサイル（SLBM）に低出力核弾頭を搭載したバージョン（LYT）を開発する方針が決定された。ロシアが限定核使用を行った場合、全面核戦争にエスカレートしない範囲で核反撃を行う能力を持っておくという発想である。

もちろん、「全面核戦争にエスカレートしない範囲で」というのは願望に過ぎない。現実問題として、ロシアの限定核使用に対して米国大統領や米国世論がどのように反応するのかはまさにその時まで誰にもわからないし、仮に低出力核による報復が選択された場合、これに対するロシア側の反応がどうなるのかも全く不確定である。このような不確定性こそが米露双方に核使用を手控えさせるのだ、というのが核抑止の論理であるのだが、同時に極めて危ういバランスの上に成り立つものでしかないことも明らかであろう。

聖域とウクライナ戦争

以上を踏まえた上で、改めて第二次ロシア・ウクライナ戦争とオホーツク海の聖域との関係性を考えてみたい。図式化して述べるなら、これは二重の構造をとるものと理解できよう。その第一層は最も基本的なもの、すなわち戦略核戦力による全面核戦争の抑止（戦略抑止）であって、ここにおいてオホーツク海の聖域が果たす役割については本書の中で繰り返し述べてきた。オホーツク海（あるいはバレンツ海）が聖域である限り、米国がロシアの侵略行為を実力で阻止する可能性は一般に低く見積もる余地があるということだ。二つの聖域とウクライナの戦場は、こうした意味において真っ直ぐ結びついている。

この基層の上には、ロシアによる戦術核兵器の使用（戦闘使用）というもう一つの層が存在しているが、これは聖域とは結びつかない。地域的核抑止論が前提としているのは、短距離弾道ミサイルや戦闘爆撃機を核運搬手段とする戦場内での戦闘使用であって、これは基本的に陸軍や空軍の任務である。また、2022年秋にウクライナ軍の奇襲を受けたロシア軍がハルキウ正面で手酷い敗北を被ってもなお、戦術核兵器は使用されなかった。このような「特定の条件」において、プーチンという政治家は核使用を決断しなかったことになる。

したがって、問題となるのは、そのもう一つ上の層、すなわちウクライナに対する停戦強要や米国・NATOの参戦阻止を図るためのE2DE型核使用の可能性である。その具体的なオプションは幅広く、前述した戦術兵器によるデモンストレーション的な限定核攻撃も考えられれば、『2030年までの期間における海軍活動の分野におけるロシア連邦国家政策の基礎』が述べるような、海軍による非戦略核兵器の使用（例えば艦艇発射型巡航ミサイルによる限定核攻撃）、さらにはSSBNによるSLBM攻撃までが想定される。最後のオプションについて言えば、ここには、オホーツク海の聖域から少数（または単発）のSLBMを発射して北極海上で核爆発を起こしてみせるといった可能性も含まれよう。これだけでウクライナが侵略への抵抗を諦めることはまず考えがたいにしても、西側諸国の中でもともとウクライナ支援に否定的な態度を示す勢力を勢いづかせることは期待できるからである。

繰り返すならば、このような可能行動のうちどれを選ぶのか、あるいは選ばないのかは、プーチンという一人の男のその場限りの判断にかかっている。したがって、以上は、ありうべきロシアの核使用がこのようなものであると予言するものではない。むしろ、そのような予言を行うことが困難であるからこそ、オホーツク海の聖域はウクライナでの戦争を継続させる力を持っているのである。

要塞の戦い方——揺らぐ「戦闘安定性」

今度は、オホーツク海を含めた聖域が、戦時においてどこまで聖域でいられるのかを考えてみよう。つまり、有事において要塞はどのように戦うのかということだ。

聖域を守る要塞が西側のA2／AD概念にそのまま当てはまるものではないことは、第2章で述べた。コフマンの議論として紹介したように、その上位にある考え方は能動防御であって、ここでは戦争の最初期段階（IPW）における敗北の回避、攻勢による損害限定、そして消耗の強要が中心的な役割を果たす。そして、その主要な手段となるのが、水上艦艇・SSN／SSGN・航空機による長距離対艦ミサイル攻撃能力（本書で外堀と表現する能力）であった。

この点は、現在のロシアの軍事戦略においても大きな変化はない。例えばロシア国防省による定義を見てみると、IPWとは開戦後の数日間から数カ月間程度の期間を指し、この間には「直近の戦略的目的の達成」または「戦力の主力を戦争投入し、これに続く行動を行う上で有利な条件の達成」が追求される。要するに、破壊戦略論者がいうように戦争が短期間で終結するのか、古典的な消耗戦略へと移行していくのかの分かれ目がIPWなのであり、そうであるがゆえにこの期間は「最も困難かつ緊張度の高い期間」とみなされるのである。[*13]

そこで問題となるのはIPWにおける海軍の任務であるが、ロシア国防省はこれを「海洋戦域における艦隊の戦闘行動」[*14]としている。海洋戦域（OTVD）とは大西洋、太平洋、北極海、インド洋を特に指すから、IPWにおけるOTVDでの戦闘行動とは、外堀における損害限定と消耗強要のための対艦戦闘と理解できよう。要塞の主防衛線は現在も外堀であるということだ。

しかし、ソ連崩壊後のロシア軍にとって、米国を中心とする西側の海軍力に正面から対抗することは簡単ではない。例えば1980年代のソ連海軍は60隻以上のSSBNを守るために約270隻のSSN／SSGNを保有していたが、2020年代初頭にはこれがSSBN10隻に対してSSN／SSGN21隻まで落ち込んだ。太平洋艦隊について言えば、現時点で在籍するSSN／SSGNは7隻に過ぎず（表2、39ページ）、しかもこのうち3隻は工場で長期修理・改修中である。さらに長距離作戦行動の可能な艦艇や航空機の減少、[15] 対潜水艦・対機雷作戦能力の低さ、そして日米の対潜水艦作戦能力の高さを考えると、もはやバレンツ海とオホーツク海を聖域と見做すことはできないし、この点はロシア海軍内部でもかなりの程度まで大っぴらに議論されてきた。[16] 1970年代に登場した「戦闘安定性」の概念は、ここにきて大きく揺らいでいる。

柔らかな背後

ただ、動揺の度合いには、二つの要塞の間でかなりの差がある。

ピーターセンが指摘するように、現在のロシア海軍は聖域周辺の広範な海洋を制圧（コントロール）する代わりに、SSBN基地や指揮通信結節、経済中枢といった重要拠点を重点的に防護する方針を採用しており、このためにセンサー（レーダーや水中聴音システム）、電子妨害システム、囮、防空システム、航空機などによる重層的な防衛網を展開してきた。*17このような防衛網が最も手厚く配備されているのがバレンツ海周辺で、次ページからの図14及び図15に示すように、要塞の城壁は依然として相当に手強《てごわ》いものであることが見て取れよう。

オホーツク海周辺でもこれと似たような軍事力の整備が進んでいることは第4章で見たが、北方艦隊と比較すると手薄であると言わざるを得ない。特に目立つのはレーダーなどの長距離センサーと航空戦力の乏しさで、前述したSSN／SSGNの不足を考えるならば、有事におけるSSBNの「戦闘安定性」にはかなりの不安が残る。

しかも、オホーツク海の聖域には、バレンツ海にはない地理的脆弱性が存在する。その第一は、第3章ですでに指摘した。太平洋艦隊の水上戦闘艦艇は、日本周辺の三海峡のいずれかを突破しない限り、外堀として機能できないのである。かといって、カムラン湾という拠点を失った現在のロシア海軍が三海峡の外部に大規模な対艦攻撃部隊を常時配備しておくことはもはやできず、有事において外堀がどこまで機能するのかについては改めて疑問符が付く。

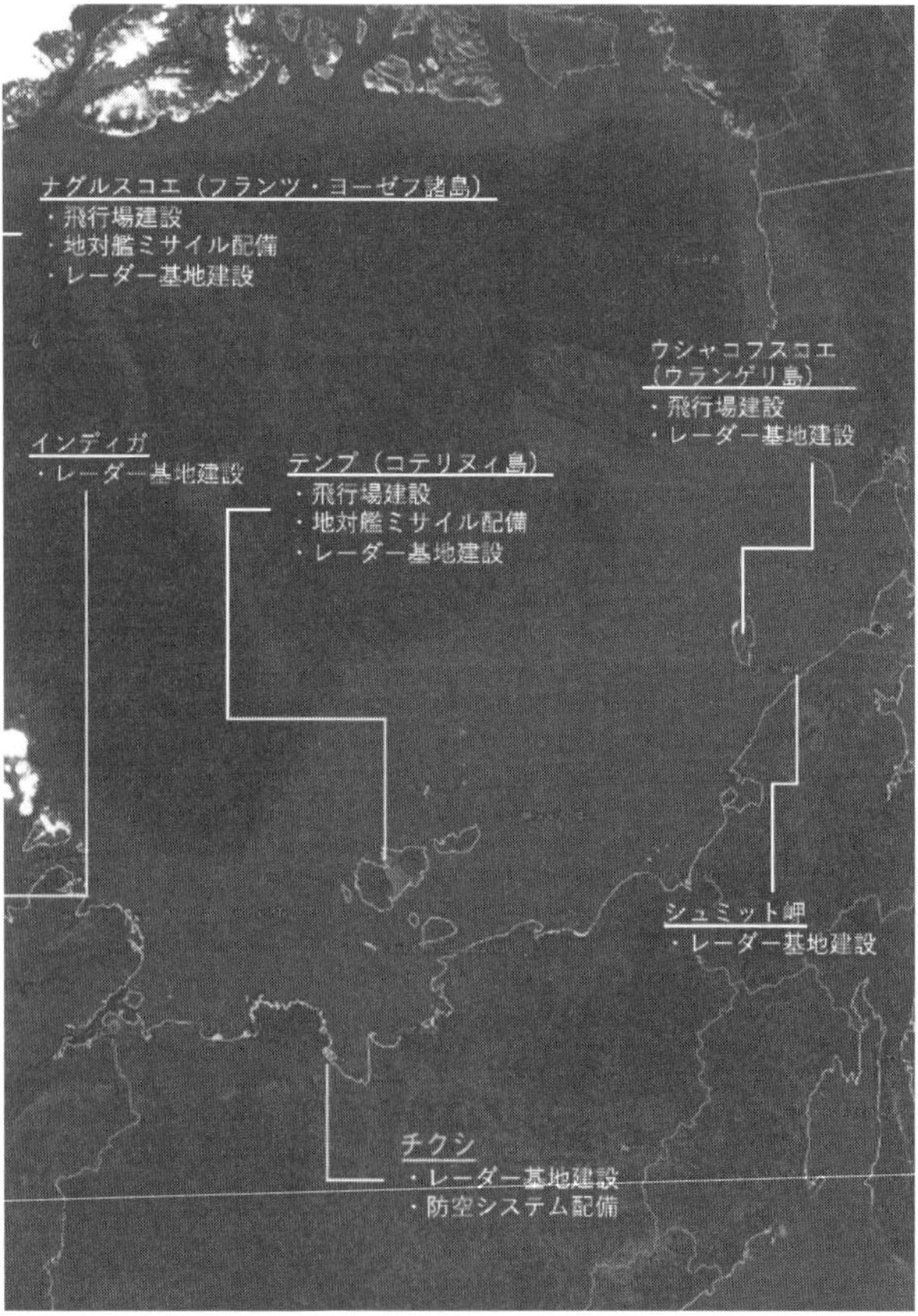

巻第8号（2021年）より。Google Earthの画像をもとに筆者作成

図 14　北極圏におけるロシアの軍事アセット整備状況

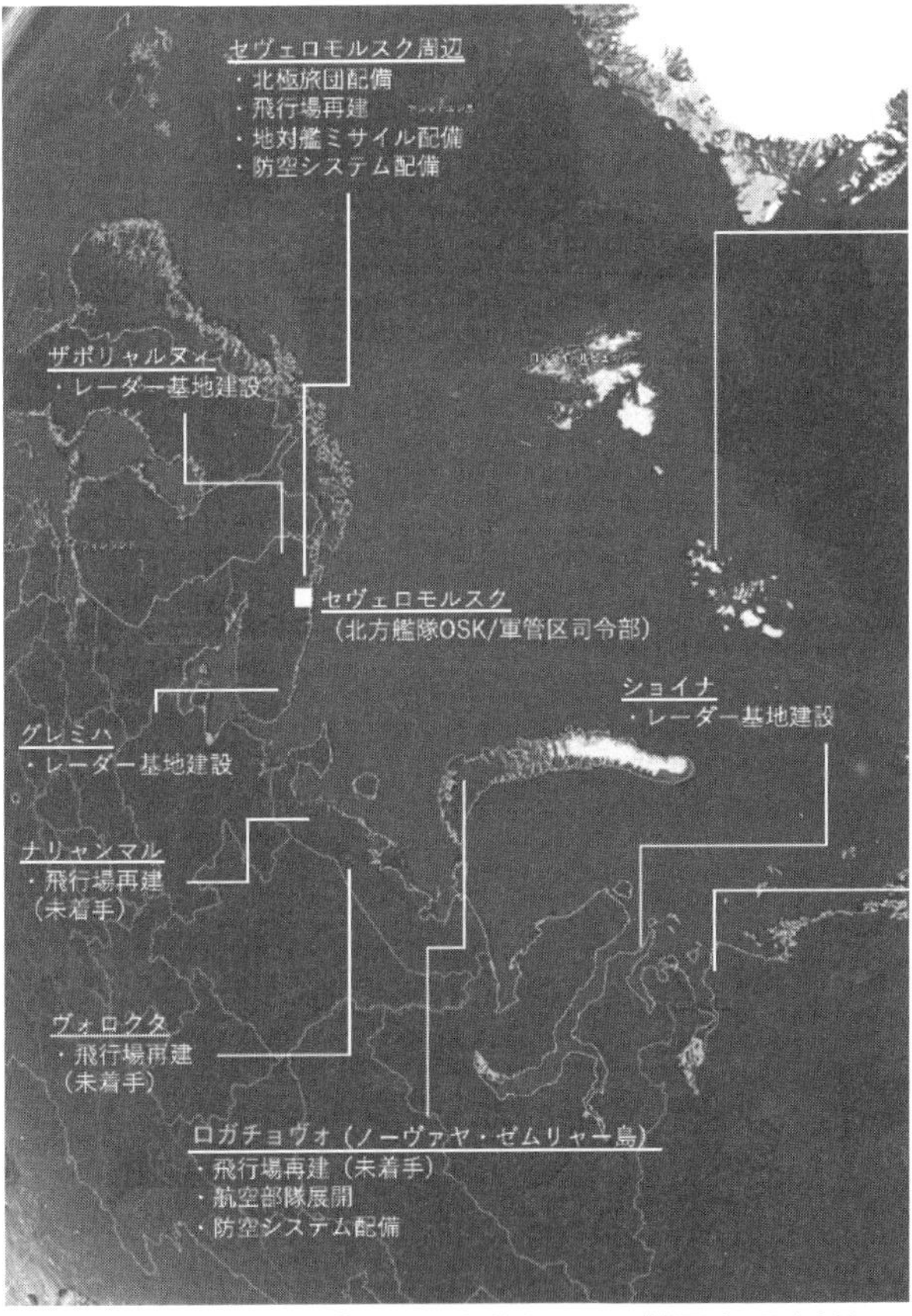

出典：小泉悠「ロシア、『北極軍事化』の狙い!」『軍事研究』第56

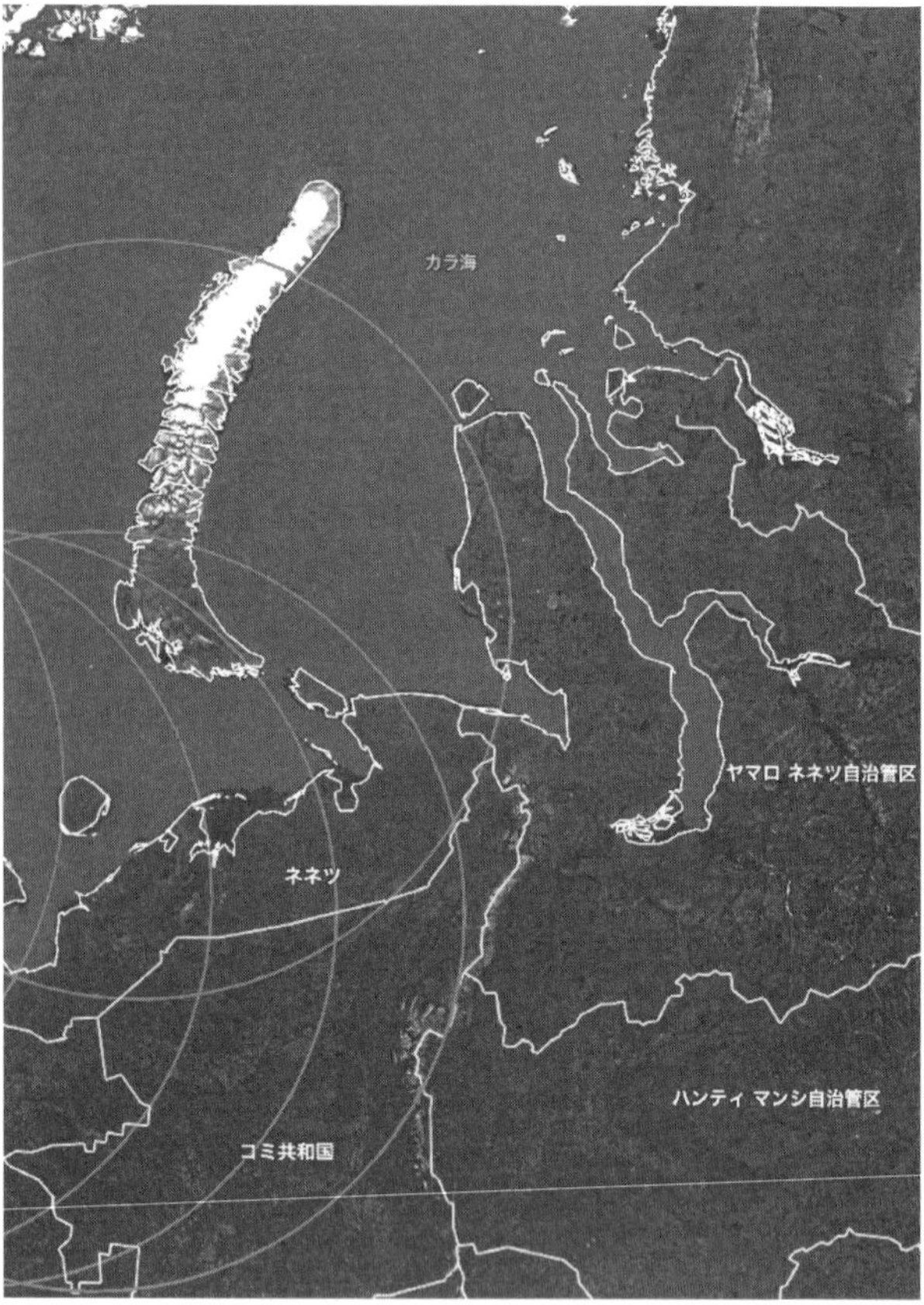

巻第8号(2021年)より。Google Earthの画像をもとに筆者作成

図 15　セヴェロモルスク周辺に配備された
レゾナンス -N 超水平線レーダーの覆域

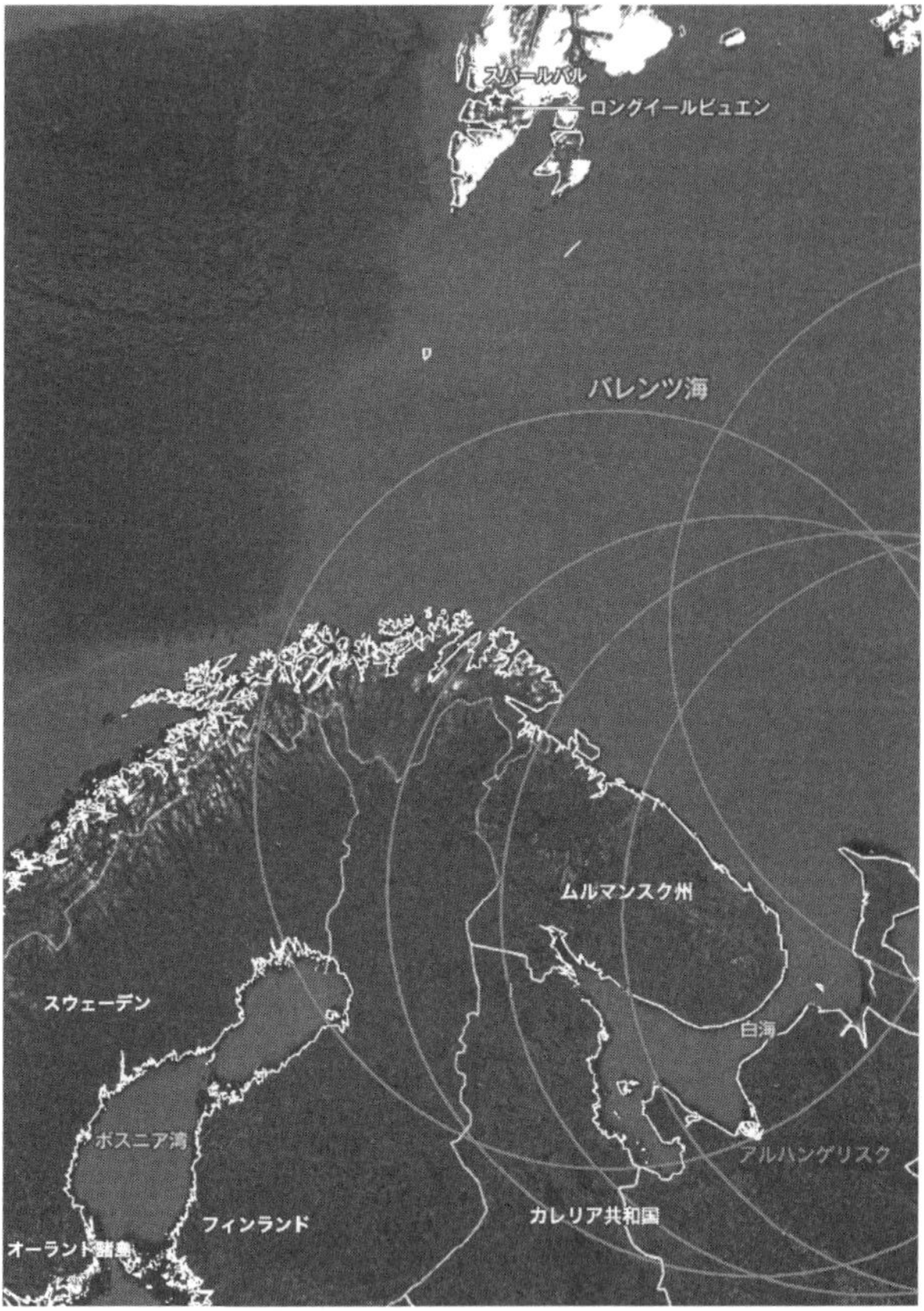

出典：小泉悠「ロシア、『北極軍事化』の狙い!」『軍事研究』第56

第二に、要塞海域と後背地《こうはいち》との関係が挙げられる。バレンツ海の背後には広大なユーラシア大陸が控えており、この方向から米軍の攻撃を受ける心配がないのに対して、オホーツク海の場合は1200キロメートルほどの陸地を挟んで北極海（東シベリア海）が広がっている。つまり、オホーツク海の聖域を守るためには、南（日本）や東（北太平洋）からの攻撃だけでなく、北からの攻撃をも撃退する必要があるということだ。

かつての中央アジアはソ連の弱点という意味で「柔らかな下腹部」と呼ばれたが、[*18]このひそみに倣《なら》うなら、東シベリア海はロシアにとっての「柔らかな背後」とでも呼ぶべき位置関係にある。SSBNのパトロール海域に含まれないコテリヌィ島やウランゲリ島、シュミット岬などの東シベリア海沿岸においても、飛行場、レーダー、地対艦ミサイルの配備が進められている理由はおそらくこれであろう（図14を改めて参照されたい）。

また、2014年及び2018年の「ヴォストーク」演習では東シベリア海のさらに東に広がるチュクチ海沿いのチュコト半島に地上部隊や爆撃機を緊急展開させる訓練が実施されたほか、[*19]2016年には同半島に沿岸防衛部隊を常駐させるとの構想が報じられたこともある（現在に至るも実現せず）。[*20]有事においてチュクチ海とベーリング海で米海軍が海上優勢を確立しかねないことへの懸念は『海軍論集』でも指摘されたことがあるが、[*21]これらの動きからわかるように、オホーツク海の聖域は、その言葉からイメージされるほどには盤石なものではない。

オホーツク要塞の城壁とウクライナ戦争

これに加えて、オホーツク海の聖域を取り囲む要塞の城壁は、第二次ロシア・ウクライナ戦争でさらに薄くなりつつある。

最も顕著なのが防空システムだ。第4章で見たように、ロシアは2021年末、北方領土の択捉島と国後島にS－300V4防空システムを配備したが、これが開戦後の2022年秋頃に撤去されたことを衛星画像分析は示している。サハリンにおいても、同島に配備された2個連隊のS－400防空システムのうち1個は開戦後に完全に姿を消しているほか、もう1個も編成が縮小された可能性が高い。おそらくはウクライナの前線やロシア本土における防空能力を強化すべく転用されたものと思われる。同じ現象はバレンツ海の要塞を構成するノーヴァヤ・ゼムリャー島でも見られ、北方艦隊もやはり戦争とは無縁でいられないことがわかる（ついでに言えば同艦隊は隷下の第200自動車化歩兵旅団を戦場に派遣してもいる）。

他方、ルィバチー基地の周辺に配備された2個連隊分のS－400については変化が見られず、ウラジオストク周辺でも同様である。したがって、以上からは、ロシアの防空システム網がオホーツク海周辺を広くカバーするものから、重要拠点だけを守るものへと後退しつつとの結論が導けそうだ。中千島のマトゥア島やパラムシル島にはもともと防空システムのカバーが存在していなかったから、はなからあまり分厚いものではなかった要塞の内堀が戦争によってさらに削り取られていることがここからは見てとれる。

三海峡を「こじ開ける」ロシアの能力も大幅に低下している。太平洋艦隊隷下にある二つの海軍歩兵旅団[*22]がウクライナの戦場へと送られ、激しい消耗を強いられているためだ。また、第3章で見た揚陸作戦能力の不足は、内堀の戦い方にも影響を及ぼさざるを得ない。太平洋艦隊の地対艦ミサイル部隊は配備先にずっと留まっているわけではなく、輸送艦を用いて島嶼間での機動展開訓練を頻繁に実施しているようであるが[*23]、これは米国の先制攻撃で内堀が無効化されるのを避けるための措置であろう。

ある意味では米海兵隊の遠征前進基地作戦（ＥＡＢＯ）構想を先取りしたような運用方法とも言えるが、このような戦い方は高い戦域内機動力を要求する。今後、太平洋艦隊の揚陸艦戦力がある程度まで近代化されることを見込んだとしても、現実的に取れる作戦の

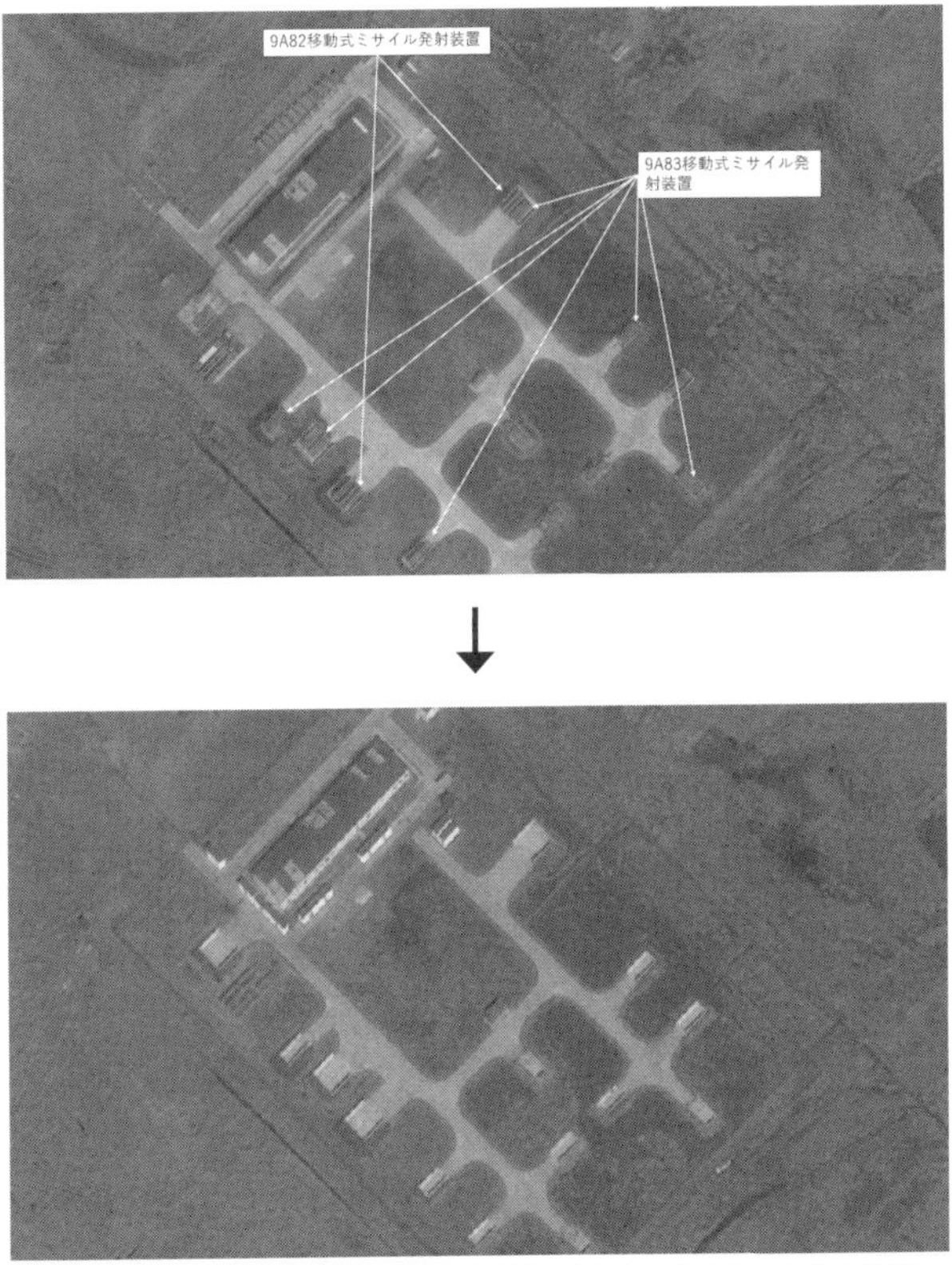

（上）択捉島に配備されたS-300V4防空システム（2022年８月11日撮影）
Image ©2022 Maxar Technologies
（下）空になったS-300V4防空システム陣地（2023年10月13日撮影）Image
©2023 Maxar Technologies

オプションとしては、少数の水上戦闘艦艇を外洋に突破させるか、千島列島内での地対艦ミサイル部隊の機動かのどちらかを選択せざるを得ない可能性が高い。外堀と内堀の双方が揚陸作戦能力に依存し、しかも現在のロシアにはその双方を満足させるのが難しいということだ。

最後に、第二次ロシア・ウクライナ戦争が長期化する中で、極東ロシア軍の地上兵力は著しく減少している。開戦前の時点における防衛省の評価でさえ、東部軍管区に配備されていた地上兵力は8万人に過ぎないと見られていたが、開戦後は同軍管区の主力部隊は軒並みウクライナへの侵攻作戦に投入されてしまった。上述の2個海軍歩兵旅団もその一部であるし、北方領土に駐屯する第18機関銃砲兵師団も同様である。こうなると、有事に海峡を「こじ開ける」どころか、逆に米軍がオホーツク海周辺地域への強襲上陸作戦を仕掛けてきた場合にこれを阻止・妨害する能力さえ相当に乏しくなっていることが予想される。

「カリブル化」されるロシア海軍

ここまで見てきたように、聖域の防衛体制は（程度の差はあれ）冷戦期に比べて脆弱化している。そうした中で近年のロシア海軍が進めているのが「カリブル化」、すなわちカリブル長距離巡航ミサイルを水上艦艇から潜水艦に至るまで、あるいは小型艦から大型艦に至るまでのあらゆる艦艇に搭載するという方針だ。

カリブルは2015年に始まったロシアのシリア介入作戦で初めて実戦投入され、2022年以降には第二次ロシア・ウクライナ戦争でさらに大々的に使用されて有名になった。その開発元はソ連時代から長距離ミサイルの開発で知られてきたノヴァトール設計局であり、対地攻撃バージョンの3M14の場合、450キログラムの弾頭を搭載して1500〜2000キロメートルを飛行する能力を持つとされる（このほかには対艦攻撃バージョンの3M54と魚雷を搭載した対潜型の91Rがある）。3M14カリブルは第二次ロシア・ウクライナ戦争でもロシア軍の空爆手段として多用されているから、ニュースなどでその名を目にしたという読者も多いだろう。

コフマンとピーターセンが共通して述べるように、ロシア海軍が「カリブル化」に期待する役割の一つは、戦争が始まる前の段階（pre-conflict。ロシア式の軍事用語では「脅威期間」）において敵の開戦意図を挫《くじ》くことである。ここまでに見たように、ロシアの軍事思想や公式文書では核兵器の先制使用による開戦・参戦阻止の可能性が示唆されているが、同時にこれは思わぬ核エスカレーションを招く危険性をも孕む。これに対して通常弾頭型のカリブルを用いた限定攻撃を「死活的に重要な目標」に加えて警告のシグナルとし、ロシアに対する開戦の意図を挫くような方法、すなわち非核E2DE型攻撃はこうしたリスクを可能な限り排除できる手段とみなされている、というのがコフマンとピーターセンの見立てである。[*24]

もちろん、その手段はカリブルに限る必要はない。爆撃機から発射されるKh－101などの長距離空中発射巡航ミサイル（ALCM）も含まれようし、将来的には航空機発射型のキンジャール（陸軍のイスカンデル－Mシステムから発射される9M723短距離弾道ミサイルの空中発射バージョン）やツィルコン極超音速ミサイルの対地攻撃バージョンが加わることも予想される。

実際、太平洋艦隊の戦力整備状況もこれに沿ったものである。ソ連崩壊後、ロシア海軍は巡洋艦や駆逐艦といった大型水上戦闘艦艇をほとんど配備できておらず、2010年代に入ってから登場した22350型（アドミラル・ゴルシコフ級）フリゲートも、現在のところ北方艦隊にしか配備されていない。ロシア海軍がそれぞれ1隻だけ保有している空母と原子力巡洋艦も同様である。

これに対して20380型（ステレグーシチー級）コルベットや636・3型（改キロ級）

といった沿岸戦闘艦艇の配備はそれなりのペースで進んでおり、しかもその全てがカリブル巡航ミサイルの発射能力を有している。さらにロシア航空宇宙軍は近く、極東のアムール州にもTu－160超音速戦略爆撃機の基地を開設するとも報じられているから[*25]、既存の水上艦艇やSSGNに対するカリブル搭載改修と併せて、この種の長距離攻撃能力はかなり向上することを見込んでおかねばならない。

日本の対ロシア戦略を考える——ロシアは日本のどこを叩くか

ただ、コフマンとピーターセンが描くシナリオは、基本的にロシアとNATO諸国の間でのエスカレーションを前提としたものであった。すなわち、欧州での局地戦争（例えば第二次ロシア・ウクライナ戦争）にNATO諸国が参戦して地域戦争化し、さらには米露間の全面核戦争を含めた大規模戦争へとエスカレートしそうな場合にカリブルによる非核E2DE型攻撃が登場するということである[*26]。

一方、日露間における軍事紛争の可能性はそう高いものではない。係争地である北方領土をロシアが実効支配している以上、日本がこれを実力で奪還しようとするのでない限り、領土問題をめぐって日露が戦う可能性はまずないと考えてよいだろう。ロシア側にはこの点についてかなり疑い深い議論があるにはあるが、日本政府が北方領土の軍事的奪還を目指すだろうと本気で考える日本国民はそう多くないと思われる。少なくとも、いち日本国民としての筆者には、このようなシナリオはどうにも想像がつかない。

では、ロシアが日本に大規模侵略を行う可能性はどうかといえば、これも相当に低い。ウクライナの場合、①民族・文化・歴史等を共有するウクライナはソ連崩壊後もロシアの強い影響下にあるべきだという民族主義的動機と、②NATO東方拡大をはじめとする冷戦後の西側陣営に対する振る舞いへの不満・屈辱感が結合した結果として、ロシアは侵略に及んだと考えられるが、日露間にはこうした事情がそもそも存在しない。海を隔てて隣り合う日露は近代に入ってからようやく邂逅《かいこう》したのであり、ロシアとウクライナのように「区別がつかないほど似ている」という関係にはない。また、ソ連はその欧州部から中央アジア部にかけて崩壊したのであって、極東では国境線の変更や新興独立国の誕生という事態は起こらなかった。要するに、ロシアが日本という国について強い執着を持ったり、同盟の拡大に関する強い不満を持つような余地が極東にはあまりない。

このように考えていくと、太平洋艦隊の太平洋艦隊のカリブル化や爆撃機の増強は、欧州正面におけるそれと若干性格が異なるのではないかというふうに見えてくる。戦争のエスカレーションが行き着くところまで行き着き、米露の全面戦争となった場合にやることは同じ（つまり大規模核攻撃）であるとしても、それ以前の段階――例えばロシアとNATOの間で通常戦争が勃発するような事態において非核E2DE型攻撃が行われるとするなら、それは欧州部に配備された三艦隊（北方艦隊、バルト艦隊、黒海艦隊）の役割になるはずであるからだ。

では、結局、太平洋艦隊のカリブル化は何を意図したものなのだろうか。唯一考えられるのは、欧州での戦争が大規模戦争（米露の全面核戦争）にエスカレートする危険が生じた場合、オホーツク海の要塞を脅かしかねない日米の軍事力に対する能動防御型攻撃が発動されるというシナリオである。具体的には、日米の航空優勢獲得を阻止するための千歳《ちとせ》・三沢・松島・小松・エルメンドルフ（アラスカ）等の戦闘機基地への攻撃や、米空母機動部隊の母港がある横須賀・ハワイへの攻撃、八戸・厚木等の対潜哨戒機基地への攻撃が想定されよう。

「感じの悪い未来図」

もちろん、以上は、いくつかの仮定を積み重ねた上での話ではある。例えばウクライナでの戦争がＮＡＴＯとの地域戦争にまでエスカレートすることは現時点では可能性の領域に属するシナリオに過ぎないし、これが大規模戦争にまでエスカレートする可能性はさらに低い。

同時に、このように言えるのは、エスカレーションの各段階において抑止力が働いているからに他ならない。以上で筆者が述べてきた未来図はいかにも「感じが悪い」ことは承知しているが、望ましくない事態を高い解像度で予測しておくのでない限り、導き出される抑止戦略は耳触りのよいスローガンの羅列に過ぎなくなってしまう。

では、日本の対露戦略はいかにあるべきか。

今度は逆に、最も望ましい未来図を考えてみよう。欧州での軍事的緊張度が低下して日露間の政治・外交・経済関係が再び改善し、中露の接近にも歯止めがかかる、といったあたりが概ね想定されるのではないかと思われる。これをエンド・ステート（達成されるべき望ましい状態）と設定するなら、日本の戦略にとって主な手段は外交や経済協力になる。

ただ、実際に外交と経済を両輪として展開された第二次安倍政権の対露外交は明らかに失敗であった。安倍政権の主たる戦略は、首脳外交と8項目の経済協力プランによって日露関係を改善し、北方領土問題の解決とロシアの中国依存を軽減することであったと思われるが、これらの目的はいずれも達成されていない。そして、ロシアにおいてプーチン政権が継続する限り、このような状況は大きく変わらない、とここでは仮定することにする（もちろん、新たな外交・経済的アプローチで状況を変えうるとの考え方は成り立つが、本書のテーマ外である）。

したがって、より現実的に想定されるエンド・ステートは、現状維持ということになろう。日露間には多くの懸案が残り続けるが、軍事的緊張をこれ以上高めることなく「冷たい平和共存」のようなものを維持し続けるということである。

また、2022年に公表された『国家安全保障戦略』が述べるように、日本にとってより喫緊《きっきん》の課題は、中国の急速な軍事力拡張と北朝鮮の核・弾道ミサイル開発への対処と抑止であるとされている。したがって、ロシアとの「冷たい平和共存」を維持するための戦略は、対中国・北朝鮮戦略のリソースを圧迫するものであってはならない。これまで述べたとおり、ロシアからの直接的な軍事的脅威は決して高いものではないからだ。

対露抑止力をどう構築するか

以上から導き出される日本としての対露戦略はどんなものだろうか。概ね二つのレイヤーが想定されよう。

まず、安全保障外交である。日露関係の劇的な改善が難しいという前提の下で考えるなら、求められるのは、①欧州においてロシアの次なる侵略を抑止することと、②抑止が破れた場合でも戦争のエスカレーションを避けること、③仮に②の事態が生じてもインド太平洋地域で中国や北朝鮮が冒険的な行動をとることがないよう抑止力を維持すること、の三点である。

このうちの①と②において重要なのはユーラシアの東西における安全保障上の協力関係をより密にしておくことで、例えばNATOと日本の間における安全保障環境認識のすり合わせ（対話）、弾薬や戦略物資等の相互融通や機微技術の共同管理に関する体制づくり（制度化）が想定される。

一方、③の眼目は、オーストラリアや韓国といった、直接的な同盟関係にない国々との間でも同様の体制を構築することで、米国の抑止リソースが欧州正面に集中投入されている状況下でも対中国・北朝鮮抑止力の低下を最小限に抑えることにある。

次に、より軍事的な抑止戦略である。ここでの重点はロシアの能動防御型攻撃を比較的低いコストで無効化ないし低減できる能力に置かれねばならない。前述のように、日本にとってのロシアの脅威はあくまでも二次的なものだからである。また、日本は懲罰的抑止力（報復能力）の保有を現在まで認めていないから、これは拒否的抑止力（敵の攻撃が所期の効果を挙げない能力を持つことで抑止力とするとの考え方）に基づく必要がある。

このように考えたとき、真っ先に選択肢に挙がるのは統合航空ミサイル防衛（ＩＡＭＤ）能力の獲得・強化であろう。有事に予想される航空機・巡航ミサイル・弾道ミサイルの集中的な攻撃に対処すべく整備が進められているＩＡＭＤ能力は主として中国や北朝鮮の脅威を念頭に置いたものだが、これはそのまま、ロシアの能動防御戦略に対する拒否的抑止力としても機能しよう。

繰り返すが、日露間における軍事紛争の可能性はそう高いものではない。抑止力の本丸はあくまでも中国と北朝鮮への対処なのであって、なるべく安く、「ありもの」で対露抑止の信憑性を高めることが日本にとっての戦略的課題と言える。

おわりに

——縮小版過去を生きるロシア

「そして私たちで新しい庭をつくりましょうね、
いまよりももっともっと豊かな庭をつくりましょうね」

アントン・チェーホフ『桜の園』より

桜の園

本書では、第二次世界大戦の終結からおよそ70年間に及ぶ歴史を、オホーツク海を中心に眺めてみた。

「小戦争」理論に基づく沿岸海軍として出発したソ連太平洋艦隊は、1960年代に入ってから対米核抑止力を担う戦略兵力へと成長し、1970年には米本土を直接狙える667B型SSBNの登場で二つの聖域が生まれた。だが、1980年代に太平洋艦隊が迎えた絶頂期はソ連の崩壊によってあっという間に過去のものとなる。燃料や食料にさえ事欠く1990年代、艦隊はパトロンからの援助と宗教の支えによってどうにか生き延び、2010年代に入ってから復活の時期を迎える——本書の内容を駆け足で振り返るなら、概ねこのようにまとめられるだろう。

その上でたどり着いた現在地を思うときに想起されるのが、アレクサンドル・ドゥーギンの「縮小版超大国」というテーゼ（第3章）である。

ロシアの通常戦力はソ連時代のように圧倒的なものではなくなっているが、核戦力だけは依然として米国と肩を並べる規模を維持している。そうであるが故にロシアは今でも世界的大国であり続けており、力の論理が前面に出る限られた状況下では、過去にそうであったような超大国的振る舞いが（部分的には）可能なのだ。

このように考えると、「縮小版超大国」とは、核兵器の持つ究極的な破壊力によって縮小版の過去を再現し、その中で生きる国であると言えるかもしれない。チェーホフの戯曲『桜の園』は、過去の栄光に縋《すが》って現実から目を逸《そ》らし続ける没落女地主のラネフスカヤを主人公とする物語であった。縮小版過去に閉じこもろうとするロシアの姿は、そこに重なる。

だが、そうであるがゆえに、ロシアと現在の世界の間には常にすれ違いが生まれる。ロシアがもはや超大国ではないこと、ウクライナを含む旧ソ連諸国が自由意志を持つ独立国家となったこと、剝《む》き出しの力の行使は長い目で見てロシアの衰退をもたらすこと。こうした現実をロシアは認めようとしない。その結果が2022年に始まったウクライナへの侵略であり、これによって西側との関係は取り返しのつかないほどに悪化した。今やロシアは、イランを抜いて世界で最も多くの制裁を科された国となり、ヒト・モノ・カネから情報に至るまでのあらゆる交流が次第に難しくなりつつある。「はじめに」で述べたとおり、NATOもロシアへの警戒感を露《あら》わにするようになり、対露抑止力の強化が課題となった。ロシアの過去への志向が外の世界をも巻き込み、欧州正面における軍事的対立の激化というさらなる過去を呼び寄せたのである。

この、下降するスパイラルの一番底に潜《ひそ》んでいるのが、SSBNだ。SSBNの持つ核抑止力こそが、ロシアに「縮小版超大国」としての振る舞いを可能としている。それゆえに、大国主義者としてのプーチンはカムチャッカ半島のSSBN基地を手放さなかったのだろうし、近い将来においてもこの点は変わらないだろう。

オホーツク要塞はこれからも日本の北に存在し続ける、ということだ。

アバチャ湾と東京湾

本書の執筆作業が終わりに近づいた頃、思い立って、二つの場所を訪れてみた。

まず向かったのは、「はじめに」で触れた海上自衛隊下総航空基地である。

横浜の自宅を出て車で1時間ほど走ると、見慣れたフェンスぎわの道に出た。滑走路と真っ直ぐ並行に走る道で、かつての筆者は、離陸していくP－3Cをここから何時間も眺めた。ただ、この日は週末で訓練が行われないので（地元民はこういうこともよく知っている）、基地は静まり返っていた。

そのままぐるりと基地の反対側に回り込むと正門があり、向かいには官舎が並ぶ。この辺りまで来ると筆者の実家からはかなりの距離があるので、子供の頃に訪れた記憶はほとんどない。歩哨が立つ正門前の雰囲気は意外にいかめしく、懐かしい故郷の風景、という感覚はあまり湧かなかった。

今度は横浜に戻って、港の方へ向かった。この中にひっそりと米軍基地があることは（軍事オタク以外には）あまり知られていない。横浜ノース・ドックと呼ばれる施設で、米陸軍のロジスティクス部隊である第836輸送大隊や海軍の海上輸送コマンド（MSC）の拠点となっているほか、2023年1月には陸軍の揚陸艇部隊が新たに配備されることが決まった。

ただ、ノース・ドックには他の機能がある。ミサイル追跡艦ハワード・O・ローレンツェンや音響測定艦の前方配備拠点としての機能がそれだ。前者は主に北朝鮮やロシアのミサイル実験を監視する任務を、後者は曳航ソナーを引いて中露の原子力潜水艦を監視する任務を担っていると見られる。筆者がよく買い物に行くショッピングセンターの屋上からもよく見えるのだが、この日は間近から見てみようと足を延ばしてみた。

だが、実際に埠頭の近くまで行ってみると、基地の手前にある鉄橋から先は立ち入り禁止になっていて、岸壁の様子はほとんど見えないようであった。鉄橋の袂ではバーが一軒だけ営業しており、開いたドア越しにひょいと中を覗いてみると、軍人らしい外国人が二人、カウンターに座っているのが見えただけだ。

このあまりパッとしないドライブを終えた後、「東京湾はロシア人にはどんなふうに見えるのだろう」という考えがふと浮かんだ。カムチャッカのアバチャ湾より二回りほど大きなこの湾の周辺には、海上自衛隊と米第7艦隊の主力が母港とする横須賀基地があり、その向かいの館山《たてやま》航空基地には対潜ヘリコプター部隊が展開している。湾からすこし内陸には対潜哨戒機基地である厚木と下総があり、最深部のノース・ドックには米海軍の最高機密である音響測定艦がたむろしている。冷戦期を通じて日米の対潜部隊と死闘を繰り広げ、今また再び「縮小版過去」へとはまり込もうとしているロシアにとって、東京湾はなかなか不気味な場所に見えるのではないか。我々から見たアバチャ湾がそうであるように、である。

競合的共存

本書では、ロシア海軍の部内誌である『海軍論集』を頻繁に引用した。そのために過去四半世紀ほどのバックナンバーを読み続ける日々がしばらく続いたのだが、その中で興味深い記事を見つけた。1999年9月、ロシア太平洋艦隊の大型対潜艦アドミラル・パンテレーエフを率いて海上自衛隊横須賀基地に寄港したヴェレデーエフ艦長の手記である。[*1]

ヴェレデーエフの日本に対する感情は総じてよい。横須賀の街は清潔で、海の水も綺麗に保たれており、道で酔っ払いを見かけることもない（当時のウラジオストクにはさぞかし酔っ払いが多かったのだろう）。港湾の管理が極めて効率的で、狭い港の土地を日本人が余さず活用していることについては「さすが海洋大国だ」と海の男らしい評価を下してもいる。

ただ、横須賀と切っても切り離せない米海軍への感情は複雑だ。アメリカの水兵は飲屋街で「小さな用を足す」（ヴェレデーエフは礼儀正しく「立ち小便」の語を避けている）、基地の周りの商店はアメリカ人のために作られている、米軍人の集まるナイトクラブにはロシア人のホステスが溢《あふ》れている、といった具合で、どうにも米海軍が目障りで仕方ないようである。さらに横須賀商工会議所の会頭室にペリー提督の掲げてきた星条旗が飾られているのを目にしたヴェレデーエフは、日本人がアメリカ人の支配下に置かれているという印象を持ったようだ。

ちなみにこの手記の冒頭には「横須賀は米海軍の軍人を除く外国人には閉ざされている」という文言もある。最近もプーチン大統領が「日本は米国の支配下にある」などと発言しているが、このような日米同盟観はロシア人の中にかなり拭いがたく根付いているのだろう。2022年以降、ロシアと西側の対立がかつてなく先鋭化する中で、「東の西側」の一角を占める日本への感情もまたあまり温かなものではなくなっている。

もちろん、これは冷戦の単純な再現ではない。我々は今でもモスクワを観光しようと思えばできるし、ロシア産の石油を使い、ロシアの海産物を口にする。その一方で、日露の関係は停滞し、オホーツク要塞は着々と強化され続けているというのが2020年代の現状だ。

このような関係性をどう理解すべきだろうか。一つのヒントになる、と感じたのは、あるシンポジウムで同席した米国のジョセフ・ナイ教授の言葉である。「米国と中国との関係性は、競合的な共存として理解されるべきである」というものであったが、これは日本とロシアとの関係性についても当てはまろう。隣人として共存はしながら、越えてはならない一線を越えさせないための努力は怠らない、ということである。

ロシアが縮小版の過去という夢を脱し、現在の世界と折り合いをつける日はいつかやってくるだろう。だが、それは残念ながら近い将来のことではない、とも予想がつく。だから、そのような将来の訪れまでの間、ロシアの軍事力を高い解像度で理解し、抑止を維持し続けるほかない。そのための議論の一助として本書が役立つならば、筆者としては本望である。

あとがき　あるいは書くという行為について

ちまちまと手を動かす作業が好きである。壮大な理論を紡ぎ出すような仕事にもなんとなく憧れのようなものはあり、それを試みることもあるが、決して得意ではない。細かいデータや事実を拾い出しては表にまとめていくような営みの方が、圧倒的に向くようだ。根がオタク気質なのだろう。

本書では、このような筆者のオタク気質を全開にしてみた。それゆえに大量の略語や軍事用語が溢れ、決して読みやすい本とは言えない、という自覚はある。図版や写真をなるべく豊富に用いることで幾らかなりとも補ったつもりではあるが、それでもわかりにくい部分は筆者の責任である。また、ことが潜水艦と軍事戦略をめぐる話であるだけに間違いや曖昧な部分も多々あると思われるが、これについても全て筆者の責任に属する。

ところで、ロシアの軍事に関してこれまでにない切り口の一冊を、というお話を朝日新聞出版の編集者、大﨑俊明さんから頂いたのが2022年のことであったと記憶する。最初は歴史に関するテーマをご提案いただいたが、筆者は歴史に弱いのでこれはお断りして、二人でネタ出しをするうちに「オホーツクの要塞というテーマはどうだろう」ということになった。「はじめに」でも述べた通り、オホーツク海がロシアの核戦略と密接な関係にあるらしいことは広く知られているが、その実態が深く理解されているとは言えない。「これまでにない切り口」としてピッタリではないか。また、これは長年追い続けてきたテーマでもあるので、割にサクッと書けるのではないか、という思惑もあった。

しかし、新しい本を出すたびに毎度思い知らされるのは、「サクッ」と書ける本などというものは原則的に存在しないということだ。頭の中にはモヤッとしたアイデアや知識があって、あとは出力するだけだ、という甘い期待を持って手を出すのだが、実際に書き始めるとそうはいかない。頭の中にあるのは未整理の、あるいは曖昧な情報の断片だからである。実際に体系立った文章にしようとすると、それらの情報を修正し、アップデートし、あるいは抜け落ちた未知の事実を掘り起こさねばならなくなる。

だから、書くということは学ぶことにほかならない。本書の執筆作業について言えば、その過程では新たにロシア海軍の部内誌『海軍論集』の購読契約を結び、さらにカムチャッカ半島のルィバチー基地を撮影した衛星画像を購入することになった。冷戦期に書かれたものも含めて、数多くの研究書・研究論文にもあたった。

これらによってまだ十分に知られていない事実をかなり掘り起こすことができたという自負はあるものの、どちらかといえば、わからなかったことの方が多かった、という印象の方が強い。何しろ相手はロシアの、しかも軍事に関する問題である。公開されていることよりは明かされていないことの方が多いのは当然であり、人工衛星で覗いてみても、軍事機密が何もかも丸裸になるわけではない。それでもまずは手をつけてみないことには「モヤッ」とした知識は「モヤッ」としたままである。外国の軍事を研究するという行為は、宿命的にこういうものであろう。

また、書くという行為は孤独なものである。それだけに書き手の限界や思い込みによる間違いによって、書かれた文章には何らかの歪みが必ず出る。そこで、本書の執筆にあたっては、海上自衛隊幹部学校の主任開発研究官である後潟桂太郎一等海佐ら何人かの現役・退役自衛官にゲラをレビューしてもらい、貴重なアドバイスを頂いた。さらに東京新聞の小柳悠志記者からは、カムチャッカのルィバチー基地を訪れた際の経験談など、公刊資料では知りえない生情報を提供してもらった。

ちなみに、本書の執筆作業に費やした時間は、正味で4カ月というところである。2023年の7月半ばから11月の半ばまでであるから、その多くは記録的な猛暑に悩まされる日々であった。

だが、その間も筆者の頭の中には冷たく暗いオホーツク海が広がり、真っ黒なロシアの原子力潜水艦が常に徘徊《はいかい》していたような気がする。こうして本書をひととおり書き終えた今、潜水艦の姿は暗い海中をゆっくりと遠ざかりつつあるが、原子力機関の低い作動音はいまだに筆者の脳内に響き続けているように思えてならない。ここまでお付き合いくださった読者の皆さんにもこの音が聴こえたなら、本書は一応成功ということになるだろう。

艦ミサイルが同島でミサイル発射訓練を行ったと『赤い星』が報じている（“Ракетчики планку снижать не намерены,” *Красная звезда*, 2019.5.22.）。また、2021年にはカムチャッカ半島配備のバールとバスチョンが千島列島のいずれかに展開して訓練を実施したことが報じられた（“‘Бастион’ и ‘Бал’ в умелых руках,” *Красная звезда*, 2021.11.29.）。

＊24　Kofman, *op. cit.*, 2023, pp. 113-118.; Petersen, *op. cit.*, 2023, pp.206-214.

＊25　“На Дальнем Востоке развернут полк бомбардировщиков Ту-160,” *Известия*, 2023.7.24.

＊26　ロシアの『軍事ドクトリン』では、規模と烈度にしたがって戦争を4段階に分類している。武力紛争（限定的な国家間戦争や内戦）、局地戦争（限定的な目標のために行われる国家間戦争）、地域戦争（ある地域内の主要国や軍事同盟が重要な目標のために行う国家間戦争）、そして大規模戦争（世界の大国や主要な同盟が参加する戦争）の4つがそれで、このうちの大規模戦争については「参戦国が持つ全ての物質的資源と精神力を動員することが求められる」として全面核戦争を含むことが示唆されている。

おわりに――縮小版過去を生きるロシア

＊1　А. Веледеев, “Походы и полеты. В стране восходящего солнца,” *Морской сборник*, No. 1(2000).

НАЧАЛЬНЫЙ ПЕРИОД ВОЙНЫ, https://encyclopedia.mil.ru/encyclopedia/dictionary/details.htm?id=6941@morfDictionary.
＊14　Министерство обороны Российской Федерации, *ОКЕАНСКИЙ ТЕАТР ВОЕННЫХ ДЕЙСТВИЙ (ОТВД),* https://encyclopedia.mil.ru/encyclopedia/dictionary/details_rvsn.htm?id=7603@morfDictionary.
＊15　この点については、セルジュコフ国防相による改革で海軍航空隊の一部が空軍に移管されたことも影響していた。セルジュコフ失脚後の『海軍論集』2013年８月号には、改革に抗議して「艦隊に翼を返せ！」と題した意見論文が掲載されている。A. Мозговой, “Верните флоту крылья!” *Морской сборник,* No. 8 (2013).
＊16　Kofman, *op. cit.,* 2023, pp. 111-112.
＊17　Michael B. Petersen, “Toward an Understanding of Maritime Conflict with Russia,” Monaghan and Connolly, eds., *op. cit.,* 2023, p. 213.
＊18　小松久男「中央アジア地域研究の試み—ソ連時代の記憶を中心に」『学術の動向』2014年８月、54-55頁。
＊19　例えば「ヴォストーク2018」については以下を参照されたい。Владимир Мухин, “Маневры ‘Восток-2018’ стартовали у границ США,” *Независимая газета,* 2018.8.16.
＊20　Министерства обороны Российской Федерации, *В Москве состоялось заседание Коллегии Министерства обороны России,* 2016.8.23, https://function.mil.ru/news_page/country/more.htm?id=12093516@egNews.
＊21　А. Смоловский, “Военно-стратегическая обстановка в Арктике,” *Морской сборник,* No. 11 (2006).; А. Смоловский, “Военно-стратегическая обстановка в Арктике,” *Морской сборник,* No. 12 (2006).
＊22　ウラジオストク周辺に駐屯する第155海軍歩兵旅団とカムチャッカに駐屯する第40海軍歩兵旅団。前者は第２章で触れた第55海軍歩兵師団がのちに旅団化されたものだが、同旅団は2023年に再び師団編制（第55海軍歩兵旅団）に戻されたようである。
＊23　例えば2019年には国後島に配備されていないはずのバスチョン地対

＊4　Sokov, *op. cit.*, 2014.
＊5　例えば非公然介入とエスカレーション抑止型核使用のリンケージを批判的に論じたヤツェク・ドゥルカレチ（Jacek Durkalec）の以下の著作を参照されたい。Jacek Durkalec, *Nuclear-Backed 'Little Green Men': Nuclear Massaging in the Ukrainian Crisis* (The Polish Institute of International Affairs, 2015). このほか、E2DE型核戦略に関する懐疑論としては以下のものがある。Ulrich Kühn, *Preventing Escalation in the Baltics: A NATO Playbook* (Carnegie Endowment for International Peace, 2018).; Olga Oliker, "New Document Consolidates Russia's Nuclear Policy in One Place," *Russia Matters,* 2020.6.4.; Jacob Kipp, "Russia's Nonstrategic Nuclear Weapons," *Military Review,* May-June 2001.
＊6　Указ Президента Российской Федерации от 20.07.2017 № 327 "Об утверждении Основ государственной политики Российской Федерации в области военно-морской деятельности на период до 2030 года" http://static.kremlin.ru/media/acts/files/0001201707200015.pdf.
＊7　Указ Президента Российской Федерации от 02.06.2020 г. No. 355 "Об Основах государственной политики Российской Федерации в области ядерного сдерживания," http://www.kremlin.ru/acts/bank/45562.
＊8　Hans M. Kristensen and Matt Korda, "North Korean nuclear weapons, 2022," *Bulletin of the Atomic Scientists,* Vol. 78, No.5 (2022), pp. 276-277.
＊9　北朝鮮を含めた非・核超大国の核戦略については以下を参照されたい。Vipin Narang, *Nuclear Strategy in the Modern Era: Regional Powers and International Conflict* (Princeton University Press, 2014), pp. 14-21.
＊10　Michael Kofman, "Russian policy on nuclear deterrence (quick take)," *Russian Military Analysis,* 2020.6.4.
＊11　Fred Kaplan, *The Bomb: Presidents, Generals, and the Secret History of Nuclear War* (Simon & Schuster, 2020), pp. 254-258.
＊12　*Nuclear Posture Review,* February 2018.
＊13　Министерство обороны Российской Федерации,

Pavel Podvig and Javier Serrat, *Lock them Up: Zero-deployed Non-strategic Nuclear Weapons in Europe* (UNIDIR, 2017).

＊26　https://xn--b1a2abw.xn--p1ai/%d1%83%d1%81%d0%bb%d1%83%d0%b3%d0%b8/.

＊27　Podvig, ed., *op. cit.*, 2004, pp. 274-275.

＊28　М. Сажаев, "Время и флот. Славная плеяда штурманов 'подольска'," *Морской сборник*, No. 2 (2002).

＊29　"Для проверки ТОФ создали обстановку периода непосредственной угрозы агрессии," *ТАСС*, 2023.4.14.

＊30　"Высшая степень боевой готовности," *ТАСС*, 2023.4.14.

＊31　"В Тихий океан в рамках внезапной проверки вышли атомные подводные лодки ТОФ," *Звезда*, 2023.4.18.

＊32　"Официальный отдел," *Морской сборник*, No. 6 (2023).

＊33　Дмитрий Трунов, "На Камчатке и Курилах развернули берег овые ракетные комплексы 'Бал' и 'Бастион'," *Звезда*, 2023.4.19.

＊34　"Официальный отдел," *Морской сборник*, No. 7 (2023).

＊35　Роман Крецул, Алексей Рамм, "Ледовая расстановка: к защите Севморпути привлекут атомные подлодки," *Известия*, 2022.7.28.

第５章　聖域と日本の安全保障

＊１　Б. Макеев, "Время и флот. Морские стратегические ядерные силы и поддержание стратегической стабильности," *Морской сборник*, No. 9 (2001).

＊２　三井が述べるように、1993年版軍事ドクトリンの規定は「核使用の敷居が非常に低い分、逆に核使用の信憑性を低めるという皮肉な結果を内在させていた」。三井、前掲論文、31頁。

＊３　「受け入れ難い損害」と、冷戦期の核戦略の基本であった「耐え難い損害」は明確に区別される概念であり、第３章で紹介したルモフとバグメトのE2DE型核戦略に関しても鍵概念となったのがまさにこの「耐え難い損害」であった。詳しくは以下を参照されたい。Michael Kofman, Anya Fink, Jeffrey Edmonds, *Russian Strategy for Escalation Management: Evolution of Key Concepts* (CNA Corporation, 2020), pp. 34-41.

гидроаэродром," *astv.ru,* 2023.8.17, https://astv.ru/news/society/2023-08-17-na-neobitaemom-kuril-skom-ostrove-hotyat-sdelat-gidroaerodrom.

＊14　例えば元バルト艦隊司令官のバルエフの見解を参照。バルエフは千島列島に海軍基地を置くことの意義は認めつつ、これが大変に高価なインフラになるので、艦隊の予算を食われないようにすることが必要だと慎重な姿勢を示した。"Базу ВМФ на Курилах могут построить за три года, заявил адмирал," *РИА Новости,* 2017.10.26.

＊15　Антон Лавров, Алексей Рамм, "Морские боссы: на Камчатке создадут новую дивизию подводных лодок," *Известия,* 2023.2.20.

＊16　Ibid.

＊17　Президент России, *Послание Президента Федеральному Собранию,* 2018.3.1, http://kremlin.ru/events/president/news/56957.

＊18　"Вывод из цеха атомной подводной лодки специального назначения 'Белгород'," *bmpd,* 2019.4.24, https://bmpd.livejournal.com/3621359.html.

＊19　その分、待遇はもちろんいい。2013年には、GUGIの要員たちが法的な根拠なく法外に高い給料を受け取っているとの指摘が会計検査院から出た。"Сердюков незаконно поднял зарплату гидронавтам до 600 тыс. Рублей," *Известия,* 2013.6.24.

＊20　*Известия,* 2012.12.28.

＊21　Алексей Рамм, "Россия разворачивает глобальную систему морского слежения," *Известия,* 2016.11.25.

＊22　新聞・雑誌記事検索サービスG-Searchで「ルィバチ」ないし「ルイバチ」で検索してみた限りでは、小柳記者を除いて現地を訪れた日本人ジャーナリストの記事は確認できなかった。

＊23　小柳悠志「核抑止論へ走りだしたロシア…太平洋にらみ核弾頭配備　最新型原子力潜水艦を異例公開、見学ルポ」『東京新聞』2022年1月12日。

＊24　なお、ロシア国防省がルィバチー基地にポセイドン用の保管・整備施設2A03を設けるための施設建設を発注したことが政府調達公告の分析から明らかになっている。"Посейдон на Камчатке," *e_maksimov,* 2019.2.21, https://e-maksimov.livejournal.com/87906.html.

＊25　12GUMOの役割と核弾薬庫の所在地については以下を参照されたい。

"Об утверждении Порядка обеспечения денежным довольствием военнослужащих Вооруженных Сил Российской Федерации," https://mil.ru/fea/docs/more.htm?id=12007895%40egNPA.

＊2　"Командир АПЛ на ТОФ будет получать больше министра обороны – Сердюков," *РИА Новости*, 2012.10.7.

＊3　"Официальный отдел," *Морской сборник*, No. 2 (2011).

＊4　いわゆる北方補給ネットワーク（NDN）のこと。米本土から供給されてくる物資をラトビアのリガで陸揚げ、ロシア・カザフスタン・ウズベキスタンを経由してアフガニスタンまで鉄道輸送するというものであった。

＊5　Министерство обороны Российской Федерации, *В Вооруженных Силах РФ началось стратегическое командно-штабное учение «Восток-2014»*, 2014.9.19, https://function.mil.ru/news_page/country/more.htm?id=11986292@egNews.

＊6　"'Восток-2014': кульминация в Авачинском заливе," *Красная звезда*, 2014.9.23.

＊7　「ロシア軍、核先制使用を想定　3月の大演習で」『共同通信』、2015年4月1日。

＊8　Виталий Петров, "Путин положительно оценил итоги внезапной проверки боеготовности армии," *Российская газета*, 2015.3.24. ただし、この際、核攻撃命令を受けたのは北方艦隊のSSBNだった模様である。

＊9　Игорь Ворон, "'Владимир Мономах' впервые отстрелялся 'Булавой' с Дальнего Востока," *Профиль*, 2020.12.12.

＊10　Лина Давыдова, "АПЛ 'Владимир Мономах' впервые запустила четыре ракеты 'Булава'," *Звезда*, 2020.12.12.

＊11　ややしつこいので注で述べるが、ゲネラリシムス・スヴォーロフ（スヴォーロフ大元帥）は18世紀に二度の露土戦争やフランスとの戦いを指揮したロシア帝国軍人のアレクサンドル・スヴォーロフ、インペラートル・アレクサンドルⅢ（皇帝アレクサンドルⅢ世）は19世紀のロシア皇帝である。

＊12　Дмитрий Болтенков, "С 'Бала' на корабль: Минобороны перевооружит ракетчиков," *Известия*, 2022.1.9.

＊13　"На необитаемом курильском острове хотят сделать

＊52　このうちの18万人は陸軍であったとされる。“Игорь Сергеев подтвердил, что армию будут сокращать,” *Lenta.ru,* 2000.9.8.
＊53　Владимир Путин, “Быть сильными: гарантии национальной безопасности для России,” *Российская газета,* 2012.2.19.
＊54　例えばガイダル移行期経済研究所は、徴兵制改革に関する詳細なレポートを2001年にプーチンに提出している。*Президенту РФ В. В. Путину - Е. Т. Гайдар. О результатах исследования ИЭПП с привлечением экспертов Государственной Думы и Академии Военных Наук по проблемам реформирования системы комплектования вооруженных сил РФ. Приложение №1. Замысел и план действий,* 18.7.2001, http://gaidar-arc.ru/file/bulletin-1/DEFAULT/org.stretto.plugins.bulletin.core.Article/file/4282.
＊55　条約の英語版正文は以下から確認することができる。U.S. Department of State, *Treaty Between the United States of America and the Russian Federation on Further Reduction and Limitation of Strategic Offensive Arms*（*START II*）, https://2009-2017.state.gov/t/avc/trty/102887.htm.
＊56　Адмирал В. Кравченко, Контр-адмирал А. Овчаренко, “Морские СЯС России в условиях действующего Договора СНВ-2,” *Морской сборник,* No. 8（2000）, pp. 3-8.
＊57　Апальков, *op. cit.*, 2012, p. 99.
＊58　例えばオースティンとムラヴィヨフは、2000年代半ばまでに太平洋艦隊からはSSBNが全廃されるだろうと見ていた。Greg Austin, Alexey D. Muraviev, *Red Star East: The Armed Forces of Russia in Asia*（Tauris Academic Studies, 2000）, p. 229. 同様の予測はパーヴェル・ポドヴィグの編著にも見られる。Podvig, ed., *op. cit.*, 2004, p. 253.
＊59　Центр анализа стратегий и технологий, *Государственные программы вооружения Российской Федерации: проблемы исполнения и потенциал оптимизации*（2015）, pp. 27-28.

第４章　要塞の眺望

＊１　この規定は2015年になってから公開された。Приказ Министра обороны Российской Федерации от 30 декабря 2011 г. № 2700

pp. 35-40. なお、1998年３月には核戦略の基本的な方向性を定めた「核抑止分野におけるロシア連邦の国家政策の基礎」と呼ばれる文書が採択されているが、その内容は非公表とされている。

＊42　Гольц, *op. cit.*, 2017, pp. 67-68.

＊43　Михаил Тимофеев,“Сокращение РВСН объективно неизбежно,” *Независимое военное обозрение,* 2000.7.28.

＊44　Anya Fink and Michael Kofman, *Russian Strategy for Escalation Management: Key Debates and Players in Military Thought*（CNA Corporation, 2020）, pp. 10-11.

＊45　小泉悠『現代ロシアの軍事戦略』筑摩書房、2021年。

＊46　В. И. Левшин, А. В. Неделин, М. Е. Сосновский,“О применении ядерного оружия для деэскалации военных действий,” *Военная мысль,* No. 3（1999）, pp.34-47.

＊47　В. И. Лумов и Н. П. Багмет,“К вопросу о ядерном сдерживании,” *Военная мысль,* No. 6（ноября - декабря 2002）, pp. 19-26.

＊48　バルエフスキーとクワシニンの論争も、突き詰めれば予算の不足に起因するものと言える。このほかに、中国の脅威度をめぐる論争とこれに関連した核＝通常兵器論争がロシア軍内にあったことを三井は紹介している。三井光夫「極東地域に所在するロシア軍の将来像 ―東アジア・太平洋地域の安全保障への影響―」『防衛研究所紀要』第６巻第２号（2003年12月）、53-55頁。

＊49　Dale R. Herspring, *The Kremlin and the High Command: Presidential Impact on the Russian Military from Gorbachev to Putin*（University Press of Kansas, 2006）, pp. 155-157.

＊50　クワシニンの軍改革案の全容は明らかでないが、以下の資料において断片的に触れられている。Гольц, *op. cit.*, 2017, p. 69.; Илья Булавинов и Иван Сафронов,“Переворот в Министерстве обороны: Пока откладывается,” *Коммерсантъ,* 2000.7.13.; Зоя Каика,“Антикризисный Генштаб,” *Ведомости,* 2000.7.14.; Николай Петров,“Концепция военного переворота: Начальник Генштаба предложил реформировать министра обороны,” *Коммерсантъ,* 2000.7.15.

＊51　Гольц, *op. cit.*, pp. 69-70.; Николай Петров,“Совбез да любовь,” *Коммерсантъ,* 2000.8.12.

＊35　その要諦だけをここで述べるならば、敵の損害の最大化を狙って核兵器を戦闘使用(combat use)するのではなく、軍事行動の継続によるデメリットが停止によるメリットを上回ると判断する程度の「加減された損害(tailored damage)」を与えるということである。Nikolai N. Sokov, "Why Russia calls a limited nuclear strike 'de-escalation'," *Bulletin of the Atomic Scientists,* 2014.3.13, https://thebulletin.org/2014/03/why-russia-calls-a-limited-nuclear-strike-de-escalation/.
＊36　Александр Дугин, *Основы геополитики*(Арктогея, 1997), pp. 263-265, 267.
＊37　John B. Dunlop, *Aleksandr Dugin's Foundations of Geopolitics* (Stanford The Europe Center, 2004), https://tec.fsi.stanford.edu/docs/aleksandr-dugins-foundations-geopolitics.
＊38　以上はココーシンの公式Webサイトに掲載された内容に拠った。*Биография академика РАН, 6-го секретаря Совета безопасности РФ А. А. Кокошина по материалам российской печати,* via official web site of А. А. Кокошин, http://www.aakokoshin.ru/.
＊39　Федоров, *op. cit.,* 1998, p. 15.
＊40　フランク・ウムバッハによると、1990年代末の時点におけるロシア軍では装備調達費の８～９割が戦略任務ロケット軍に投じられていた(Frank Umbach, "Nuclear versus Conventional Forces: Implications for Russia's Future Military Reform," Anne C. Aldis and Roger N. McDermott, eds., *Russian Military Reform 1992-2002*(Routledge, 2003), p. 78.)。一方、1999年にロシア軍兵器総監のアナトリー・シトノフ大将が述べたところによると、ソ連崩壊後のロシア軍で更新された兵器は全体の1.5%に過ぎなかった。また、シトノフは、ロシア軍は毎年戦車350輛、装甲兵員輸送車400～450輛、自走砲550輛、牽引砲400門、人工衛星22～23機を必要とするが、こうした調達を行うための支出は行われておらず、既存兵器も2003年以降は退役を始めなければならないとして窮状を訴えた。Юрий Гаврилов,"Из минобороны России. Нового оружия будет больше," *Красная звезда,* 21 July 1999.
＊41　Mikhail Tsypkin, "The Russian Military, Politics and Security Policy in the 1990s," Michael H. Crutcher, ed., *The Russian Armed Forces at the Dawn of the Millennium*(U.S. Army War College, 2000),

てもモスクワ市が援助を行うことが取り決められた。“Официальный отдел,” *Морской сборник,* No. 4(2006).

＊24　В.Иванов,“Когда лодка на всех одна,” *Морской сборник,* No.10(2004).

＊25　また、2006年にはトムスク市と949A型SSGNトムスクが後援関係を結んでから10周年の節目を記念して100万ルーブルの小切手がトムスク市議会から贈られた。“Вести с флотов,” *Морской сборник,* No.11(2006).

＊26　Dmitry Adamsky, *Russian Nuclear Orthodoxy: Religion, Politics, and Strategy* (Stanford University Press, 2019), p. 63.

＊27　“Подводная лодка ‘Святой георгий победоносец’ вернулась из ремонта,” *Православие.Ru,* 2003.11.25, http://pravoslavie.ru/8271.html.

＊28　“Официальный отдел,” *Морской сборник,* No. 11(2012).

＊29　Александр Гольц, *Военная реформа и российский милитаризм* (Kph Trycksaksbolaget, 2017).

＊30　ベッティナ・レンツが述べるように、1990年代初頭のロシア軍上層部は依然として西側に対抗しうるハイテク戦力の建設を目指していたが、これは財政能力を無視した「夢物語(pipe dream)」に過ぎなかった。Bettina Renz, *Russia's Military Revival* (Polity, 2018), p. 162.

＊31　『赤い星』に掲載されたグラチョフの軍改革案より。“Генерал армии Павел Грачев: При формировании армии России шел четкий расчет и здравый смысл,” *Красная звезда,* 1992.7.21.

＊32　乾一宇『力の信奉者ロシア　その思想と戦略』前掲書、198頁。

＊33　ただし、その全文は非公表とされ、「ロシア連邦軍事ドクトリンの基本規定」と題された要約版だけが公開された。

＊34　バトゥーリン改革案の全容は非公開であるため、ここでは当時のゴリツが『赤い星』記者として私的に見せられたという内容についての回想に基づいている(Гольц, *op. cit.,* 2017, pp. 44-46.)。なお、バトゥーリン改革の概要は1996年の秋から1997年初頭に掛けて断片的にメディアに漏れ伝わるようになっていったが、これらをまとめたユーリー・フョードロフの結論は、概ねゴリツの回想と一致している(Юрий Федоров, *Военная реформа и гражданский контроль над вооруженными силами в России,* Научные записки No.7(ПИР-Центр, 1998), p. 13.)。

Морской сборник, No. 1(2002).

＊10　"Армия и вооружение на Курилах," *Интерфакс*, 2011.2.15.

＊11　"Медведев бряцает словами," *Свободная пресса*, 2011.2.16.

＊12　"На Курилах сослуживцы убили солдата лопатой," *Газета*, 2006.2.22.

＊13　"Прокуратура проверяет информацию о голодающих солдатах на Курилах," *РИА Новости*, 2013.2.6.

＊14　ウェバーとジルバーマンによれば、1990年代には国防省が認めただけでも年間1000人（１日に約３人）の兵士が軍内で死亡していたが、実際には年間の死者は5000人にも迫ると見られていた。Stephen L. Webber and Alina Zilberman, "The Citizenship Dimension of the Society-Military Interface," Stephen L. Webber and Jennifer G. Mathers, eds., *Military and Society in Post-Soviet Russia* (Manchester University Press, 2006), pp. 169-172, 174.

＊15　「根室沖漂流　ロシアの巨大物体　潜水艦探知装置だった　米も注目の最高機密　海自調査で判明」『東京新聞』2000年８月23日。

＊16　CTRプログラム全体については以下を参照されたい。石川卓「大量破壊兵器の拡散と米国　ポスト冷戦期における不拡散政策と不拡散レジームの変容」『国際安全保障』第29巻第２号（2001年９月）、41-58頁。

＊17　日本原子力研究開発機構「ロシアの原子力潜水艦の解体」。https://atomica.jaea.go.jp/data/detail/dat_detail_05-02-04-03.html.

＊18　Л. Бельшев, А. Макаренко, Ю. Унковский, "Проблемы утилизации атомных подводных лодок," *Морской сборник*, No.1 (2003).

＊19　Ibid.

＊20　穂波穣「旧ソ連及びロシアによる放射性廃棄物の海洋投棄」『保健物理』第29号（1994年）、124-128頁。

＊21　外務省「ロシア退役原潜解体協力事業『希望の星』」。https://www.mofa.go.jp/mofaj/gaiko/kaku/kyuso/star_of_hope.html.

＊22　"Вести с флотов," *Морской сборник*, No. 6(2003).

＊23　さらに2006年、モスクワ市は北方艦隊と太平洋艦隊との間で協力関係の発展に関する正式の協定を結んでいる。ここでは海軍の装備購入に関し

版、2005年、175頁。

＊2　加えてロシア国防省の『軍事史ジャーナル』は、1980年代末からSSBNのパトロール回数が大幅に減少し始めていたと述べている。“Подводные ракетоносцы тихоокеанцев в 1958—1991 гг.,” *Военно-исторический журнал,* 2020.8.7, http://history.milportal.ru/podvodnye-raketonoscy-tixookeancev-v-1958-1991-gg/.

＊3　ここでは第29潜水艦師団について触れていない。多くの資料では第29潜水艦師団が1978年に解散されたとしているが、前掲の『太平洋艦隊第17作戦戦隊』ではニコライ・マチューシン少将が1980-1983年にかけて「第29潜水艦師団で政治部門の長を務めた」という記述があるほか、1985年には第4小艦隊の政治部門の長として潜水艦K-431で発生した事故の対処に当たったとの記述がある(http://www.clubadmiral.ru/camran/index.php?i=14)。また、「Штрум глубины」に掲載された潜水艦の個艦履歴を参照すると、1993年までは第29潜水艦師団に所属していた艦が存在したことが確認できる。したがって、おそらく第29潜水艦師団はこの頃まで存続していた可能性が高いと本書では判断した。なお、現在の北方艦隊にはこれと同じ名前の潜水艦師団が存在しているが、これは2018年までは旅団編成であったものを師団化したものである。

＊4　ポリトコフスカヤ、前掲書、171頁。

＊5　“Вести из флотов,” *Морской сборник,* No. 5(2003).

＊6　“Официальный отдел,” *Морской сборник,* No. 9(2002).

＊7　ちなみに2004年1月号の『海軍論集』は、スターリン政権下で弾圧されたバルト艦隊将校たちの名誉を回復すべしというある少佐の記事を掲載した。シベリアのタイガに消え、生きたまま朽ち果て、裁判なしで銃殺刑にされた同志たちの名誉を回復するのが検察機関、大統領、将軍、軍事検察総局の課題であると訴えるもので、当時のロシア軍における言論の自由が現在とは比べ物にならないほど大きかったことを窺わせよう。А. Буданов, “Именнетленных справедливость,” *Морской сборник,* No.1(2004).

＊8　Hans M. Kristensen, *Russian Strategic Submarine Patrols Rebound* (Federation of American Scientists, 2009.2.17), https://fas.org/publication/russia/.

＊9　“Время и флот. Не останавливаться на достигнутом,”

＊41　ソ連におけるVLF通信システムの構築を主導したのは海軍通信局長を務めたグリゴリー・トルストルツキー中将であった。同人の生涯については以下で簡単に紹介されている。“Пример высокой любви к отечеству и флоту,” *Морской сборник,* No. 2 (2004).

＊42　Narushige Michishita, Peter M. Swartz and David F. Winkler, *Lessons of the Cold War in the Pacific: U.S. Maritime Strategy, Crisis Prevention, and Japan's Role* (Wilson Center and Sasakawa Peace Foundation), p. 5.

＊43　*Ibid.*, p. 5.

＊44　Ford and Rosenberg, *op. cit.*, 2014, p. 78.

＊45　Kreitler, *op. cit.*, 1988.

＊46　Ford and Rosenberg, *op. cit.*, 2014, p. 79.

＊47　Kreitler, *op. cit.*, 1988, pp. 17-18.

＊48　*Ibid.*, p. 19.

＊49　*Ibid.*, pp. 21-22.

＊50　Ford and Rosenberg, *op. cit.*, 2014, pp. 79-81.

＊51　後瀉桂太郎『海洋戦略論　大国は海でどのように戦うのか』勁草書房、2019年、37頁。

＊52　同上、88-91頁。

＊53　同上、127-128頁。

＊54　同上、176頁。

＊55　同上、144頁。

＊56　Douglas Barrie, “Anti-access/area denial: bursting the ‘no-go’ bubble?” *Military Balance Blog,* https://www.iiss.org/ar-BH/online-analysis/military-balance/2019/04/anti-access-area-denial-russia-and-crimea/.

＊57　John Richardson, “Chief of Naval Operations Adm. John Richardson: Deconstructing A2AD,” *The National Interest,* 2016.10.3.

＊58　Kofman, *op. cit.*, 2023, pp. 101-102.

第3章　崩壊の瀬戸際で

＊1　アンナ・ポリトコフスカヤ著、鍛原多恵子訳『プーチニズム』NHK出

https://www.noo-journal.ru/nauka-obshestvo-oborona/2020-4-25/article-0258/.

＊29　*Ibid.*

＊30　ブロウトン湾における軍事基地建設については、シムシル島で勤務した経験を持つ退役海軍軍人のアレクサンドル・ソルダテンコフが詳しい証言を残している。*Бухта Броутона, остров Симушир (1),* 2019.4.30, https://lot1959.livejournal.com/131466.html.

＊31　ただし、ソルダテンコフによると、出産が行われた例は一つだけあった。男女が一緒に暮らしていればまぁそういうものである。

＊32　Сергей Ищенко, "Россия на Курилах строит новый бастион для прикрытия 'Бореев'," *Свободная Пресса,* 2021.12.6, https://svpressa.ru/war21/article/318284/.

＊33　当時、ウラジオストクに出入りできたのは国内パスポートに「閉鎖港」を意味する「ZP」のスタンプが押された人間だけであった。"Закрытый на 40 лет Владивосток: штамп 'ЗП' в паспорте, фарцовка и фальшивые портовики," *PrimaMedia.ru,* 2023.10.20, https://primamedia.ru/news/466575/.

＊34　G.I. Afrutkin and V. S. Kasatkin, "The History of the Liman Land-Based Sonar System," Oleg A. Godin and David R. Palmar, eds, *History of Russian Underwater Acoustics* (World Scientific, 2008), pp. 614–622.

＊35　これ以降のアムール・システムに関する記述は以下に基づく。E. V. Batanogov and L. B. Karlov, "The *Amur* Land-Based Passive Sonar," Godin and Palmar, eds., *op. cit.*, 2008, pp. 628–636.

＊36　Семёнов, *op. cit.*, 2020.

＊37　ソンタグ、ドルー、前掲書(下)、144–149頁。

＊38　これ以降のアガム・システムに関する記述は以下に基づく。V. V. Demyanovich, "The Birth of the *Agam* Sonar," Godin and Palmar, eds., *op. cit.*, 2008, pp. 637–667.

＊39　Ford and Rosenberg, *op. cit.*, 2014, pp. 62, 65–68.

＊40　Виталий Денисов, "'Прометей' служит России," *Красная звезда,* 2008.6.11.

php?i=5#text.

＊14　Галяутдинов, et. al., *op. cit.*, 2011, p. 25.

＊15　Ziebart, *op. cit.*, 1989, pp. 467-469.

＊16　Матюшин, *op. cit.*, 2011, p. 19.

＊17　Шамиль Галяутдинов, et. al., *op. cit.*, pp. 110-125.

＊18　ゴルシコフ、前掲書、229-230頁。

＊19　佐々木卓也『冷戦　アメリカの民主主義的生活様式を守る戦い』有斐閣、2011年。

＊20　久保正敏「ロシア海軍艦艇の発達に関する一考察　ロシア海軍の役割についての検証」『日本大学大学院総合社会情報研究科紀要』第3号(2002年)、86-87頁。

＊21　以下のウェブ版から取った。Михаил Храмцов, *От Камчатки до Африки,* https://proza.ru/2020/07/01/876.

＊22　Howard M. Hensel, "Superpower Interests and Naval Missions in the Indian Ocean," *Naval War College Review,* Vol. 38, No. 1(January-February 1985), pp. 57-58.

＊23　*Ibid.,* pp. 61-69.

＊24　Lee Dantzler, Jr., *op. cit.*, 1991, p. 12. なお、ここでリー・ダンツラー・Jrは要塞という言葉を用いて議論を進めているが、概要における接近阻止を担う外堀(A2)には言及がない。したがって、同人のいう要塞とは、基本的に内堀(AD)を意味すると解釈した。

＊25　Department of Defense, *Soviet Military Power 1989: Prospects for Change, 1989*(US Government Printing Office, 1989), p. 116.

＊26　Ю. К. Ефремов, "Советский форпост на Тихом океане," *Краеведческий бюллетень,* No.4(1990), p.59.

＊27　1970年の数字。*Ibid.* p. 44.

＊28　冷戦期の太平洋艦隊における防衛網建設については、第1章で引用したセミョーノフが別の論文で論じている。ただし、ここで扱われているのは沿岸ロケット砲兵連隊レベルまでであり、その下の大隊レベル(島嶼配備の地対艦ミサイル部隊はこれが基本単位となる)には言及がない。В. Н. Семёнов, "Совершенствование инфраструктуры Тихоокеанского флота СССР(1960 - 1980-е гг.)," *Наука. Общество. Оборона,* Vol. 8, No. 4 (2020),

による以下の著作が包括的である。Gjert Lage Dyndal, *The Northern Flank and High North Scenarios of the Cold War,* 2015, https://fhs.brage.unit.no/fhs-xmlui/bitstream/handle/11250/285604/Paper_The%20Northern%20Flank%20and%20High%20North%20Scenarios%20of%20the%20Cold%20War_Dyndal%202013.pdf?sequence=1&isAllowed=y.

＊4　Office of Naval Intelligence, *The Russian Navy: A Historic Transition* (2015), p. 5.

＊5　Norman Polmar, "OKEAN: A Massive Soviet Exercise, 50 Years Later," *Proceedings,* Vol. 146 (April 2020), https://www.usni.org/magazines/proceedings/2020/april/okean-massive-soviet-exercise-50-years-later.

＊6　以上は、太平洋艦隊軍事史博物館(FGKU VIM TOF)のサイトに掲載されたサヴルエワ学芸員の記述に拠った。О. В. Савруева, *Маневры «Океан» советского ВМФ* (14 апреля - 8 мая 1970 г.), https://museumtof.ru/index.php/media/2014-06-01-08-03-42/318--lr---14--8--1970-.

＊7　"Камчатское соединение атомных подводных лодок отмечает свой день рождения," *PrimaMedia.ru,* 2009.7.31, https://primamedia.ru/news/103432/.

＊8　Кириллов, *op. cit.*, 2021, p. 90.

＊9　小川、前掲書、74頁。

＊10　Кириллов, *op. cit.*, 2021, p. 93.

＊11　Ziebart, *op. cit.*, 1989, pp. 467–468.

＊12　Шамиль Галяутдинов, et.al., *Камрань: 1978–2002* (2011), pp. 23–25. なお、本書は当時のカムラン湾で勤務していた軍人たちによる回顧録や各種記録を集めたものとして貴重であるが、1000部だけが発行された私家版のようなものらしく、版元が明らかでない(発行地はウラジオストクとされている)。

＊13　退役提督協会出版の書籍『太平洋艦隊第17作戦戦隊』に収録されたIu.F.スピリン少将(1983–89年にかけて第38潜水艦師団長)の回想に基づく。Н. Ф. Матюшин, *17-я оперативная эскадра кораблей Тихоокеанского флота* (Кучково поле, 2011), http://www.clubadmiral.ru/camran/index.

法は、ソ連崩壊後になされた原潜乗組員の証言とも合致しており、信憑性は高いものと判断した。ただし、ソ連海軍によるこの欺瞞作戦はSOSUSに対して決して有効ではなかったようである。詳しくは以下を参照されたい。ピーター・ハクソーゼン、イーゴリ・クルジン、R・アラン・ホワイト著、三宅真理訳『敵対水域』文藝春秋、1998年、45-63頁。

＊58　Сергей Птичкин, “Чем удивит подводный беспилотник ‘Посейдон’,” *Российская газета*, 2019.2.26.

＊59　Владимир Иванов, “ГРУ контролирует океанские глубины,” *Независимое военное обозрение*, 2007.9.21.

＊60　Алексей Михайлов, Дмитрий Бальбуров, “‘Лошарик’ остался без носителя,” *Известия*, 2012.12.28.

＊61　“пр.1910 – UNIFORM,” *MILITARY RUSSIA*, http://militaryrussia.ru/blog/topic-358.html.

第２章　要塞の城壁

＊１　本章の後段で述べるように、ソ連は1970年代以降、Yak-38垂直離着陸戦闘機とヘリコプターを搭載可能な1143型（キエフ級）重航空巡洋艦を４隻就役させてはいる。しかし、Yak-38は火器管制レーダーを持たず、速度、航続距離、武装搭載量その他で米海軍の艦載機に遠く及ばない存在であった。また、1143型にはカタパルトが搭載されておらず、艦隊の目となる空中早期警戒機（AEW）を搭載することもできないなど、空母というよりは「一定の防空能力を持った対潜巡洋艦」と呼ぶべきであろう。1980年代にはスキージャンプ甲板からより本格的な戦闘機を発進させられる1143.5型（クズネツォフ級）重航空巡洋艦の建造が開始され、後にカタパルトを備えた原子力推進の1143.7型（ウリャノフスク級）も起工されたが、いずれもソ連崩壊までに完成することはなかった。

＊２　Michael Kofman, “Evolution of Russian Naval Strategy,” in Andrew Monaghan and Richard Connolly, eds., *The sea in Russian strategy* (Manchester University Press, 2023), p. 98.

＊３　これに加えて、ノルウェー海は米空母機動部隊によるバレンツ海周辺への攻撃の拠点でもあった。この点を含めてノルウェー海が冷戦期に有していた戦略的意義と関連文献については、ノルウェー指揮幕僚大学のダイダル

＊48　同上、284頁。
＊49　ソンタグ、ドルー、前掲書（下）、109-130頁。
＊50　同上、192頁。
＊51　ただし、2000年代前半においては予算不足から海洋調査の実施回数がソ連時代の16分の１にまで落ち込み、海底地形図のアップデートも５分の１になったと国防省航行・海洋観測総局のコマリツィン総局長は述べている。A. Комарицын, "Значение гидрографических исследований для безопасности мореплавания прибрежных зонах морей россии," *Морской сборникъ,* No. 8 (2004).
＊52　コマリツィンによれば、バルト海の浅海域（水深50m以下）は第二次世界大戦前に一度完全な測量が行われていたものの、９割以上は戦後の水準に合わせて再測量する必要があった。
＊53　たとえばツィスクは、温暖化によって北極海中の音響環境を変化させ、海洋調査の重要性が高まると2011年の時点で予見していた。Katarzyna Zysk, "Military Aspects of Russia's Arctic Policy: Hard Power and Natural Resources," James Kraska, ed., *Arctic Security in an Age of Climate Change,* Cambridge University Press, 2011, p. 94.
＊54　環境省「沖合表層域　419　オホーツク海海域」『生物多様性の観点から重要度の高い海域』https://www.env.go.jp/nature/biodic/kaiyo-hozen/kaiiki/hyoso/419.html.
＊55　同じ理由から、ロシア海軍も航空機による海氷観測を定期的に実施している。本書の執筆中には北方艦隊のTu-142洋上哨戒機が北極海で10時間に及ぶ海氷観測を行ったことが明らかにされた。Министерство обороны Российской Федерации, *Экипаж дальнего противолодочного самолета Северного флота выполнил ледовую разведку в Арктике,* 2023.10.14, https://function.mil.ru/news_page/country/more.htm?id=12482060@egNews.
＊56　Кириллов, *op. cit.*, 2021, p. 91.
＊57　小川、前傾書、83-84頁。この話は「対馬のバーで漁船員から聞いた話」、海上自衛隊や海上保安庁関係者への取材、その他小川による独自取材の結果とされており、細かい根拠は（おそらく意図的に）ぼかされている。ただ、ソ連原潜が重要海峡を通航する際、自国艦船の推進音に紛れるという手

/2020-3-24/article-0250/.); E.V. Miasnikov, *The Future of Russia's Strategic Nuclear Forces: Discussions and Arguments,* 1995, https://spp.fas.org/eprint/snf03221.htm.

＊33　Miasnikov, *op. cit.*, 1995.

＊34　Апальков, *op. cit.*, 2012, p. 144.

＊35　ソンタグ、ドルー、前掲書(下)、158-161頁。

＊36　配備地域はモンタナ州、ワイオミング州、コロラド州、ノースダコタ州、サウスダコタ州、ネブラスカ州、ミズーリ州の７州に及んだ。

＊37　667BD型(デルタII型)は少数が建造されただけであり、しかも全てが北方艦隊配備となったことから、太平洋艦隊には配備されなかった。

＊38　Апальков, *op. cit.*, 2012, p. 145.

＊39　デイヴィッド・E・ホフマン著、平賀秀明訳『死神の報復(上)』白水社、2016年、98頁。

＊40　同上、259-260頁。

＊41　製造元のマケーエフ設計局の説明による。*Ракета Р-29РК,* https://makeyev.ru/activities/missile-systems/3/RaketaR29RK/.

＊42　*Ракета Р-29РКУ,* https://makeyev.ru/activities/missile-systems/3/RaketaR29RKU/.

＊43　Miasnikov, *op. cit.*, 1995.

＊44　И. Захаров, "Океанский ракетно-ядерный," *Морской сборник,* No. 11 (2000).

＊45　K-407の乗組員としてベゲモート-２作戦におけるミサイル発射作業の監督を行なったレフ・ロリンによると、射出された16発のうち、最初と最後の各１発が本物のR-29RMであったとされる。Л. Ролин, "Вооружение и техника," *Морской сборник,* No. 9 (2001).

＊46　Семёнов, *op. cit.*, 2020.; "Совгавань 1982-90 - 28-я дивизия ПЛ ТОФ б.Постовая," *Отечественная гидронавтика,* http://oosif.ru/sovgavan-1982-90-28-ya-diviziya-pl-tof-b-postovaya-p-zavety-ilicha. ただ、「Отечественная гидронавтика」は第90潜水艦旅団が第110潜水艦旅団に改編されたとも述べており(http://oosif.ru/1982----110-y-divizion-pl-tof)、この辺りの経緯には不明確な部分が多い。

＊47　ソンタグ、ドルー、前掲書(上)、117頁。

＊16　В.Д.Соколовский, реД., *Военная стратегия* (Воениздат, 1962).
＊17　あまり語られないロシアの海運史については、例えば以下を参照されたい。左近幸村『海のロシア史—ユーラシア帝国の海運と世界経済』名古屋大学出版会、2020年。
＊18　Andrew Lambert, "Russia and Some Principles of Maritime Strategies," Andrew Monaghan and Richard Connolly, eds., *op. cit.*, 2023, p. 38.
＊19　*Ibid.*, p. 34.
＊20　ゴルシコフ、前傾書、131、145頁。
＊21　Ю. В. Кириллов, *Тихоокеанский флот* (Дескрипта, 2021), p. 53.
＊22　Lambert, *op. cit.*, 2023, p. 35.
＊23　R-11FMの開発はコロリョフの弟子であるマケーエフが担った。その詳細については以下を参照されたい。冨田信之『セルゲイ・コロリョフ　ロシア宇宙開発の巨星の生涯』日本ロケット協会、2014年、361-362頁。
＊24　Podvig, ed., *op. cit.*, 2004, p. 237.
＊25　海軍においてSLBMのMRV化というアイデアを主導したのは、ピョートル・フォミン中将であった。フォミンは海軍の核兵器研究を担う第6総局の初代総局長であり、ソ連初の水中核爆発実験の責任者を務めたことでも知られる。О. Касимов, "'Атомный' адмирал," *Морской сборник*, No. 1 (2004).
＊26　Podvig, ed., *op. cit.*, 2004, p. 273.
＊27　Michael E. Glynn, *Airborne Anti-Submarine Warfare: From the First World War to the Present Day* (Frontline Books, 2022), pp. 62-63.
＊28　ソンタグ、ドルー、前掲書(下)、111頁。
＊29　同上、187-189頁。
＊30　Ю. В. Апальков, *Подводные лодки Советского флота 1945-1991 гг., Том.Ⅲ, Третье и четвертое поколения АПЛ* (МОРКНИГА, 2012), pp. 144-145.
＊31　Ziebart, *op. cit.*, 1989, p. 461.
＊32　В. Н. Семёнов, "Этапы развития подводных сил Российской Империи – СССР на Дальнем Востоке," *Наука. Общество. Оборона.*, Vol. 8, No. 3 (2020), https://www.noo.journal.ru/nauka-obsestvo-oborona

峡占拠を狙っていた可能性が高く、これに対する自衛隊の緊張感は大変なものがあったことについては多くの証言がある。対ソ防衛の最前線であった北部方面隊への徹底した取材に基づく佐瀬稔の『北海道の11日戦争─自衛隊vs.ソ連極東軍』(講談社、1978年)はこうした雰囲気をよく伝えている。したがって、ここで述べているのはあくまでも戦前の日本との相対的な比較であることを了解されたい。

＊6　河西、前掲書、129-130頁。ただし、これがスターリンの本音であったのか、中国からの権益獲得のための大義名分であったのかは明らかでない。

＊7　当時、ケナンは国立戦争大学で副学校長を務めていた。また、ケナンがこのような考えに至る背景については、その読書ノートを分析した以下の業績を参照されたい。細谷雄一「戦略家ジョージ・ケナンの誕生：戦略思想研究から冷戦戦略へ、1946-47年」『法學研究：法律・政治・社会』第83巻第3号(2010年3月)、167-193頁。

＊8　ただし、ケナンが「戦争に至らない手段」をソ連の長期的抑止の方策と位置付けたのに対し、メッスネルはソ連の共産主義政権転覆を念頭に置いていた。メッスネルの著作集はロシア国防省によって2005年に復刊されており、オンラインで閲覧できる。*Хочешь мира, победи мятежевойну! Творческое наследие Е.Э.Месснера*, Российский военный сборник, Выпуск 21 (Военный университет, 2005), http://militera.lib.ru/science/0/pdf/messner_ea01.pdf.

＊9　Andrew Monaghan, How Moscow Understands War and Military Strategy (CNA Corporation, 2020), pp. 9-10.

＊10　乾一宇『力の信奉者ロシア　その思想と戦略』JCA出版、2011年、12頁。

＊11　同上、8頁。

＊12　なお、実際にまとまった数の核爆弾がソ連軍に配備されたのは、RDS-3核爆弾の実験に成功した1954年以降のことであったとされる。Podvig, ed., *op. cit.*, 2004, p. 2.

＊13　*Ibid.*, p. 4.

＊14　仙洞田潤子『ソ連・ロシアの核戦略形成』慶應義塾大学出版会、2002年、59、68-69頁。

＊15　同上、70-71頁。

Stolze_-_Nuclear_Chrono_Final_2August2023.pdf.
＊17　特に以下に大きく拠った。S・ソンタグ、C・ドルー著、平賀秀明訳『潜水艦諜報戦』(上)(下)新潮社、2000年。
＊18　主として以下の資料を用いた。海軍・海兵隊インテリジェンス訓練センターが1998年9月に実施した秘密セミナーの内容を機密解除後に再構成したものである。Christopher A. Ford and David Rosenberg, *The Admirals' Advantage: U.S. Navy Operational Intelligence in World War II and the Cold War* (Naval Institute Press, 2014).
＊19　Hans M. Kristensen, Matt Korda and Eliana Reynolds, "Russian nuclear weapons, 2023," *Bulletin of the Atomic Scientists,* Vol. 79, No. 3 (2023), p.175.
＊20　2023年11月、ロシアのセルゲイ・ショイグ国防相は、海軍が海軍総司令部の指揮下に戻ったことを明らかにした。
＊21　より正確に言えば、平時におけるSSBNの訓練や整備は北方艦隊や太平洋艦隊の責任で実施される。しかし、SSBNが戦闘任務に就いている場合や戦争の危機が迫った場合には、指揮権は海軍総司令官へと引き継がれ、実際に核攻撃を実施するとの決定が大統領から下れば、参謀本部を通じて攻撃命令や具体的なターゲットが伝達される。Pavel Podvig, ed. *Russian Strategic Nuclear Forces* (MIT Press, 2004), pp. 254-255.

第1章　オホーツク海はいかにして核の聖域となったか

＊1　セルゲイ・ゴルシコフ著、宮内邦子訳『ゴルシコフ　ロシア・ソ連海軍戦略』原書房、2010年、228-229頁(原題：С.Г.Горшков, *Морская мощь государства* (Воениздат, 1976).)。
＊2　Stephen Howe, *Empire: A Very Short Introduction* (Oxford University Press, 2002), pp. 14-15.
＊3　John J. Mearsheimer, *The Tragedy of Great Power Politics* (W. W. Norton & Company, 2001), pp. 114-128.
＊4　スターリンの北海道北部占領計画については以下を参照されたい。斎藤元秀『ロシアの対日政策　上』慶應義塾大学出版会、2018年、104-106頁。
＊5　もちろん、これはソ連の地上戦力が全く脅威でなくなったことを意味するものではない。第2章で述べるように、有事となればソ連は日本の三海

1991), pp. 11-20.; Geoffrey Ziebart, "Soviet Naval Developments in East Asia," *Journal of International Affairs,* Vol. 42, No. 2(Spring 1989), pp. 457-475.; Walter M. Kreitler, *The Close Aboard Bastion: A Soviet Ballistic Missile Submarine Deployment Strategy*(United States Navy, Naval Postgraduate School, 1988). また、冷戦後に出たものとしては以下の第17章を参照されたい。George W. Baer, *One Hundred Years of Sea Power: The U.S. Navy, 1890-1990*(Stanford University Press, 1994).

＊9　小川和久『原潜回廊』講談社、1984年。

＊10　実際、小川は『日本海新聞』や『週刊現代』の記者として長く活動した。

＊11　西村繁樹「日本の防衛戦略を考える　グローバル・アプローチによる北方前方防衛論」『新防衛論集』第12巻第1号(1984年)、50-79頁。

＊12　防衛システム研究所が2011年に発行した『極東ロシアの軋轢』第3章にごく概括的な記述があるほか、第4章ではオホーツク海の防衛における北方領土保持の意義を説いたロシア陸軍の部内誌『陸軍論集(Армейский сборник)』の記事が翻訳の上、転載されている。一方、第二次世界大戦後から冷戦初期におけるソ連の極東軍事戦略をロシア側機密解除資料に基づいて明らかにしたものとしては、河西による以下の業績が注目される。河西陽平『スターリンの極東戦略1941-1950』慶應義塾大学出版会、2023年。

＊13　カプラン、前掲書、43-63頁。

＊14　NATO, *NATO 2022 Strategic Concept, 2022,* pp. 3-4, https://www.nato.int/nato_static_fl2014/assets/pdf/2022/6/pdf/290622-strategic-concept.pdf.

＊15　『国家安全保障戦略』令和4年12月。https://www.cas.go.jp/jp/siryou/221216anzenhoshou/nss-j.pdf. ちなみに2013年版ではロシアに関する言及はわずか1回であったが、2022年版ではこれが18回に増加している。

＊16　核兵器に関するロシア政府指導部の言説を分析したホロヴィッツとストルゼの研究によると、エスカレーションを示唆する言説の一つのピークは開戦の前後にあった。Liviu Horovitz and Martha Stolze, "Nuclear rhetoric and escalation management in Russia's war against Ukraine: A chronology," *SWP Working Paper,* No.2(August 2023), https://www.swp-berlin.org/publications/products/arbeitspapiere/Horovitz_and_

注

はじめに——地政学の時代におけるオホーツク海

＊1　ロバート・D・カプラン著、櫻井祐子訳『地政学の逆襲』朝日新聞出版、2014年、23頁。

＊2　一例として以下を参照されたい。岡崎拓生『潜水艦を探せ—海上自衛隊航空学生』かや書房、1997年。岡崎拓生『ソノブイ感度あり—続・潜水艦を探せ』かや書房、1999年。

＊3　富山県「環日本海・東アジア諸国図（通称：逆さ地図）の掲載許可、販売について」。https://www.pref.toyama.jp/1510/kensei/kouhou/kankoubutsu/kj00000275.html.

＊4　同研究所は2023年3月に解散され、新潟県立大学の北東アジア研究所に改組された。

＊5　詳しくは以下を参照されたい。パラグ・カンナ著、尼丁千津子・木村高子訳『「接続性」の地政学』（上）（下）原書房、2017年（原題：Parag Khanna, *Connectography: Mapping the Future of Global Civilization*（Random House, 2016).）。

＊6　日本政府の立場としては、千島列島とクリル列島は完全にはイコールではない。1951年のサンフランシスコ講和条約第2条c項では、日本が「クリル列島」を放棄すると規定されているが、ここでいう「クリル列島」には南千島（北方領土）が含まれないというのが日本政府の主張の根拠になっている。したがって、政治的にはクリル列島＝千島列島＋南千島諸島ということになるのだが、本書では読みやすさを優先し、北方領土も含めた列島弧全体を「千島列島」と呼んでいる。

＊7　近年のものとしては以下が詳細である。Combined Joint Operations from the Sea Centre of Excellence, *Conflict 2020 and Beyond: A Look at the Russian Bastion Defence Strategy,* 2020, http://www.cjoscoe.org/infosite/wp-content/uploads/2020/08/Conflict-2020-and-Beyond_A-Look-at-the-Russian-Bastion-Defence-Strategy.pdf.

＊8　例えば以下のものがある。H. Lee Dantzler, Jr., "A Perspective of Soviet Strategic Submarine Bastions," *The Submarine Review*（January

小泉　悠 こいずみ・ゆう
1982年千葉県生まれ。早稲田大学社会科学部、同大学院政治学研究科修了。政治学修士。民間企業勤務、外務省専門分析員、ロシア科学アカデミー世界経済国際関係研究所(IMEMO RAN)客員研究員、公益財団法人未来工学研究所特別研究員を経て、東京大学先端科学技術研究センター（グローバルセキュリティ・宗教分野)准教授。専門はロシアの軍事・安全保障。著書に『「帝国」ロシアの地政学』（東京堂出版)、『現代ロシアの軍事戦略』『ウクライナ戦争』（ともにちくま新書)、『ロシア点描』(PHP研究所)、『ウクライナ戦争の200日』『終わらない戦争』（ともに文春新書)などがある。

朝日新書
943

オホーツク核要塞《かくようさい》

歴史と衛星画像で読み解くロシアの極東軍事戦略

2024年２月28日第１刷発行
2024年３月10日第２刷発行

著　者　小泉　悠

発行者　宇都宮健太朗
カバーデザイン　アンスガー・フォルマー　田嶋佳子
印刷所　TOPPAN株式会社
発行所　朝日新聞出版
〒104-8011　東京都中央区築地5-3-2
電話　03-5541-8832（編集）
　　　03-5540-7793（販売）

Published in Japan by Asahi Shimbun Publications Inc.
ISBN 978-4-02-295253-0
定価はカバーに表示してあります。

落丁・乱丁の場合は弊社業務部(電話03-5540-7800)へご連絡ください。
送料弊社負担にてお取り替えいたします。

朝日新書

発達「障害」でなくなる日
朝日新聞取材班

こだわりが強い、コミュニケーションが苦手といった発達障害の特性は本当に「障害」なのか。学校や会社、人間関係などに困難を感じる人々の事例を通し、当事者の生きづらさが消える新しい捉え方、接し方を探る。「朝日新聞」大反響連載を書籍化。

藤原氏の1300年
超名門一族で読み解く日本史
京谷一樹

摂関政治によって栄華を極めた藤原氏は、一族の「ブランド」を最大限に生かし続け、武士の世も、激動の近現代も生き抜いた。大化の改新の中臣鎌足から昭和の内閣総理大臣・近衛文麿までの90人を取り上げ、名門一族の華麗なる物語をひもとく。

台湾有事　日本の選択
田岡俊次

台湾有事――本当の危機が迫っている。米中対立のリアル、思考停止する日本政府の実態、日本がこうむる人的・経済的損害の実相。選択を間違えたら日本は壊滅する。安保政策が歴史的大転換を遂げた今、老練の軍事ジャーナリストによる渾身の警告！

どろどろの聖人伝
清涼院流水

サンタクロースってどんな人だったの？　12使徒の生涯とは？　キリスト教の聖人は、意外にも2000人以上存在します。そのなかから、有名な聖人を取り上げ、その物語をご紹介。聖人伝を通して、日本とは異なる文化を楽しんでいただけることでしょう。

一億三千万人のための『歎異抄』
高橋源一郎

戦乱と飢饉の中世、弟子の唯円が聞き取った親鸞の『歎異抄』。救い、悪、他力の教えに、西田幾多郎、司馬遼太郎、梅原猛、吉本隆明は魅了され、著者も10年近く読みこんだ。『歎異抄』は親鸞の『君たちはどう生きるか』なのだ。今の言葉で伝えるみごとな翻訳。

ブッダに学ぶ 老いと死

山折哲雄

俗人の私たちがブッダのように悟れるはずはない。しかし、紀元前500年ごろに80歳の高齢まで生きたブッダの人生、特に悟りを開く以前の「俗人ブッダの生き方」と「最晩年の姿」に長い老後を身軽に生きるヒントがある。坐る、歩く、そして断食往生まで、実践的な知恵を探る。

ハーバードが教える最高の長寿食

満尾 正

ハーバードで栄養学を学び、アンチエイジング・クリニックを開院する医師が教える、健康長寿を実現する食事術。正解は、1970年代の和食。和食は、青魚や緑の濃い野菜、みそや納豆などの発酵食品をバランスよく摂れる。毎日の食事から、健康診断の数値別の食養生まで伝授。

藤原道長と紫式部
「貴族道」と「女房」の平安王朝

関 幸彦

光源氏のモデルは道長なのか？ 紫式部の想い人は本当に道長なのか？ 摂関政治の最高権力者・道長と王朝文学の第一人者・紫式部を中心に日本史上最長400年の平安時代の真実に迫る！ NHK大河ドラマ「光る君へ」を読み解くための必読書。

沢田研二

中川右介

芸能界にデビューするや、沢田研二はたちまちスターに。だが、「時代の寵児」であり続けるためには、過酷な競争に生き残らなければならない。熾烈なヒットチャート争いと賞レースを、いかに制したか。ジュリーの闘いの全軌跡。圧巻の情報量で、歌謡曲黄金時代を描き切る。